二级造价工程师职业资格考试培训教材(2023版)

建设工程计量与计价实务
(水利工程)

宁夏水利行业协会　编

黄河水利出版社
·郑州·

内 容 提 要

本书是根据水利行业特点,依据《宁夏水利工程设计概(估)算编制规定》(宁水计发〔2016〕10号)、《水利工程设计概(估)算编制规定(建设征地移民补偿)》(水总〔2014〕429号)、《水利水电工程环境保护概估算编制规程》(SL 359—2006)、《水土保持工程概(估)算编制规定》(水总〔2003〕67号),针对宁夏中小型水利工程设计概(估)算编制的要求编写的。全书共四章,主要包括:专业基础知识、水利工程造价构成、水利工程计量与计价、水利工程合同价款管理。

本书适用于备考水利二级造价工程师的人员,也可作为其他参与工程造价编制的继续教育人员的参考用书。

图书在版编目(CIP)数据

建设工程计量与计价实务. 水利工程/宁夏水利行业协会编. —郑州:黄河水利出版社,2024.1
二级造价工程师职业资格考试培训教材:2023版
ISBN 978-7-5509-3812-0

Ⅰ.①建… Ⅱ.①宁… Ⅲ.①水利工程-建筑造价管理-资格考试-自学参考资料 Ⅳ.①TU723.3

中国国家版本馆CIP数据核字(2024)第009904号

责任编辑:陈彦霞　责任校对:鲁宁　封面设计:黄瑞宁　责任监制:常红昕
出版发行:黄河水利出版社
地址:河南省郑州市顺河路49号　邮政编码:450003
网址:www.yrcp.com　E-mail:hhslcbs@126.com
发行部电话:0371-66020550
承印单位:河南博之雅印务有限公司
开本:787 mm×1 092 mm　1/16
印张:18.5
字数:430千字
版次:2024年1月第1版　印次:2024年1月第1次印刷
定价:98.00元

《建设工程计量与计价实务(水利工程)》

编审委员会

主　编　杨海宁　宁夏水利工程定额和质量安全中心

主　审　尚中琳　宁夏水利厅建设与运行管理处

副主编　申明平　宁夏水利工程定额和质量安全中心

　　　　燕　平　宁夏水利水电勘测设计研究院有限公司

　　　　孟清波　宁夏水利水电工程局有限公司

参　编　吴国万　沈　磊　孙　楠　虎小伟　柳钧正

　　　　张汝春　朱文婷　吕剑波　陈　娴　夏亚平

　　　　李宗益　张天勇　欧艳华

前　言

为更好地贯彻国家工程造价管理有关方针政策，帮助造价从业人员学习掌握二级造价工程师职业资格考试的相关内容和要求，我们组织有关专家成立了二级造价工程师职业资格培训教材编审委员会，依据《造价工程师职业资格制度规定》和《造价工程师职业资格考试实施办法》及《造价工程师职业资格考试大纲》，结合宁夏水利工程建设实际，编写了“二级造价工程师职业资格考试培训教材（2023 版）《建设工程计量与计价实务（水利工程）》”。

本书以备考水利二级造价工程师的人员为主要对象，兼顾其他参与工程造价编制的继续教育人员。二级造价工程师主要协助一级造价工程师开展相关工作，具备资格者，可独立开展建设工程工料分析、计划、组织与成本管理，施工图预算、设计概算、建设工程量清单、最高投标限价，以及投标报价、建设工程合同价款、结算价款、竣工决算价款编制等工作。

本书注重理论与实践相结合，充分吸收了新颁布的有关水利工程造价管理的规章、规范和规程，力求突出水利行业工程造价管理的新要求、二级造价工程师职业资格考试特点以及宁夏地域特色，系统介绍了备考人员应当掌握的工程造价基本理论、专业技术知识以及计量与计价、工程合同价款管理等实务操作规程，旨在帮助教材使用者系统了解、学习和掌握相关知识，顺利通过资格考试。

本书在编写和审定过程中，得到了宁夏有关设计、施工和行业管理单位的大力支持及多位专家的热忱参与，在此一并表示衷心感谢！

由于本书编写时间紧促，加之编者水平有限，疏漏和不足之处在所难免，恳请读者批评指正。

编审委员会

2023 年 8 月

目 录

第一章　专业基础知识

水是万物之母、生存之本、文明之源，是人类以及所有生物存在的生命资源。水利是现代工农业建设不可或缺的首要条件，水利工程是控制和调配自然界的地表水和地下水，为达到目的而修建的工程，是防洪、除涝、灌溉、发电、供水、围垦、水土保持、移民、水资源保护等工程（包括新建、扩建、改建、加固、修复）及其配套和附属工程的统称。通过修建水利工程控制水流，防止洪涝灾害，合理进行水量的调节和分配，可以更好地满足人类生活和生产对水资源的需要。水利工程计量与计价工作涉及水文、工程地质、建筑材料、施工技术等多方面的知识。

第一节　水文与工程地质

一、水文

（一）水文及水资源的基本概念

1. 水文

地球上的水以各种形式分布在大气中，水体是指以一定形态存在于自然界中的水的总体，如大气中的水汽，地面上的江河、湖沼、海洋和地下水等，统称为水体。水文学研究各种水体的起源存在、分布和循环、物理与化学特性，以及水体对环境的影响和作用，包括对生物，特别是对人类的影响。工程水文学是指为工程规划设计、施工建设及运行管理提供水文依据的一门科学，在水利工程建设中应用极为广泛。自然界中水的运行变化形态见表1-1。

表1-1　水的运行变化形态

水的运行变化形态	降水	空气中的气态水遇冷凝而成液态的雨和固态的雪、雹、霰等形式下降于陆地或海洋
	蒸发	陆地或海洋上的液态水或固态水进入大气成为气态水的过程
	下渗	地表水在重力作用下进入土壤或岩层中的过程
	径流	分为地表径流、地下径流和河川径流。水沿地表流动为地表径流；水在地下土壤或岩石裂缝中的流动为地下径流；汇集到河流后，在重力作用下沿河床流动的水流为河川径流

2. 水资源

地球上的水以气态、液态和固态三种形式存在于大气、地面、地下及生物体内,组成一个相互联系的水圈。水资源是地表和地下可供人类利用的水。水资源包括水量、水质、水能资源和水域等。人类最为实用的水资源是陆地上每年更新的降水量、江河水量和浅层地下水的淡水量。水资源是重要的自然资源和经济资源,在保障社会经济可持续发展中具有不可替代的作用。研究水资源状况是开发、利用、保护、管理水资源,制定宏观经济社会发展规划及编制有关专项规划的基础工作。

(二)降水与蒸发

1. 降水

降水是指液态或固态的水汽凝结物从云中降落到地面的现象,如雨、雪、雹、露、霜等。降水特征常用降水量、降水历时、降水强度、降水面积及暴雨中心等基本要素来表示。

降水量是指一定时段内降落在某一点或某一面积上的总水量,用深度表示,以 mm 计。降水量一般分为 7 级,见表 1-2 。

表 1-2 降水量等级

24 h 降水量/mm	<0.1	0.1~10	10~25	25~50	50~100	100~200	>200
等级	微量	小雨	中雨	大雨	暴雨	大暴雨	特大暴雨

一次降水所经历的时间称为降水历时,以 min、h 或 d 计。单位时间的降水量称为降水强度,以 mm/min 或 mm/h 计。降水笼罩的平面面积为降水面积,以 km^2 计。暴雨集中的较小的局部地区,称为暴雨中心。降水的特征不同,所形成的洪水特性也不同。

2. 蒸发

水由液态或固态转化为气态的过程称为蒸发。蒸发的特征表现主要是流域总蒸发(流域蒸散发),包括水面蒸发、土壤蒸发、植物截留蒸发及植物蒸发。

(三)下渗与地下水类型

地表水、土壤水、地下水是陆地上普遍存在的三种水体。在水文循环中,地表土层对降水起着再分配的作用。大气降水落到地表之后,一部分渗入土壤中,另一部分形成地表(面)水,地表水主要是指河川径流。渗入土层的水量,一部分被土壤吸收成为土壤水,而后通过直接蒸发或植物散发返回大气;另一部分渗入地下补给地下水,再以地下径流的形式汇入河流。

1. 下渗

下渗是指降落到地面上的降水从地表渗入土壤内的运动过程。下渗不仅直接决定地面径流量的大小,同时也影响土壤水分的增长,以及表层径流与地下径流的形成。

2. 地下水类型

广义上的地下水是指埋藏在地表以下各种状态的水。以地下水埋藏条件为依据,地下水可划分为三个基本类型,如表 1-3 所示。地下水埋藏示意见图 1-1。

表 1-3　地下水的基本类型

地下水	包气带水	埋藏于地表以下、地下水面以上的包气带中,包括吸湿水、薄膜水、毛管水、渗透的重力水等
	潜水	埋藏于饱和带中,处于地表以下第一个不透水层上,具有自由水面的地下水称为潜水,水文中称为浅层地下水
	承压水	埋藏于饱和带中,处于两个不透水层之间,具有压力水头的地下水称为承压水,水文中称为深层地下水

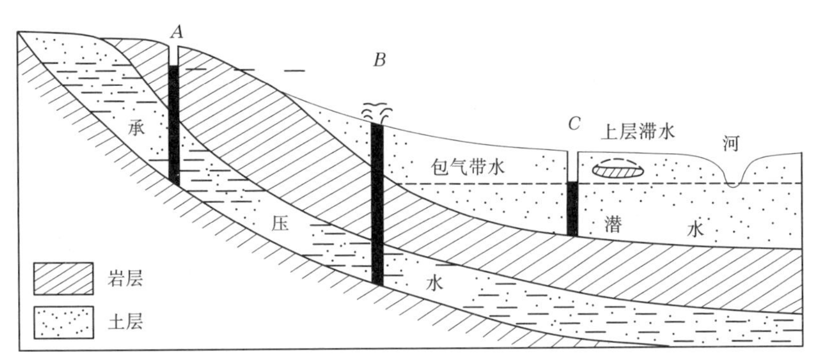

图 1-1　地下水埋藏示意

(四)径流与径流情势

1. 径流

流域地表面的降水(如雨、雪等),沿流域的不同路径向河流、湖泊和海洋汇集的水流称为径流。径流是水循环的主要环节,径流量是陆地上重要的水文要素之一,是水量平衡的基本要素之一。径流分类见表 1-4。

表 1-4　径流分类

分类	地表径流	沿着地面流动的水流称为地表径流或地面径流
	地下径流	沿土壤岩石孔隙流动的水流称为地下径流
	河川径流	汇集到河流后,在重力作用下沿河床流动的水流称为河川径流
	径流因降水形式和补给来源的不同,可分为降雨径流和融雪径流	

2. 径流情势

河川径流在一年内和多年期间的变化特性称为径流情势。前者称为年内变化或年内分配,后者称为年际变化。河川径流情势常用流量、径流总量、径流深、流量模数、径流系数的大小来表示。

(1)流量。指单位时间内通过河流某一断面的水量。流量随时间的变化过程,用流量过程线表示,流量过程线上升部分为涨水段,下降部分为退水段,最高点称为洪峰流量,简称洪峰。

(2)径流总量。指某时段内通过河流某一断面的总水量。

(3)径流深。某一时段将径流总量平铺在整个流域面积上所得的水层深度就是径流深。

(4)径流模数。流域出口断面流量与流域面积的比值称为径流模数。

(5)径流系数。某一时段的径流深与相应时段内流域平均降水深度的比值称为径流系数。

(五)宁夏水文特点

宁夏位于我国西北内陆,远离海洋,为典型的大陆性气候,降水稀少,蒸发强烈,空气干燥。全区多年平均年降水深289 mm,降水时空分布不均匀,由北向南递增,变化为180~800 mm,且7~9月降水量占年降水量的65%左右。全区年水面蒸发量1 250 mm,是全国水面蒸发量较大的省区之一,由北向南递减,变化为800~1 600 mm。全区年日照时数大都在3 000 h左右,光热资源较丰富;全区年平均气温在7 ℃左右,由北向南递增,全区日较差12~15 ℃,平均年较差24~32 ℃。

宁夏是唯一全境属于黄河流域的省区,也是最重要的生态廊道。黄河是宁夏最主要的水源,是支撑全区国民经济和社会发展的生命河。黄河入境宁夏多年平均流量942 m^3/s,黄河在宁夏境内天然总落差为197 m,多年平均年径流量297.3亿m^3。多年平均入境沙量1.21亿t,占全河的10.8%;境内年均入黄沙量0.431亿t,其中清水河、苦水河等支流0.345亿t,占年均入黄沙量的80%;出境沙量1.032亿t;年平均河床淤积厚度1~2 cm,呈微淤状态。流域面积大于1 000 km^2的黄河一级支流有清水河、苦水河、红柳沟、大河子沟、水洞沟、高崖沟、都思兔河。

二、工程地质

(一)地质学及工程地质学

1.地质学

地质学主要研究地球的物质组成、构造运动、发展历史和演化规律,并为人类的生存与发展提供必要的地质依据,主要是资源与环境条件的评价。地质学的研究目的是指导人类寻找并合理开发利用矿产、地下水、油气等资源与能源,查明与防治地质灾害,调查地质灾害的种类、性质与分布规律,制定减灾防灾对策,减轻或消除地质环境的负面影响,为改善人类生存的地质环境服务。

2.工程地质学

工程地质学是调查、研究、解决与人类活动及各类工程建筑有关的地质问题的科学。

研究工程地质学是为了查明各类工程场区的地质条件,分析、预测在工程建筑作用下地质条件可能出现的变化,对场区及其有关的各种地质问题进行综合评价,选择最优场地,并提出解决不良地质问题的工程措施,为保证工程的合理设计、顺利施工及正常使用提供可靠的科学依据。

(二)水利工程地质的基础知识

1. 土的分类及特性

土是由地壳表层的岩石长期受自然界的风化(物理、化学、生物等)作用后,再经其他各种外力的地质作用(如搬运、沉积)形成的大小、形状和成分都不相同的松散矿物颗粒的集合体。

1)土的分类

根据国家标准《岩土工程勘察规范》(2009年版)(GB 50021—2001)将土分为碎石土、砂土、粉土、黏性土。

(1)碎石土。为粒径大于2 mm的颗粒质量超过总质量50%的土。碎石土可根据颗粒形状和粒组含量分为漂石、块石、卵石、碎石、圆砾和角砾。

(2)砂土。为粒径大于2 mm的颗粒质量不超过总质量50%,粒径大于0.075 mm的颗粒质量超过总质量50%的土。砂土可根据粒组的土粒含量分为砾砂、粗砂、中砂、细砂和粉砂。

(3)粉土。为粒径大于0.075 mm的颗粒质量不超过总质量的50%,且塑性指数$I_P \leq 10$的土。

(4)黏性土。为塑性指数$I_P > 10$的土。当$I_P > 17$时为黏土,当$10 < I_P \leq 17$时为粉质黏土。

2)特殊土的工程地质特性

(1)软土。

软土是指天然含水率大于液限、天然孔隙比大于或等于1.0、压缩性高且强度低的软塑到流塑状态的细粒土,包括淤泥、淤泥质黏性土和淤泥质粉土等。软土地基是指主要由淤泥、淤泥质土、冲填土、杂质土或其他高压缩性土层构成的地基。

(2)膨胀土。

膨胀土为土中黏粒成分主要由亲水性矿物(蒙脱石、伊利石、高岭石或混层结构)组成,同时具有显著的吸水膨胀和失水收缩特性,且自由膨胀率不小于40%的黏性土。

膨胀土分布地区易发生浅层滑坡、地裂、新开挖的基槽及路堑边坡坍塌等不良地质现象。

(3)湿陷性黄土。

湿陷性黄土是一种特殊性质的土,其土质较均匀、结构疏松、孔隙发育。在未受水浸湿时,一般强度较高,压缩性较小。当在一定压力下受水浸湿,土的结构会被迅速破坏,产生较大的附加下沉,强度迅速降低。湿陷性黄土广泛分布于黄土高原地区。

(4)分散性土。

分散性土是指土中所含黏性土颗粒在水中散凝呈悬浮状,易被雨水或渗流冲蚀带走引起破坏的土。分散性土的分散特性是由土和水两方面因素决定的,土中蒙脱石、伊利石等活性矿物和吸附性钠离子的含量,孔隙水溶液中钠离子对钙镁离子的含量优势和碱性介质环境,是决定土的分散性的主要因素;而工程环境水中溶解盐类总量是决定土分散性的重要因素。水中溶解盐类含量越小,分散程度越高;而在盐浓度高的水中分散度降低甚至不分解。分散性土是高钠土,钠离子来源与海相沉积中原生钠盐残余、黄土沉积中长石的化学分解,以及岩土风化过程中水盐循环交替累积的次生产物有关。分散性土是一种特殊土,研究表明:在纯净水中黏土颗粒的黏团结构自行破坏,并分散成原级配的黏土颗粒,抵抗纯净水渗透破坏的能力很低,因而造成土体在雨水作用下产生严重冲蚀和渗透破坏。

2. 岩石分类及特性

岩石是经过地质作用而天然形成的(一种或多种)矿物集合体,地壳的绝大部分都是由岩石构成的。岩石通常按照其成因可分为岩浆岩、沉积岩、变质岩三大类。

1)岩浆岩

岩浆岩也称为火成岩,其种类繁多,性状各异。岩浆岩是来自地壳深处或地幔的熔融岩浆,受某些地质构造的影响,侵入地壳中或上升到地表凝结而成的岩石。如花岗岩、正长岩、闪长岩、辉长岩等。

2)沉积岩

沉积岩是在地表或接近地表的常温常压环境下,各种既有岩石遭受外力地质作用,经过风化、剥蚀、搬运、沉积和硬结成岩过程而形成的岩石。沉积岩广泛分布于地表,覆盖面积约占陆地面积的70%。如砾岩、角砾岩、砂岩、泥岩等。

3)变质岩

地壳中原已形成的岩石(火成岩、沉积岩、早成变质岩)由于地壳运动和岩浆活动等造成的物理、化学条件的变化,当其处在高温、高压及其他化学因素作用下,原来岩石的成分、结构、构造发生一系列改变而形成的新岩石,称为变质岩。如大理岩、片岩、片麻岩、千枚岩、石英岩等。

3. 水利工程岩土分级

现行水利水电工程定额十六类岩土分级法,是把Ⅰ~Ⅳ级划分为土类,分别按土质名称、自然湿容重、外形特征、施工方法等划分。岩石按照岩石自然湿度时的平均容重、极限抗压强度、强度系数等指标分为Ⅴ~ⅩⅥ级。

1)土的分级

土分为4级,见表1-5。

表1-5 一般工程土类分级

土质级别	土质名称	自然湿容重/(kg/m^3)	外形特征	开挖方法
Ⅰ	1. 砂土 2. 种植土	1 650~1 750	疏松,黏着力差或易透水,略有黏性	用锹略加脚踩开挖
Ⅱ	1. 壤土 2. 淤泥 3. 含壤种植土	1 750~1 850	开挖时能成块,并易打碎	用锹需用脚踩开挖

续表 1-5

土质级别	土质名称	自然湿容重/(kg/m^3)	外形特征	开挖方法
Ⅲ	1. 黏土 2. 干燥黄土 3. 干淤泥 4. 含少量砾石黏土	1 800~1 950	黏手,看不见砂粒或干硬	用镐、三齿耙开挖或用锹需用力加脚踩开挖
Ⅳ	1. 坚硬黏土 2. 砾质黏土 3. 含卵石黏土	1 900~2 100	土壤结构坚硬,将土分裂后呈块状或含黏粒砾石较多	用镐、三齿耙工具开挖

注:表中容重应为密度,全书同。

2)岩石的分级

岩石分为 12 级,见表 1-6。

表 1-6　岩石分级

岩石级别	岩石名称	实体岩石自然湿度时的平均容重/(kg/m^3)	净钻时间/(min/m)			极限抗压强度/(kg/cm^2)	强度系数 f
			用直径 30 mm 合金钻头,凿岩机打眼(工作气压为 0.45 MPa)	用直径 30 mm 淬火钻头,凿岩机打眼(工作气压为 0.45 MPa)	用直径 25 mm 钻杆,人工单人打眼		
Ⅴ	1. 砂藻土及软的白垩岩 2. 硬的石炭纪的黏土 3. 胶结不紧的砾岩 4. 各种不坚实的页岩	1 500 1 950 1 900~2 200 2 000	—	≤3.5	≤30	≤200	1.5~2
Ⅵ	1. 软的有孔隙的节理多的石灰岩及贝壳灰岩 2. 密实的白垩岩 3. 中等坚实的页岩 4. 中等坚实的泥灰岩	2 200 2 600 2 700 2 300	—	4 (3.5~4.5)	45 (30~60)	200~400	2~4

续表 1-6

岩石级别	岩石名称	实体岩石自然湿度时的平均容重/(kg/m³)	净钻时间/(min/m)			极限抗压强度/(kg/cm²)	强度系数 f
			用直径 30 mm 合金钻头,凿岩机打眼(工作气压为 0.45 MPa)	用直径 30 mm 淬火钻头,凿岩机打眼(工作气压为 0.45 MPa)	用直径 25 mm 钻杆,人工单人打眼		
Ⅶ	1. 水成岩卵石经石灰质胶结而成的砾岩	2 200	—	6 (4.5~7)	78 (61~95)	400~600	4~6
	2. 风化的节理多的黏土质砂岩	2 200					
	3. 坚硬的泥质页岩	2 800					
	4. 坚实的泥灰岩	2 500					
Ⅷ	1. 角砾状花岗岩	2 300	6.8 (5.7~7.7)	8.5 (7.1~10)	115 (96~135)	600~800	6~8
	2. 泥灰质石灰岩	2 300					
	3. 黏土质砂岩	2 200					
	4. 云母页岩及砂质页岩	2 300					
	5. 硬石膏	2 900					
Ⅸ	1. 软的风化较甚的花岗岩、片麻岩及正长岩	2 500	8.5 (7.8~9.2)	11.5 (10.1~13)	157 (136~175)	800~1 000	8~10
	2. 滑石质的蛇纹岩	2 400					
	3. 密实的石灰岩	2 500					
	4. 水成岩卵石经硅质胶结的砾岩	2 500					
	5. 砂岩	2 500					
	6. 砂质石灰质的页岩	2 500					

续表 1-6

岩石级别	岩石名称	实体岩石自然湿度时的平均容重/(kg/m^3)	净钻时间/(min/m)			极限抗压强度/(kg/cm^2)	强度系数 f
			用直径 30 mm 合金钻头,凿岩机打眼(工作气压为 0.45 MPa)	用直径 30 mm 淬火钻头,凿岩机打眼(工作气压为 0.45 MPa)	用直径 25 mm 钻杆,人工单人打眼		
X	1. 白云岩	2 700	10 (9.3~10.8)	15 (13.1~17.1)	195 (176~215)	1 000~ 1 200	10~12
	2. 坚实的石灰岩	2 700					
	3. 大理岩	2 700					
	4. 石灰质胶结的致密的砂岩	2 600					
	5. 坚硬的砂质页岩	2 700					
XI	1. 粗粒花岗岩	2 800	11.2 (10.9~11.5)	18.50 (17.1~20)	240 (216~260)	1 200~ 1 400	12~14
	2. 特别坚实的白云岩	2 900					
	3. 蛇纹岩	2 600					
	4. 火成岩卵石经石灰质胶结的砂岩	2 800					
	5. 石灰质胶结的坚实的砂岩	2 700					
	6. 粗粒正长岩	2 700					
XII	1. 有风化痕迹的安山岩及玄武岩	2 700	12.2 (11.6~13.3)	22 (20.1~25)	290 (261~320)	1 400~ 1 600	14~16
	2. 片麻岩、粗面岩	2 600					
	3. 特别坚实的石灰岩	2 900					
	4. 火成岩卵石经硅质胶结而成的砾岩	2 600					

续表 1-6

岩石级别	岩石名称	实体岩石自然湿度时的平均容重/(kg/m³)	净钻时间/(min/m)			极限抗压强度/(kg/cm²)	强度系数 f
			用直径 30 mm 合金钻头,凿岩机打眼(工作气压为 0.45 MPa)	用直径 30 mm 淬火钻头,凿岩机打眼(工作气压为 0.45 MPa)	用直径 25 mm 钻杆,人工单人打眼		
XⅢ	1. 中粒花岗岩 2. 坚实的片麻岩 3. 辉绿岩 4. 玢岩 5. 坚实的粗面岩 6. 中粒正长岩	3 100 2 800 2 700 2 500 2 800 2 800	14.1 (13.4~14.8)	27.5 (25.1~30)	360 (321~400)	1 600~1 800	16~18
XⅣ	1. 特别坚实的细粒花岗岩 2. 花岗片麻岩 3. 闪长岩 4. 最坚实的石灰岩 5. 坚实的玢岩	3 300 2 900 2 900 3 100 2 700	15.5 (14.9~18.2)	32.5 (30.1~40)	—	1 800~2 000	18~20
XⅤ	1. 安山岩、玄武岩、坚实的角闪岩 2. 最坚实的辉绿岩及闪长岩 3. 坚实的辉长岩及石英岩	3 100 2 900 2 800	20 (18.3~24)	46 (40.1~60)	—	2 000~2 500	20~25
XⅥ	1. 钙钠长石质橄榄石质玄武岩 2. 特别坚实的辉长岩、辉绿岩、石英岩及玢岩	3 300 3 000	>24	>60	—	>2 500	>25

3）洞室开挖的围岩分类

地下洞室的围岩可根据岩石强度、岩体完整程度、结构面状态、地下水和主要结构面产状五项因素之和的总评分为基本依据，围岩强度应力比为参考依据进行围岩工程地质分类，见表 1-7。

表 1-7　围岩工程地质分类

围岩类别	围岩稳定性	围岩总评分 T	围岩强度应力比 S	支护类型
Ⅰ	稳定。围岩可长期稳定，一般无不稳定块体	$T>85$	>4	不支护或局部锚杆或喷薄层混凝土。大跨度时，喷混凝土、系统锚杆加钢筋网
Ⅱ	基本稳定。围岩整体稳定，不会产生塑性变形，局部可能产生掉块	$85\geqslant T>65$	>4	
Ⅲ	局部稳定性差。围岩强度不足，局部会产生塑性变形，不支护可能产生塌方或变形破坏。完整的较软岩，可能暂时稳定	$65\geqslant T>45$	>2	喷混凝土、系统锚杆加钢筋网。跨度为 20～25 m 时，浇筑混凝土衬砌
Ⅳ	不稳定。围岩自稳时间很短，规模较大的各种变形和破坏都可能发生	$45\geqslant T>25$	>2	喷混凝土、系统锚杆加钢筋网，并浇筑混凝土衬砌。Ⅴ类围岩还应布置拱架支撑
Ⅴ	极不稳定。围岩不能自稳，变形破坏严重	$T\leqslant 25$	—	

注：Ⅱ、Ⅲ、Ⅳ类围岩，当其强度应力比小于本表规定时，围岩类别宜相应降低一类。

4. 工程岩体分级

1）岩土体渗透性分级

国家标准《水利水电工程地质勘察规范》（2022 年版）（GB 50487—2008）对岩土体的渗透性进行了分级，见表 1-8。

表 1-8　岩土体渗透性分级

渗透性等级	标准	
	渗透系数 K/（cm/s）	透水率 q/Lu
极微透水	$K<10^{-6}$	$q<0.1$
微透水	$10^{-6}\leqslant K<10^{-5}$	$0.1\leqslant q<1$
弱透水	$10^{-5}\leqslant K<10^{-4}$	$1\leqslant q<10$
中等透水	$10^{-4}\leqslant K<10^{-2}$	$10\leqslant q<100$
强透水	$10^{-2}\leqslant K<1$	$q>100$
极强透水	$K>1$	

注：岩土体的透水特性用透水率（q）表示，单位为吕荣（Lu），一般通过钻孔压水试验获取，表示使用灌浆材料作为试验流体时地层的渗透系数。定义为：水压为 1 MPa，每米试段长度每分钟注入 1 L 水量时，称为 1 Lu。

2)岩石坚硬程度的定性划分

根据国家标准《工程岩体分级标准》(GB/T 50218—2014),岩石坚硬程度的定性划分应符合表 1-9 的规定。

表 1-9 岩石坚硬程度的定性划分

坚硬程度		定性鉴定	代表性岩石
硬质岩	坚硬岩	锤击声清脆,有回弹,振手,难击碎; 浸水后,大多无吸水反应	未风化-微风化的花岗岩、正长岩、闪长岩、辉绿岩、玄武岩、安山岩、片麻岩、硅质板岩、石英岩、硅质胶结的砾岩、石英砂岩、硅质石灰岩等
	较坚硬岩	锤击声较清脆,有轻微回弹,稍振手,较难击碎; 浸水后,有轻微吸水反应	1. 中等(弱)风化的坚硬岩; 2. 未风化-微风化的熔结凝灰岩、大理岩、板岩、白云岩、石灰岩、钙质砂岩、粗晶大理岩等
软质岩	较软岩	锤击声不清脆,无回弹,较易击碎; 浸水后,指甲可刻出印痕	1. 强风化的坚硬岩; 2. 中等(弱)风化的较坚硬岩; 3. 未风化-微风化的凝灰岩、千枚岩、砂质泥岩、泥灰岩、泥质砂岩、粉砂岩、砂质页岩等
	软岩	锤击声哑,无回弹,有凹痕,易击碎; 浸水后,手可掰开	1. 强风化的坚硬岩; 2. 中等(弱)风化-强风化的较坚硬岩; 3. 中等(弱)风化的较软岩; 4. 未风化的泥岩、泥质页岩、绿泥石片岩、绢云母片岩等
	极软岩	锤击声哑,无回弹,有较深凹痕,手可捏碎; 浸水后,可捏成团	1. 全风化的各种岩石; 2. 强风化的软岩; 3. 各种半成岩

3)岩石风化程度的定性划分

根据国家标准《工程岩体分级标准》(GB/T 50218—2014),岩石风化程度可按表 1-10 划分。

表 1-10 岩石风化程度定性划分

风化程度	风化特征
未风化	岩石结构构造未变,岩质新鲜
微风化	岩石结构构造、矿物成分和色泽基本未变,部分裂隙面有铁锰质渲染或略有变色

续表 1-10

风化程度	风化特征
中等(弱)风化	岩石结构构造部分破坏,矿物成分和色泽较明显变化,裂隙面风化较剧烈
强风化	岩石结构构造大部分破坏,矿物成分和色泽明显变化,长石、云母和铁镁矿物已风化蚀变
全风化	岩石结构构造完全破坏,已崩解和分解成松散土状或砂状,矿物全部变色,光泽消失,除石英颗粒外的矿物大部分风化蚀变为次生矿物

第二节　常用建筑材料的分类、基本性能及用途

一、建筑材料的分类

建筑材料是建筑物和构筑物施工的原材料、半成品、成品的总称,影响建设工程的安全、耐久性和经济性。建筑材料一般按材料在工程费用中所占的比例、化学成分和物理性能、来源和功能用途进行分类。

(一)按材料在工程费用中所占的比例分类

建筑材料按材料在工程费用中所占的比例分为主要材料和次要材料两大类。主要材料包括水泥、钢材、木材、火工材料、油料(汽油、柴油)、砂石料等相对用量较多、影响投资较大的材料。次要材料包括电焊条、铁件、钢钉、止水材料及其他相对用量较少、影响投资较小的材料。

(二)按化学成分和物理性能分类

建筑材料按化学成分和物理性能分为无机材料、有机材料、复合材料,如表 1-11 所示。

表 1-11　建筑材料按化学成分和物理性能分类

<table>
<tr><td rowspan="5">无机材料</td><td rowspan="2">金属材料</td><td>黑色金属材料</td><td>指以铁元素为主要成分的金属及其合金材料,是钢和生铁的总称</td></tr>
<tr><td>有色金属材料</td><td>指黑色金属材料以外的金属及其合金材料,如铝、锌及铝合金等。在水利工程中常用的有铜、不锈钢和铜的合金等</td></tr>
<tr><td rowspan="3">无机非金属材料</td><td>无机胶凝材料</td><td>自身或与其他物质混合后一起经过一系列物理、化学作用,能由浆体变成坚硬的固体,并能将散粒或块片状材料胶结成整体的物质。按硬化条件不同,分为气硬性和水硬性两类</td></tr>
<tr><td>天然石料</td><td>按形成条件不同分为岩浆岩(火成岩)、沉积岩(水成岩)、变质岩三大类;按颗粒大小分为土料、砂、石三类</td></tr>
<tr><td>烧土与熔融制品</td><td>如烧结砖、陶瓷、玻璃等</td></tr>
</table>

续表 1-11

有机材料	沥青材料	地沥青	按产源可分为天然沥青和石油沥青。按用途不同分为道路沥青、建筑沥青、防水防潮沥青、以用途或功能命名的各种专用沥青等
		焦油沥青	按其加工的有机物不同分为煤沥青、木沥青、页岩沥青等三类,软化点有高、中、低三种类型
	植物材料	软木材	建筑上常用的主要承重结构的木材,如松、杉、柏等
		硬木材	材质坚硬,加工较难,如榆、槐等
	合成高分子材料	合成树脂	分为聚合树脂和缩聚树脂两种。按在热作用下所表现的性质不同,又分为热塑性树脂和热固性树脂
		塑料	根据加热后的反应情况分为热塑性和热固性两种。水工建筑中常用的塑料多是聚乙烯和聚氯乙烯制品
		合成橡胶	橡胶止水带是钢筋混凝土地下建筑物、水坝、储水池等永久缝的止水材料
		合成纤维	可制作纤维塑料、纤维混凝土、纤维绳等
		土工合成材料	土工织物、土工膜、土工复合材料、土工特殊材料
复合材料	无机非金属材料与有机材料复合		如玻璃纤维增强塑料、聚合物混凝土、沥青混凝土、水泥刨花板等
	金属材料与非金属材料复合		如钢筋混凝土、钢丝网混凝土、塑铝混凝土等
	其他复合材料		如水泥石棉制品、不锈钢包覆钢板、人造大理石、人造花岗石等

(三)按形成原因分类

建筑材料按材料来源可分为天然建筑材料和人工材料两类。天然建筑材料,如土料、砂石料、石棉、木材等及其简单采制加工的成品(如建筑石材等)。人工材料,如石灰、水泥、沥青、金属材料、土工合成材料、高分子聚合物等。

(四)按功能分类

建筑材料按功能可分为:①结构材料,如混凝土、型钢、木材等;②防水材料,如防水砂浆、防水混凝土、镀锌薄钢板、紫铜止水片、膨胀水泥防水混凝土、遇水膨胀橡胶嵌缝条等;③胶凝材料,如石膏、石灰、水玻璃、水泥、混凝土等;④装饰材料,如天然石材、建筑陶瓷制品、装饰玻璃制品、装饰砂浆、装饰水泥、塑料制品等;⑤防护材料,如钢材覆面、码头护木等;⑥隔热保温材料,如石棉纸、石棉板、矿渣棉、泡沫混凝土、泡沫玻璃、纤维板等。

二、水利工程常用材料基本性能与用途

(一)水泥

水泥属水硬性矿物胶凝材料,按矿物组成可分为硅酸盐水泥、铝酸盐水泥、硫铝酸盐

水泥等，其中以硅酸盐类水泥应用最为广泛。

1. 硅酸盐水泥、普通硅酸盐水泥

根据《通用硅酸盐水泥》(GB 175—2007)，由硅酸盐水泥熟料、0~5% 的石灰石或粒化高炉矿渣、适量石膏磨细制成的水硬性胶凝材料，称为硅酸盐水泥。不掺混合材料的称为Ⅰ型硅酸盐水泥，代号 P·Ⅰ；掺入不超过水泥质量 5%的石灰石或粒化高炉矿渣混合材料的称为Ⅱ型硅酸盐水泥，代号 P·Ⅱ。

由硅酸盐水泥熟料、5%~20%的混合材料、适量石膏磨细制成的水硬性胶凝材料，称为普通硅酸盐水泥(简称普通水泥)，代号 P·O。

其主要技术性质包括细度、凝结时间、体积安定性、强度和水化热。

细度用比表面积表示。水泥的细度直接影响水泥的活性和强度。颗粒越细，与水反应的表面积越大，水化速度越快，早期强度越高，但硬化收缩较大，且粉磨时能耗大、成本高。《通用硅酸盐水泥》(GB 175—2007)规定，硅酸盐水泥比表面积应不小于 300 m^2/kg。

凝结时间分为初凝时间和终凝时间。从水泥加水拌和起，至水泥浆开始失去塑性所需的时间为初凝时间，至水泥浆完全失去塑性并开始产生强度所需的时间为终凝时间。《通用硅酸盐水泥》(GB 175—2007)规定，硅酸盐水泥初凝时间不小于 45 min，终凝时间不大于 390 min；普通硅酸盐水泥初凝时间不小于 45 min，终凝时间不得迟于 10 h。

体积安定性是指水泥在硬化过程中，体积变化是否均匀的性能。水泥安定性不良会导致构件(制品)产生膨胀性裂纹或翘曲变形。引起安定性不良的主要原因是熟料中游离氧化钙、游离氧化镁或石膏含量过多。

强度是根据《水泥胶砂强度检验方法(ISO 法)》(GB/T 17671—2021)的规定办法测定，将水泥强度分为 42.5、42.5R、52.5、52.5R、62.5 和 62.5R 六个等级，有代号 R 的为早强型水泥。

水化热是水泥水化过程中放出的热量。水化热与水泥矿物成分、细度、掺入的外加剂品种、数量、水泥品种及混合材料掺量有关。水泥的水化热主要在早期释放，后期逐渐减少。对大体积混凝土工程，温度应力可能使混凝土产生裂缝。

2. 掺混合材料的硅酸盐水泥

为改善水泥性能，调节水泥强度等级，可在硅酸盐水泥中添加人工或天然矿物材料。

由硅酸盐水泥熟料和 20%~70%粒化高炉矿渣、适量石膏磨细制成的水硬性胶凝材料，称为矿渣硅酸盐水泥(简称矿渣水泥)，代号 P·S，特点是凝结硬化较慢，早期强度低，后期强度高，耐热性好，泌水性大，抗渗性差，干缩较大。由硅酸盐水泥熟料和 20%~40%的火山灰质混合材料、适量石膏磨细制成的水硬性胶凝材料，称为火山灰质硅酸盐水泥(简称火山灰水泥)，代号 P·P，特点是凝结硬化较慢，早期强度低，后期强度高，保水性好，抗渗性好，干缩大。由硅酸盐水泥熟料和 20%~40%的粉煤灰、适量石膏磨细制成的水硬性胶凝材料，称为粉煤灰硅酸盐水泥(简称粉煤灰水泥)，代号 P·F，特点是凝结硬化较慢、早期强度低、后期强度高、干缩小、抗裂性好、泌水性大、抗渗较好。由硅酸盐水泥熟料和 20%~50%的两种以上混合材料、适量石膏磨细制成的水硬性胶凝材料，称为复合硅酸盐水泥(简称复合水泥)，代号 P·C，特点是早期强度较高。矿渣硅酸盐水泥、火山灰硅酸盐水泥、粉煤灰硅酸盐水泥、复合硅酸盐水泥均有温度敏感性好、水化热低、耐腐蚀性好、抗冻性差、耐磨性差、抗碳化性差的特点。

3. 水泥的选用

根据水泥的特性、工程特点及所处环境条件,一般可按表 1-12 选用水泥。

表 1-12　水泥的选用

<table>
<tr><th colspan="2">工程特点及所处环境条件</th><th>优先选用</th><th>可以选用</th><th>不宜选用</th></tr>
<tr><td rowspan="4">普通混凝土</td><td>一般气候环境</td><td>普通水泥</td><td>矿渣水泥、火山灰水泥、粉煤灰水泥、复合水泥</td><td>—</td></tr>
<tr><td>干燥环境</td><td>普通水泥</td><td>矿渣水泥</td><td>火山灰水泥、粉煤灰水泥</td></tr>
<tr><td>高温或长期处于水中</td><td rowspan="2">矿渣水泥、火山灰水泥、粉煤灰水泥、复合水泥</td><td>—</td><td>—</td></tr>
<tr><td>厚大体积</td><td>—</td><td>硅酸盐水泥、普通水泥</td></tr>
<tr><td rowspan="7">有特殊要求的混凝土</td><td>要求快硬、高强(>C40)、预应力</td><td>硅酸盐水泥</td><td rowspan="3">普通水泥</td><td rowspan="3">矿渣水泥、火山灰水泥、粉煤灰水泥、复合水泥</td></tr>
<tr><td>严寒地区冻融条件</td><td>硅酸盐水泥</td></tr>
<tr><td>严寒地区水位升降范围</td><td>普通水泥、强度等级>42.5</td></tr>
<tr><td>蒸汽养护</td><td>矿渣水泥、火山灰水泥、粉煤灰水泥、复合水泥</td><td>—</td><td>硅酸盐水泥、普通水泥</td></tr>
<tr><td>有耐热要求</td><td>矿渣水泥</td><td>—</td><td>—</td></tr>
<tr><td>有抗渗要求</td><td>火山灰水泥、普通水泥</td><td>—</td><td>矿渣水泥</td></tr>
<tr><td>受腐蚀作用</td><td>矿渣水泥、火山灰水泥、粉煤灰水泥、复合水泥</td><td>—</td><td>硅酸盐水泥、普通水泥</td></tr>
</table>

(二)钢材

钢材具有品质稳定、强度高、塑性和韧性好、可焊接和铆接、能承受冲击和振动荷载等优异性能。

1. 钢筋的分类

1)按化学成分分类

钢筋按化学成分不同可分为碳素结构钢和普通低合金钢两类。

(1)碳素结构钢。根据含碳量的不同又可分为低碳钢(含碳量小于 0.25%的Ⅰ级钢)、中碳钢(含碳量 0.25%~0.60%)、高碳钢(含碳量 0.60%~1.40%),如碳素钢丝、钢绞线等。随着含碳量的增加,钢材的强度提高,塑性降低。

(2)普通低合金钢(合金元素总含量小于 5%)。除含碳素结构钢各种元素外,还加入少量的合金元素,如锰、硅、钒、钛等,使钢筋强度显著提高,塑性与可焊性能也可得到改善,如Ⅱ级、Ⅲ级和Ⅳ级钢筋都是普通低合金钢。

2)按生产加工工艺分类

钢筋按生产加工工艺不同可分为热轧钢筋、热处理钢筋、冷拉钢筋和钢丝(直径不大于5 mm)四类。热轧钢筋由冶金厂直接热轧制成,按强度不同分为Ⅰ级、Ⅱ级、Ⅲ级和Ⅳ级,随着级别增大,钢筋的强度提高,塑性降低,其中Ⅲ级钢筋和Ⅳ级钢筋为高强钢筋。热处理钢筋是钢筋经淬火和回火处理后制成的,钢筋强度能得到较大幅度的提高,其塑性降低很少。冷拉钢筋由热轧钢筋经冷加工而成,其屈服强度高于相应等级的热轧钢筋,但塑性降低。钢丝包括光面钢丝、刻痕钢丝、冷拔低碳钢丝和钢绞线等。

3)按其外形分类

钢筋按其外形不同可分为光面钢筋和变形钢筋两种。变形钢筋有螺纹、人字纹和月牙纹,月牙纹钢筋最常用。通常,变形钢筋直径不小于10 mm,光面钢筋的直径不小于6 mm。

4)按力学性能分类

钢筋按力学性能不同可分为有物理屈服点的钢筋和无物理屈服点的钢筋。前者包括热轧钢筋和冷拉热轧钢筋,后者包括钢丝和热处理钢筋。

2. 钢材的主要力学性能

1)抗拉性能

抗拉屈服强度:在外力作用下开始产生塑性变形时的应力。抗拉极限强度:试件破坏前,应力-应变图上的最大应力值。伸长率:钢材拉断后,标距长度的伸长量与原标距长的比值。

2)硬度

指材料抵抗另一更硬物体压入其表面的能力。

3)冲击韧性

钢材抵抗冲击荷载而不被破坏的能力。

工艺性能有焊接性能(用焊接的手段使焊接接头能牢固可靠且硬脆性小的性能)及冷弯性能(钢材在常温下承受静力弯曲时所容许的变形能力)。钢材在建筑结构中主要是承受拉力、压力、弯曲、冲击等外力作用。

3. 混凝土结构用钢材

1)热轧钢筋

热轧钢筋按表面形状分为热轧光圆钢筋和热轧带肋钢筋。

根据国家标准《钢筋混凝土用钢　第1部分:热轧光圆钢筋》(GB/T 1499.1—2017)和《钢筋混凝土用钢　第2部分:热轧带肋钢筋》(GB/T 1499.2—2018)的相关规定,热轧光圆钢筋为HPB300一种牌号,普通热轧钢筋有HRB400、HRB500、HRB600、HRB400E、HRB500E五种牌号,细晶粒热轧钢筋有HRBF400、HRBF500、HRBF400E、HRBF500E四种牌号。钢筋级别越高,其屈服强度和极限强度增加,而其塑性则下降。

2)冷拉热轧钢筋

为了提高强度且节约钢筋,工程中常按施工规程对热轧钢筋进行冷拉。

冷拉Ⅰ级钢筋适用于非预应力受拉钢筋,冷拉Ⅱ、Ⅲ、Ⅳ级钢筋强度较高,可用作预应力混凝土结构的预应力筋。由于冷拉钢筋的塑性、韧性较差,易发生脆断,因此冷拉钢筋不宜用于负温度、受冲击或重复荷载作用的结构。

3)冷轧带肋钢筋

冷轧带肋钢筋是以普通低碳钢或低合金钢热轧圆盘条为母材,经冷拉或冷拔减径后,在其表面轧成具有三面或两面月牙形横肋的钢筋。其牌号由CRB和钢筋抗拉强度最小值构成,C、R、B分别为冷轧、带肋、钢筋三个词的英文首位字母。据国家标准《冷轧带肋钢筋》(GB/T 13788—2017)的规定,冷轧带肋钢筋分为CRB550、CRB650、CRB800、CRB600H、CRB680H、CRB800H六个牌号。CRB550、CRB600H为普通混凝土用钢,CRB650、CRB800、CRB800H用于预应力钢筋混凝土,CRB680H既可作为普通混凝土用钢,也可作为预应力钢筋混凝土用钢。

4)冷轧扭钢筋

冷轧扭钢筋是由低碳钢热轧圆盘条经专用钢筋冷轧扭机调直、冷轧并冷扭一次成型,具有规定截面形状和节距的连续螺旋状钢筋。按其截面形状分为截面Ⅰ型(矩形截面)和Ⅱ型(菱形截面)两种类型,代号为CTB。冷轧扭钢筋可适用于钢筋混凝土构件。

5)预应力混凝土用钢丝和钢绞线

预应力钢丝分为冷拉钢丝及消除应力钢丝两种,按外形分为光面钢丝、刻痕钢丝、螺旋钢丝三种。

6)高强钢筋

高强钢筋在水利工程建设中通常用于钢筋混凝土或预应力混凝土结构中,其横截面为圆形,有时为带有圆角的方形,常见的高强钢筋有微合金热轧带肋钢筋、延性冷轧带肋钢筋、热轧余热处理钢筋、细晶粒热轧带肋钢筋等类型。

(三)木材

在水利建筑工程中,木材作为承重结构用材、施工用木支撑、木模板等材料。

1.木材的分类

木材按树种分为针叶树和阔叶树两大类。针叶树纹理平直、材质均匀、木质较软、易加工、变形小,建筑上广泛用作承重构件和装修材料,如杉树、松树等。阔叶树质密、木质较硬、加工较难、易翘裂、纹理美观,适用于内装修,如水曲柳、枫木等。

按材种分类,木材可分为原条、原木、锯材三类。原条又称条木,是指经过修枝、剥皮,没有加工的伐木,原条主要用作建筑施工的脚手杆。原木为砍伐后经修枝并截成一定长度的木材。锯材又称成材,是原木经过加工后的初步产品,一般锯材又可分为普通锯材和枕木。

2.木材的性质

木材的密度通常为1.50~1.56 g/cm^3,表观密度为0.37~0.82 g/cm^3,具有显著的湿胀干缩性。木材的组织结构决定了它的性质为各向异性,木材的抗拉强度、抗压强度、抗剪强度、抗弯强度均具有明显的方向性。抗拉强度顺纹方向最大,横纹方向最小;抗压强度顺纹方向最大,横纹方向只有顺纹方向的10%~20%;抗剪强度顺纹方向最小,横纹方向达到顺纹方向的4~5倍。影响木材强度的因素主要有含水率、环境温度、负荷时间、疵病。木材常用于水利工程中的柱桩、模板、支撑、构架、屋顶、梁柱、门窗、地板、护墙板、木花格、木制装饰等。

（四）油料

水利工程建设常用汽油、柴油、润滑油及特种油。

汽油是指一种具有挥发性、可燃的烃类混合物液体，汽油牌号根据发动机的压缩比选用。压缩比大的发动机应选用辛烷值高的汽油，压缩比小的发动机应选用辛烷值低的汽油。

柴油是一种轻质石油产品，复杂烃类（碳原子数为10~22）混合物。柴油分为重柴油（沸点范围为350~410 ℃）、轻柴油（沸点范围为180~370 ℃）和农用柴油三大类。柴油的选用首先取决于发动机转速的高低，转速越高就要选用十六烷值较高而馏分较轻的柴油。

润滑油是润滑机械设备的油品，常用于水利工程的发电机组、泵站机组、机械运动部件、闸门等。主要作用是减摩抗磨，降低摩擦阻力以节约能源，减少磨损以延长机械寿命，提高经济效益；抗腐蚀防锈，保护摩擦表面不受油变质或外来侵蚀；应力分散缓冲，分散负荷和缓和冲击及减振。

（五）火工材料

火工材料是指装有火炸药的较敏感的小型起爆装置，能在外加较小的初始冲能作用下，发生燃烧、爆炸等化学反应，并以其所释放的能量去获得某种化学、物理或机械效应的材料。目前常见的火工材料有乳化炸药、散装炸药、电雷管、非电毫秒雷管、导爆索、导爆管、电子数码雷管等民用爆炸物品。雷管是起爆系统的主要元件之一，起引爆炸药的作用，火工材料属于易爆危险品，在搬运装卸时炸药与雷管不能混装混运，必须轻拿轻放，不得抛掷。

（六）土料

1. 土的组成

土是岩石经风化、搬运、堆积而成的，风化成土的岩石称为母岩，母岩成分、风化性质、搬运过程和堆积环境是决定土的组成的主要因素。土的组成又是决定地基土工程性质的内因。土是由固体颗粒、水和气体三部分组成的，通常称为土的三相组成，三相物质的质量和体积比例不同，土的性质也就不同。

土的固相物质包括无机矿物颗粒和有机质，它们组成了土的骨架。土的液相是指孔隙中存在的水。土中的水分为结合水和自由水两大类。土的气相是指充填在土的孔隙中的气体，包括与大气连通的和不连通的两类。

2. 土的物理性能指标

按照土的三相比例，土的性能指标可分为两种：一种是试验指标；另一种是换算指标。通过试验测定的指标有：土的密度、土粒密度和含水率。土的密度，即单位体积土的质量，令土的体积为 V，质量为 M，则土的密度为 $\rho=M/V$。在天然状态下，土的密度范围一般为1.80~2.20 g/cm^3。土粒密度，即干土粒的质量 G_s 与其体积 V_s 之比，其计算公式为 $\rho_s=G_s/V_s$。土的含水率即土中水的质量 M_w 与固体质量 M_s 之比，含水率通常以质量分数表示。含水率常用烘干法测定，是描述土的干湿程度的重要指标，土的天然含水率变化范围很大，干砂的含水率接近于零，蒙脱土的含水率可达百分之几百。

除上述试验指标外，还有六个可以计算求得的指标，称为换算指标，包括土的干密度、饱和密度、有效重度、孔隙比、孔隙率和饱和度。干密度指土粒质量与土的总体积之比;饱和密度指当土的孔隙中全部被水所充满时的密度,即水的质量与固相质量之和与土的总体积之比;有效重度指当土浸没在水中时,土的固相受到水的浮力作用,土体的重力应扣除浮力,扣除浮力后的固相重力与土的总体积之比为有效重度;孔隙比指土中孔隙的体积与土粒体积之比;孔隙率指土中孔隙的体积与土的总体积之比;饱和度指孔隙中水的体积与孔隙体积之比。

3. 土的渗透性与冻胀性

在水位差的作用下,水透过土体孔隙的现象称为渗透。土体被渗流水透过的性能称为土的渗透性。地面下一定深度的水温,随大气温度的改变而改变。当大气负温传入土中时,土中的自由水首先冻结成冰晶体,随着气温持续下降,弱结合水的最外层也开始冻结,使冰晶体逐渐扩大。这样使冰晶体周围土粒的结合水膜减薄,土粒就产生剩余的分子引力;另外,由于结合水膜的减薄,水膜中的离子浓度增加,产生了渗透压力,即当两种水溶液的浓度不同时,会在它们之间产生一种压力差,使浓度较小溶液中的水向浓度较大的溶液渗入,在这两种引力的作用下,下卧层未冻结区水膜较厚处的弱结合水,被吸引到水膜较薄的冻结区,并参与冻结,使冰晶体增大,而不平衡引力却继续存在。假使下卧层未冻结区存在着水源(如地下水距冻结区很近)及适当的水源补给通道(如毛细通道),水能够源源不断地补充到冻结区来,那么,未冻结区的水分(包括弱结合水和自由水)就会不断地向冻结区迁移和积聚,使冰晶体不断扩大,在土层中形成冰夹层,土体随之发生隆起,即冻胀现象。

(七)砂石料

砂石料是指砂、卵石、碎石、块石、条石等材料,其中砂、卵石和碎石统称为骨料。骨料根据料源情况分为天然骨料和人工骨料两种。天然骨料是指开采砂砾料经筛分、冲洗加工而成的卵(砾)石和砂,有河砂、海砂、湖砂、山砂、河卵石、海卵石等;人工骨料是指以岩石作为原料(块石、片石统称碎石原料),经机械破碎、碾磨而成的碎石和机制砂(又称人工砂)。

1. 砂

砂主要是作为混凝土细骨料,粒径为0.16~5 mm,密度一般为2.6~2.7 g/cm^3。砂按细度模数的大小分为粗砂、中砂、细砂及特细砂。细度模数为3.1~3.7的是粗砂,2.3~3.0的是中砂,1.6~2.2的是细砂,0.7~1.5的是特细砂。砂的密度在干燥状态下平均为1 500~1 600 kg/m^3,在堆积振动下紧密状态时可达1 600~1 700 kg/m^3,砂的空隙率在干燥状态下一般为35%~45%。大多数天然砂颗粒较圆,比较洁净,粒度较为整齐,人工砂颗粒多具有棱角,表面粗糙。砂与胶凝材料(包括水泥、石灰、石膏等)配制成砂浆或混凝土使用。在基础工程中砂可作为地基处理的材料,如砂桩、砂井、砂垫层等。

2. 卵(砾)石、碎石

卵石是天然岩石经自然风化后,因受水流的不断冲击,互相摩擦形成圆卵形,故称卵石。碎石是把各种硬质岩石(花岗岩、砂岩、石英岩、辉绿岩等),经人工或机械加工破碎而成的。卵石、碎石的表观密度一般为2.5~2.7 g/cm^3。处于气干状态时碎石的堆积密度一般为1 400~1 500 kg/m^3,卵石为1 600~1 800 kg/m^3。

3. 块石、条石

块石是由岩石爆破采掘直接获得的天然石块,又称毛石或片石;条石又名料石,是以人工或机械开采出的较规则的六面体石料,经人工凿琢加工成长方形的石块。

(八)混凝土

混凝土是指由胶结材料将天然的(或人工的)骨料粒子或碎片聚集在一起,形成坚硬整体,并具有强度和其他性能的复合材料。

1. 混凝土的分类

混凝土常按干表观密度的大小分类。干表观密度大于2 600 kg/m^3 的称为重混凝土,是用特别密实的特殊骨料配制的,如重晶石混凝土。干表观密度为1 950~2 600 kg/m^3 的称为普通混凝土,是用一般砂、石作为骨料配制的,广泛应用于各种建筑物中,其中干表观密度为2 400 kg/m^3 左右的最为常用。干表观密度小于1 950 kg/m^3 的称为轻混凝土。其中,用轻骨料配制的轻混凝土称为轻骨料混凝土;加入气泡代替骨料的轻混凝土称为多孔混凝土,如泡沫混凝土、加气混凝土;不加细骨料的轻混凝土称为大孔混凝土。轻混凝土多用于建筑工程的保温、结构保温或结构材料。

混凝土按用途、性能或施工方法的不同,分为普通混凝土、防水混凝土、耐酸混凝土、耐热混凝土、高强混凝土、高性能混凝土、自流平混凝土、碾压混凝土、喷射混凝土、泵送混凝土、水下浇筑混凝土等。此外,还有纤维增强混凝土、聚合物混凝土等。

2. 普通混凝土组成材料

普通混凝土(简称混凝土)一般是由水泥、砂、石和水所组成的。为改善混凝土的某些性能,还常加入适量的外加剂和掺合料。在混凝土中,砂、石起骨架作用,称为骨料或集料;水泥与水形成水泥浆,包裹在骨料的表面并填充其空隙。在混凝土硬化前,水泥浆、外加剂与掺合料起润滑作用,使拌和物具有一定的流动性,便于施工操作。水泥浆硬化后,则将砂、石骨料胶结成一个结实的整体。砂、石一般不参与水泥与水的化学反应,其主要作用是节约水泥、承担荷载和限制硬化水泥的收缩。外加剂、掺合料除起改善混凝土性能的作用外,还起节约水泥的作用。

3. 混凝土的主要技术性质

混凝土的主要技术性质包括混凝土的强度、和易性及耐久性等。

1)混凝土的强度

混凝土强度分为抗压强度、抗拉强度、抗弯强度及抗剪强度等,其中以抗压强度最大,故混凝土主要用于承受压力。

抗压强度是混凝土的重要指标,它与混凝土其他性能指标密切相关。依据《混凝土结构设计规范》(2015年版)(GB 50010—2010)规定,以边长150 mm的立方体试件为标准试件,按标准方法成型,在标准养护条件下[温度(20±3 ℃)、相对湿度90%以上]养护到28 d龄期,用标准试验方法测得的极限抗压强度称为混凝土标准立方体抗压强度。在混凝土抗压强度总体分布中,具有95%保证率的抗压强度称为立方体抗压强度标准值。根据立方体抗压强度标准值(以MPa计)的大小,将混凝土分为不同的强度等级,比如强度等级C20是立方体抗压强度值为20 MPa。

混凝土的抗拉强度只有抗压强度的1/10~1/20,在设计钢筋混凝土结构时,不考虑混凝土承受拉力。

影响混凝土强度的因素有施工方法及施工质量、水泥强度及水胶比、骨料种类及级配、养护条件及龄期等。

2)混凝土的和易性

和易性指混凝土拌和物在一定的施工条件下,便于施工操作并获得质量均匀、成型密实的性能。和易性包括流动性、黏聚性、保水性三个方面的含义。流动性是指混凝土拌和物在自重或机械振捣作用下,产生流动并均匀密实地填满模型的能力;流动性的大小反映拌和物的稀稠,它关系着施工振捣的难易和浇筑的质量。黏聚性也称抗离析性,指混凝土拌和物具有一定的黏聚力,在施工运输及浇筑过程中不致出现分层离析,使混凝土拌和物保持整体均匀性的性能。保水性是指混凝土拌和物具有一定的保持水分不致产生严重泌水的能力。

混凝土拌和物和易性通常采用坍落度及坍落扩展度试验和维勃稠度试验进行评定。

影响混凝土和易性的主要因素包括水泥浆含量、骨料品种与品质、砂率、水灰比、水泥特性、外加剂、温度和时间。

3)混凝土的耐久性

混凝土耐久性是指混凝土在长期使用环境条件的作用下,能抵抗内、外不利影响,而保持其使用性能。耐久性良好的混凝土,对提高经济效益等具有重要的意义,下面介绍几种常见的耐久性问题。

混凝土的抗渗性是指抵抗水、油等压力液体渗透作用的能力。它对混凝土的耐久性起着重要作用,因为环境中的各种侵蚀介质只有通过渗透才能进入混凝土内部产生破坏。混凝土的抗渗性最主要的是抗水渗透性,常用抗渗等级表示。《混凝土质量控制标准》(GB 50164—2011)中规定:混凝土抗渗等级分为P4、P5、P8、P10、P12和> P12六个等级。抗渗等级的测定,根据《普通混凝土长期性能和耐久性能试验方法标准》(GB/T 50082—2009)中规定,采用标准养护28 d的标准试件,按规定的方法,通过逐级施加水压力试验,以其所能承受最大水压力(从MPa计)来计算其抗渗等级。提高混凝土抗渗性的关键是提高其密实度,改善混凝土的内部孔隙结构。具体措施有降低水胶比,采用减水剂,掺加引气剂,选用致密、干净、级配良好的骨料,以及加强养护等。

混凝土的抗冻性是指混凝土含水时抵抗冻融循环作用而不被破坏的能力。混凝土的冻融破坏原因是混凝土中水结冰后发生体积膨胀,当膨胀力超过其内部抗拉强度时,便使混凝土产生微细裂缝,反复冻融使裂缝不断扩展,导致混凝土总体强度降低直至破坏。混凝土的抗冻性以抗冻等级表示。《混凝土质量控制标准》(GB 50164—2011)中规定:混凝土抗冻等级分为D50、D100、D150、D200和> D200五个等级。抗冻等级的测定,根据《普通混凝土长期性能和耐久性能试验方法标准》(GB/T 50082—2009)中规定,以龄期28 d的试块在吸水饱和后,于-18~20 ℃温度范围内反复冻融循环,当抗压强度下降不超过25%,且质量损失不超过5%时,所能承受的最大冻融循环次数来表示。以上是慢冻法,对于抗冻要求高的,也可用快冻法,用同时满足相对弹性模量下降至不低于60%、质量损失率不超过5%时的最大冻融循环次数来表示。提高混凝土抗冻性的关键也是提高其密实度。措施是减小水胶比、掺加引气剂或减水型引气剂等。

混凝土的抗侵蚀性。环境介质对混凝土的化学侵蚀主要是对硬化水泥的侵蚀,如淡水、硫酸盐、酸、碱等对硬化水泥的侵蚀作用。海水中氯离子还会对钢筋起锈蚀作用,使混凝土被破坏。提高混凝土的抗侵蚀性主要取决于选用合适的水泥品种,以及提高混凝土的密实度。

混凝土的碳化是指环境中的 CO_2 和混凝土内的 $Ca(OH)_2$ 反应,生成碳酸钙和水,从而使混凝土的碱度降低(也称中性化)的现象。碳化对混凝土利少弊多,由于中性化,混凝土中的钢筋因失去碱性保护而锈蚀,碳化收缩会引起微细裂缝,使混凝土强度降低。碳化对混凝土的性能也有有利的影响,表层混凝土碳化时生成的碳酸钙,可填充混凝土中的孔隙,提高其密实度,对防止有害介质的侵入具有一定的缓冲作用。影响混凝土碳化的因素有:①水泥品种。使用普通硅酸盐水泥要比使用早强硅酸盐水泥碳化稍快些,而使用掺混合材料的水泥则比普通硅酸盐水泥要快。②水胶比。水胶比越低,碳化速度越慢。③环境条件。常置于水中或干燥环境中的混凝土,碳化也会停止。只有相对湿度为50%~70%时,碳化速度最快。为了提高抗碳化能力,降低水灰比、采用减水剂以提高混凝土密实度是根本性的措施。

混凝土中的碱-骨料反应是指混凝土中含有活性 SiO_2 的骨料与混凝土所用组成材料(特别是水泥)中的碱(Na_2O 和 K_2O)在有水条件下发生反应,形成碱-硅酸凝胶,此凝胶吸水肿胀导致混凝土胀裂的现象。碱-骨料反应的发生,必须是由于组成材料(特别是水泥)中含碱量较高,骨料中含有活性 SiO_2 及有水存在的缘故。预防措施可采用低碱水泥,对骨料进行检测,不用含活性 SiO_2 的骨料,掺用引气剂,减小水胶比及掺加火山灰质混合材料等。

4. 混凝土配合比

混凝土的配合比是指混凝土中各组成材料的质量比例。确认配合比的工作,称为配合比设计。配合比设计优劣与混凝土性能有着密切的关系。

混凝土配合比设计的基本要求:满足结构设计要求的混凝土强度等级;满足施工时要求的混凝土拌和物的和易性;满足环境和使用条件要求的混凝土耐久性;在满足上述要求的前提下,通过各种方法降低混凝土成本,符合经济性原则。

混凝土配合比设计的内涵:从现象上看,混凝土配合比设计只是通过计算确定六种组成材料(水泥、矿物掺合料、水、砂、石和外加剂)的用量,实质上则是根据组成材料的情况,确定满足上述四项基本要求的三个参数:水胶比、单位用水量和砂率。水胶比是水和胶凝材料的组合关系,在组成材料已定的情况下,对混凝土的强度和耐久性起着关键性作用。在水胶比已定的情况下,单位用水量反映了胶凝材料浆体与骨料的组成关系,是控制混凝土拌和物流动性的主要因素。砂率是表示细骨料(砂)和粗骨料(石)的组合关系,对混凝土拌和物的和易性,特别是其中的黏聚性和保水性有很大影响。

混凝土配合比设计的算料基准:计算 1 m^3 混凝土拌和物中各材料的用量,以质量计。计算时,骨料以干燥状态质量为基准。所谓干燥状态,是指细骨料含水率小于 0.5%,粗骨料含水率小于 0.2%。

5. 其他种类混凝土

1)高强混凝土

在我国,高强混凝土是指C60及以上强度等级的混凝土。由于混凝土技术在不断发展,各个国家的混凝土技术水平也不尽相同,因此高强的含义还会随时代和国家的不同而变化。高强混凝土的特点:抗压强度高,可大幅度提高钢筋混凝土拱壳、柱等受压构件的承载能力;在相同的受力条件下能减小构件体积,降低钢筋用量;致密坚硬,其抗渗性、抗冻性、耐蚀性、抗冲击性等诸方面性能均优于普通混凝土。高强混凝土的不足之处是脆性比普通混凝土高。虽然高强混凝土的抗拉、抗剪强度随抗压强度的提高而有所增长,但拉压比和剪压比却随之降低。

2)高性能混凝土

高性能混凝土是一种新型高技术混凝土,是在大幅度提高普通混凝土性能的基础上,采用现代混凝土技术,选用优质材料,在严格的质量管理条件下制成的,除水泥、水、骨料外,必须掺加足够细掺合料与高效外加剂。高性能混凝土的特点:高强度、高耐久性、高尺寸稳定性(具有高弹性模量、低徐变和低温度应变)、高抗裂性、高流动度。高性能混凝土除确保所需要的性能外,应考虑节约资源、能源与环境保护,使其朝着"绿色"的方向发展。

3)纤维混凝土

纤维混凝土是一种以普通混凝土为基材,外掺各种短切纤维材料而制成的纤维增强混凝土。

常用的短切纤维品种很多,若按纤维的弹性模量划分,可分为低弹性模量纤维(如尼龙纤维、聚乙烯纤维、聚丙烯纤维等)和高弹性模量纤维(如钢纤维、碳纤维、玻璃纤维等)两类。

众所周知,普通混凝土虽然抗压强度较高,但其抗拉、抗弯、抗裂、抗冲击及韧性等性能均较差。在普通混凝土中掺加纤维制成纤维混凝土的目的,便是有效地降低混凝土的脆性,提高其抗拉、抗弯、抗冲击、抗裂等性能。

纤维混凝土中,纤维的掺量、长径比、弹性模量、耐碱性等,对其性能有很大的影响。例如,低弹性模量纤维能提高冲击韧性,但对抗拉强度等影响不大,但高弹性模量纤维却能显著提高抗拉强度。

纤维混凝土目前已用于路面、桥面、飞机跑道、管道、屋面板、墙板等方面,并取得了很好的效果。预计今后在土木工程建设中将得到更广泛的应用。

4)聚合物混凝土

聚合物混凝土是一种在其中引入了聚合物的混凝土。按聚合物引入方法的不同,可分为聚合物浸渍混凝土(PIC)、聚合物胶结混凝土(PC)和聚合物水泥混凝土(PCC)。

5)塑性混凝土

塑性混凝土是一种水泥用量较低,并掺加较多膨润土、黏土等材料的大流动性混凝土。它具有低强度、低弹性模量和大应变等特性,是一种柔性材料,可以很好地与较软的基础相适应,同时又具有很好的防渗性能。目前在水利工程中,常用于防渗墙等结构。

6）自密实混凝土

自密实混凝土是指在自身重力作用下能够流动、密实，即使存在致密钢筋也能完全填充模板，同时具有很好均质性，并且不需要附加振动的混凝土。自密实混凝土常用于堆石混凝土坝浇筑。

自密实混凝土的主要优点如下：

（1）保证混凝土的密实度。

（2）提高生产效率。混凝土浇筑需要的时间大幅度缩短，工人劳动强度大幅度降低，需要工人数量减少。

（3）改善工作环境。免除振捣所产生的噪声给环境及工人造成的危害。

（4）改善混凝土的表面质量。不会出现表面气泡或蜂窝麻面，不需要进行表面修补。

（5）增加了结构设计的自由度。可以浇筑成形状复杂、薄壁和密集配筋的结构。

（6）避免了振捣对模板产生的磨损。

（九）砂浆

砂浆是指以胶凝材料、细骨料、水及其他材料为原料，按适当比例配制而成的混合物。水利工程中常用的砂浆是以水泥作为胶凝材料，称为水泥砂浆。

1. 砂浆分类

按砂浆的用途不同可分为普通砂浆和特种砂浆。普通砂浆通常分为砌筑砂浆、接缝砂浆、抹面砂浆等。砌筑砂浆用于块石、砌块、砖等的砌筑以及构件安装；接缝砂浆用于混凝土施工缝回填、砂浆锚杆等；抹面砂浆用于混凝土、砌体等表面的抹灰，以达到防护和装饰等要求。特种砂浆是指适用于保温隔热、吸声、防水、耐腐蚀、防辐射和黏结等特殊要求的砂浆。常用的特种砂浆有水泥防水砂浆、膨胀水泥砂浆、沥青砂浆、环氧树脂砂浆、聚合物砂浆等。

按照砂浆的组成材料不同可分为水泥砂浆、石灰砂浆、混合砂浆等。水泥砂浆由水泥、砂和水按一定配比制成，一般用于潮湿环境或水中的砌体、墙面或地面等。石灰砂浆由石灰膏、砂和水按一定配比制成，一般用于强度要求不高、不受潮湿的砌体和抹灰层。混合砂浆在水泥或石灰砂浆中掺加适当掺合料（如粉煤灰、黏土等）制成，以节约水泥或石灰用量，并改善砂浆的和易性。常用的混合砂浆有水泥石灰砂浆、水泥黏土砂浆和石灰黏土砂浆等。

2. 砂浆的配合比

砂浆配合比是指单位体积砂浆中各组成材料之间的质量比例关系。砂浆配合比通常用 1 m^3 砂浆中各项材料的质量或用各项材料间的质量比表示（以水泥为 1）。

3. 砂浆的强度

砌筑砂浆强度等级是用边长为 70.7 mm 的立方体试件，在标准温度（20±2）℃及相对湿度 90%以上的条件下养护 28 d 的平均抗压极限强度（MPa）值确定的。

（十）外加剂

混凝土外加剂是指在拌制混凝土过程中掺入的用以改善混凝土性能的材料。

外加剂主要包括改善混凝土和易性的外加剂，包括各种减水剂、引气剂和泵送剂等；调节混凝土凝结硬化性能的外加剂，包括缓凝剂、早强剂和速凝剂等；调节混凝土含气量的外加剂,包括引气剂、消泡剂、泡沫剂、发泡剂等;改善混凝土耐久性的外加剂,包括引气剂、防水剂和阻锈剂等;改善混凝土其他性能的外加剂,包括加气剂、膨胀剂、着色剂、防冻剂等。

(十一)矿物掺合料

掺合料是指在混凝土搅拌前或在搅拌过程中,直接掺入的人造或天然的矿物材料以及工业废料,目的是改善混凝土性能、调节混凝土强度等级和节约水泥用量等,其掺量一般大于水泥重量的5%,主要有粉煤灰、硅粉、磨细矿渣粉及其他工业废渣。

粉煤灰中的微细颗粒均匀分布在水泥浆内,填充孔隙和毛细孔,改善了混凝土的孔隙结构和增大了混凝土的密实度。粉煤灰掺入混凝土中,可以改善混凝土拌和物的和易性,能降低混凝土的水化热,提高混凝土的弹性模量,提高混凝土抗化学侵蚀性、抗渗性,以及抑制碱-骨料反应。粉煤灰取代混凝土中部分水泥后,混凝土的早期强度有所降低,但后期强度可以赶上甚至超过未掺粉煤灰的混凝土。

硅粉掺入混凝土中,其作用与粉煤灰类似,可改善混凝土拌和物的和易性,降低水化热,提高混凝土抗化学侵蚀性、抗冻性、抗渗性,抑制碱-骨料反应,且效果比粉煤灰更好。另外,硅粉掺入混凝土中可使混凝土的早期强度提高。

磨细矿渣粉是将粒化高炉矿渣经磨细而成的粉状掺合料。磨细矿渣粉掺入混凝土中,可大幅度提高混凝土强度、提高混凝土耐久性和降低水泥水化热等。

除上述三种掺合料外,混凝土的掺合料还有沸石粉、磨细自燃煤矸石粉、浮石粉、火山渣粉等。

(十二)灌浆材料

常用的灌浆材料有以下几种:

1. 黏土浆是使用最早的灌浆材料,黏土的颗粒细、透水性小,制成的浆液稳定性好,价格低廉,但其结石强度和黏结力都很低,抗渗压的能力也弱,仅用于低水头的临时性防渗工程中。

2. 水泥浆是目前使用最多的灌浆材料。它的胶结性能好,结石强度高,施工也比较方便,适用于灌填宽度大于0.15 mm的缝隙或渗透系数大于1 m/d的岩层,对具有宽大缝隙的岩石或构筑物、地下水流速或耗浆量很大的岩层灌浆时,常在水泥浆中掺入砂子,以减少浆体结硬时的收缩变形,增加黏结力和减少流失。

3. 水泥黏土浆综合了水泥浆的结石强度高和黏土浆的浆液稳定性好、价格便宜等优点,使用范围比较广,并可根据不同要求选择不同的水泥、黏土配合比。

4. 水泥粉煤灰浆的粉煤灰颗粒细、与水泥等胶凝材料共同制成的浆液稳定性和流动性都较好,在灌浆工程中的应用日趋广泛。

5. 硅化用灌浆材料是以硅酸钠(水玻璃)为主要原料的化学浆液。有双液法和单液法两种灌注方法:双液法是将硅酸钠和氯化钙两种溶液先后压入,化合后结石强度较高,但由于所用硅酸盐溶液的黏度比较大,一般用于渗透系数为2~80 m/d的砂质土的加固及防渗;单液法采用比较稀的硅酸钠溶液,其黏度和强度都较低,一般用于黄土或黄土类砂质土的加固。

6. 环氧树脂灌浆材料以环氧树脂为主体,加入一定比例的固化剂、稀释剂、增韧剂等混合而成。环氧树脂硬化后黏结力强、收缩小、稳定性好，是结构混凝土的主要补强材料。一些强度要求高的重要结构物，多采用环氧树脂灌浆；近年来，也能用于水裂缝的处理。

7. 甲基丙烯酸甲酯堵漏浆液简称甲凝，是以甲基丙烯酸甲酯、甲基丙烯酸丁酯为主要原料，加入过氧化苯甲酰、二甲基苯胺和对甲苯亚磺酸等组成的一种低黏度灌浆材料。其黏度比水低，渗透力很强，可灌入 0.05～0.1 mm 的细微裂隙，聚合后强度和黏结力都很高，可用于大坝、油管、船坞和基础等混凝土的补强和堵漏。

（十三）管材

管材可分金属管（铸铁管和钢管等）和非金属管（预应力钢筋混凝土管、玻璃钢管、塑料管等）。水管材料的选择，取决于承受的水压、外部荷载、埋管条件、供应情况等。现将各种管材的性能分述如下。

1. 钢管

钢管有无缝钢管和焊接钢管两种。钢管的特点是能耐高压、耐振动、质量较轻、单管的长度大、接口方便，但承受外荷载的稳定性差，耐腐蚀性差，管壁内外都需有防腐措施，并且造价较高。在给水管网中，通常只在管径大和水压高处，以及因地质、地形条件限制或穿越铁路、河谷和地震地区时使用。

钢管用焊接或法兰接口，所用配件如三通、四通、弯管和渐缩管等，由钢板卷焊而成，也可直接用标准铸铁配件连接。钢管的安装在金属结构中有详述。

2. 球墨铸铁管

根据团体标准《水利水电工程球磨铸铁管道技术导则》（T/CWHIDA 0002—2018）中的定义，球墨铸铁管指采用球墨铸铁铸造、轴线呈直线的等径的管。球墨铸铁管件指的是采用球墨铸铁铸造，满足管线偏转、分水、变径、特殊连接等功能的铸件。在管线中除管与管件外的铸件称为附件。球墨铸铁管的重量较轻，很少发生爆管、渗水和漏水现象，可以减少管网漏损率和管网维修费用。球墨铸铁管抗腐蚀性能远高于钢管，因此是理想的管材。

球墨铸铁管采用推入式楔形胶圈柔性接口，也可用法兰接口，施工安装方便，接口的水密性好，有适应地基变形的能力，抗振效果也好。

3. 预应力混凝土（PCP）管

根据《预应力混凝土管》（GB 5696—2006）的定义，预应力混凝土管指在混凝土管壁内建立有双向预应力的预制混凝土管，包括一阶段管和三阶段管。预应力混凝土管常用口径在 2 000 mm 以下，工作压力为 0.2～1.2 MPa。它的抗渗性能好，采用橡胶圈密封接口，施工安装方便。

4. 预应力钢筒混凝土（PCCP）管

预应力钢筒混凝土（PCCP）管指在带有钢筒的混凝土管芯外侧缠绕环向预应力钢丝并制作水泥砂浆保护层而制成的管体，包括内衬式预应力钢筒混凝土（PCCPL）管和埋置式预应力钢筒混凝土（PCCPE）管。钢筋缠绕钢筒混凝土（BCCP）管指在带有钢筒的混凝土管芯外侧缠绕环向预应力钢筋并制作细石混凝土保护层而制成的接头为双胶圈的成品管，包括内衬式钢筋缠绕预应力钢筒混凝土（BCCPL）管和埋置式钢筋缠绕预应力钢筒混凝土（BCCPE）管。

5. 钢骨架塑料复合管

钢骨架塑料复合管是用高强度过塑钢丝网骨架和热塑性塑料聚乙烯为原材料,钢丝缠绕网作为聚乙烯塑料管的骨架增强体,以高密度聚乙烯(HDPE)为基体,采用高性能的高密度聚乙烯改性黏结树脂将钢丝骨架与内、外层高密度聚乙烯紧密地连接在一起,使之具有优良的复合效果的复合管材。因为高强度钢丝增强体被包覆在连续热塑性塑料之中,因此这种复合管克服了钢管和塑料管的缺点,而又保持了钢管和塑料管的优点。钢骨架塑料复合管采用了优质的材质和先进的生产工艺,使之具有更高的耐压性能。同时,该复合管具有优良的柔性,耐腐蚀、寿命长,不结水垢、不滋生微生物、无毒、洁净、对水质无污染,适用于长距离埋地用供水、输气管道系统。

6. 塑料管

塑料管一般是以塑料树脂为原料,加入稳定剂、润滑剂等经熔融而成的制品。由于它具有质量轻、耐腐蚀、外形美观、无不良气味、加工容易、施工方便等特点,在建筑工程中获得了越来越广泛的应用。

1)塑料管管材特性

塑料管的主要优点是表面光滑、输送流体阻力小,耐蚀性能好,质量轻,成型方便,加工容易;缺点是强度较低,耐热性差。

2)塑料管管材的分类

塑料管有热塑性塑料管和热固性塑料管两大类。热塑性塑料管采用的主要树脂有聚氯乙烯(PVC)树脂、聚乙烯(PE)树脂、聚丙烯(PP)树脂、聚苯乙烯(PS)树脂、丙烯腈-丁二烯-苯乙烯(ABS)树脂、聚丁烯(PB)树脂等;热固性塑料管采用的主要树脂有不饱和聚酯树脂、环氧树脂、呋喃树脂、酚醛树脂等。

3)常用塑料管的优缺点

(1)硬聚氯乙烯(PVC-U)管。

优点:化学腐蚀性好,不生锈;具有自熄性和阻燃性;耐老化性好,可在-15~60 ℃使用20~50年;密度小,质量轻,易扩口,黏接、弯曲、焊接、安装工作量仅为钢管的1/2,劳动强度低、工期短;水力性能好,内壁光滑,内壁表面张力小,很难形成水垢,流体输送能力比铸铁管高3.7倍;阻电性能良好,但其韧性低,线膨胀系数大,使用温度范围窄。缺点:力学性能差,抗冲击性不佳、刚性差,平直性也差,因而管卡及吊架设置密度高;燃烧时热分解,会释放出有毒气体和烟雾。

(2)无规共聚聚丙烯(PP-R)管。

无规共聚聚丙烯管又称三丙聚丙烯管或PP-R管。PP-R管在原料生产、制品加工、使用及废弃全过程均不会对人体及环境造成不利影响,与交联聚乙烯管材同被称为绿色建材。其除具有一般塑料管管材质量轻、强度好、耐腐蚀、使用寿命长等优点外,还有无毒、卫生,符合国家卫生标准要求;耐热保温,可热熔连接,系统密封性好且安装便捷;在70 ℃的工作条件下可连续工作,寿命可达50年,短期工作温度可达95 ℃,连接安装简单可靠;不结垢,流阻小等优点。缺点:弹性好、防冻裂,但其线膨胀系数较大,抗紫外线性能差,在阳光的长期直接照射下容易老化。

(3)聚乙烯(PE)管。

PE管由于其强度高、耐高温、抗腐蚀、无毒等特点,被广泛应用于给水管制造领域。因为它不会生锈,所以是替代部分普通铁给水管的理想管材。

PE管特点如下:

①对水质无污染。PE管加工时不添加重金属盐稳定剂,材质无毒性,无结垢层,不滋生细菌,很好地解决了城市饮用水的二次污染问题。

②耐腐蚀性能较好。除少数强氧化剂外,可耐多种化学介质的侵蚀;无电化学腐蚀。

③耐老化,使用寿命长。在额定温度、压力状况下,PE管道可安全使用50年以上。

④内壁水流摩擦系数小,输水时水头阻力损失小。

⑤韧性好。耐冲击强度高,重物直接压过管道不会导致管道破裂。

⑥连接方便可靠。PE管热熔或电熔接口的强度高于管材本体,接缝不会由于土壤移动或活荷载的作用断开。

⑦施工简单。管道质量轻,焊接工艺简单,施工方便,工程综合造价低。

(4)高密度聚乙烯(HDPE)管。

高密度聚乙烯管是一种用料省、刚性高、弯曲性优良,具有波纹状外壁、光滑内壁的管材。双壁波纹管较同规格、同强度的普通管可省料40%,具有高抗冲、高抗压的特性。

基本特性:高密度聚乙烯是一种不透明白色蜡状材料,相对密度为0.941~0.960,柔软而且有韧性,但比低密度聚乙烯管略硬,也略能伸长,无毒、无味,易燃,离火后能继续燃烧,火焰上端呈黄色,下端呈蓝色,燃烧时会熔融,有液体滴落,无黑烟冒出,同时,散发出石蜡燃烧时发出的气味。

主要优点:耐酸碱,耐有机溶剂,电绝缘性优良,低温时仍能保持一定的韧性。表面硬度、拉伸强度、刚性等机械强度都高于低密度聚乙烯(LDPE)管,接近于PP管,比PP管韧,但表面光洁度不如PP管。

(5)塑料波纹管。

塑料波纹管根据成型方法的不同可分为单壁波纹管、双壁波纹管。其特点是既具有足够的力学性能,又兼备优异的柔韧性;质量轻,省材料,降能耗,价格便宜;内壁光滑的波纹管能减少液体在管内的流动阻力,进一步提高输送能力;耐化学腐蚀性强,可承受土壤中酸碱的影响;波纹形状能加强管道对土壤的负荷抵抗力,又不增加它的挠曲性,以便于连续敷设在凹凸不平的地面上;接口方便且密封性好,搬运容易,安装方便,减轻劳动强度,缩短工期;使用温度范围广,阻燃,自熄,使用安全;电气绝缘性能好,是电线套管的理想材料。

(十四)土工合成材料

1. 概念

土工合成材料的原材料是高分子聚合物,主要有聚乙烯(PE)、聚酯(PER)、聚酰胺(PA)、聚丙烯(PP)和聚氯乙烯(PVC)等。

土工合成材料具有反滤、排水、隔离、防渗、防护以及加筋和加固等多方面的功能。

2. 分类

土工合成材料包括土工织物、土工膜、土工复合材料和土工特种材料。土工织物(又称土工布)是一种透水性材料,按制造方法不同可进一步划分为有纺、无纺及编织三种。土工织物突出的优点是质量轻、整体连续性好(可做成较大面积的整体)、施工方便、抗拉强度较高、耐腐蚀和抗微生物侵蚀性好。土工膜是一种相对不透水的材料,特点是防渗、防水、弹性和适应变形的能力强,耐老化。土工复合材料是两种或两种以上的土工合成材料组合在一起的制品,主要有复合土工膜、塑料排水带、软式排水管以及其他复合排水材料等。其中,土工膜主要用来防渗,土工织物起加筋、排水和增加土工膜与土面之间的摩擦力的作用。土工特种材料主要有土工格栅、土工网、土工模袋、土工格室、土工管、聚苯乙烯板块、黏土垫层等,土工格栅常用作加筋土结构的筋材或复合材料的筋材等,按拉伸方向不同,土工格栅可分为单向拉伸和双向拉伸两种。土工模袋是由上下两层土工织物制成的大面积连续袋状材料,袋内充填混凝土或水泥砂浆,凝固后形成整体混凝土板。

(十五)止水材料

大坝、水闸,以及各种引水交叉建筑物、水工隧洞等的伸缩缝和沉陷缝常用金属止水片材料、沥青类缝面止水材料、聚氯乙烯塑料止水带、橡胶止水带,还有其他填缝止水材料。

1. 金属止水片材料

采用金属板止水带,可改变水的渗透路径,延长水的渗透路线。在渗漏水可能含有腐蚀成分的施工环境中,金属板止水带能起到一定的抗腐蚀作用。其材质包括铜片、铁片、铝片等。

2. 沥青类缝面止水材料

沥青类缝面止水材料除沥青类砂浆和沥青混凝土外,还有沥青油膏、沥青橡胶油膏、沥青树脂油膏、沥青密封膏和非油膏类沥青等。

3. 聚氯乙烯塑料止水带

这种材料具有较好的弹性、黏结性和耐热性,低温时延伸率大、容重小、防水性能好,抗老化性能好,在-25~80 ℃均能正常工作,施工也较为方便,因而在水利工程中得到广泛应用。

4. 橡胶止水带

橡胶止水带是采用天然橡胶与各种合成橡胶为主要原料,掺加各种助剂及填充料,经塑炼、混炼、压制成型的一种止水材料,其品种规格较多,有桥型、山型、P 型、R 型、U 型、Z 型、T 型、H 型、E 型、Q 型等。该止水材料具有良好的弹性、耐磨性、耐老化性和抗撕裂性能,适应变形能力强、防水性能好,温度使用范围为-45~+60 ℃。

5. 其他填缝止水材料

除上述介绍的填缝止水材料外,还有木屑水泥、石棉水泥、嵌缝油膏等。聚氨酯建筑密封胶是以聚氨酯橡胶及聚氨酯预聚体为主要成分的密封胶。此类密封胶具有较高的拉伸强度,优良的弹性、耐磨性、耐油性和耐寒性,但耐水性,特别是耐碱水性欠佳,可分为加热硫化型、室温硫化型和热熔型三种。其中,室温硫化型又有单组分和双组分之分。广泛用于建筑物、广场、公路作为嵌缝密封材料,以及汽车制造、玻璃安装、电子灌装、潜艇和火箭等的密封,是近年来在宁夏回族自治区使用较为广泛的一种止水、防水材料。聚硫建筑密封胶是以液态聚硫橡胶为主体材料,配合以增黏树脂、硫化剂、促进剂、补强剂等制成的密封胶。此类密封胶具有优良的耐燃油、液压油、水和各种化学药品性能以及耐热和耐大气老化性能，同样也是近年来在宁夏回族自治区使用较为广泛的一种止水、防水材料。在地下工程（如隧道、洞涵）、水库、蓄水池等构筑物的防水密封，以及公路路面、飞机跑道等伸缩缝的伸缩密封，建筑物裂缝的修补恢复密封中广泛使用。

（十六）其他材料

机编钢丝网习惯上也叫格宾、格宾网厢、格宾垫，在黄河治理工程中代替了铅丝笼，在高边坡治理中也较常用，在岩土工程、水土保持、堤岸防护工程以及柔性安全防护工程中同样也多有应用。

沥青是一种有机胶凝材料，常温下呈黑色或黑褐色的固体、半固体或黏稠性液体，能溶于汽油、二氧化碳等有机溶剂中，但几乎不溶于水，属于憎水材料。它与矿物材料有较强的黏结力，具有良好的防水、抗渗、耐化学侵蚀性，在交通、建筑、水利等工程中广泛应用。

麻刀是一种纤维材料，简单地说，就是一种细麻丝、碎麻。主要用途是掺在石灰里起增强材料连接、防裂、提高强度的作用。古时建造土房子时掺到泥浆里，以提高墙体韧度、连接性能。

第三节　工程等别与水工建筑物级别

一、工程等别划分

根据《水利水电工程等级划分及洪水标准》（SL 252—2017），水利水电工程等别按其工程规模、效益及在国民经济中的重要性，划分为Ⅰ、Ⅱ、Ⅲ、Ⅳ、Ⅴ五等（见表1-13），适用于不同地区及不同条件下建设的防洪、治涝、灌溉、供水和发电等水利水电工程。

表1-13　水利水电工程分等指标

工程等别	工程规模	水库总库容/亿 m³	防洪			治涝	灌溉	供水		发电
			保护人口/万人	保护农田/万亩	保护区当量经济规模/万人	治涝面积/万亩	灌溉面积/万亩	供水对象重要性	年引水量/亿 m³	发电装机容量/MW
Ⅰ	大(1)型	≥10	≥150	≥500	≥300	≥200	≥150	特别重要	≥10	≥1 200
Ⅱ	大(2)型	<10，≥1.0	<150，≥50	<500，≥100	<300，≥100	<200，≥60	<150，≥50	重要	<10，≥3	<1 200，≥300

续表 1-13

工程等别	工程规模	水库总库容/亿 m^3	防洪			治涝	灌溉	供水		发电
			保护人口/万人	保护农田/万亩	保护区当量经济规模/万人	治涝面积/万亩	灌溉面积/万亩	供水对象重要性	年引水量/亿 m^3	发电装机容量/MW
Ⅲ	中型	<1.0,≥0.10	<50,≥20	<100,≥30	<100,≥40	<60,≥15	<50,≥5	比较重要	<3,≥1	<300,≥50
Ⅳ	小(1)型	<0.1,≥0.01	<20,≥5	<30,≥5	<40,≥10	<15,≥3	<5,≥0.5	一般	<1,≥0.3	<50,≥10
Ⅴ	小(2)型	<0.01,≥0.001	<5	<5	<10	<3	<0.5		<0.3	<10

注:1. 水库总库容指水库最高洪水位以下的静库容;治涝面积指设计治涝面积;灌溉面积指设计灌溉面积;年引水量指供水工程渠首设计年均引(取)水量。

2. 保护区当量经济规模指标仅限于城市保护区;防洪、供水中的多项指标满足 1 项即可。

3. 按供水对象的重要性确定工程等别时,该工程应为供水对象的主要水源。

4. 1 亩 = 1/15 hm^2,全书同。

二、水工建筑物级别划分

水利水电工程永久性水工建筑物的级别,应根据工程的等别或永久性水工建筑物的分级指标综合分析确定。综合利用水利水电工程中承担单一功能的单项建筑物的级别,应按其功能、规模确定;承担多项功能的建筑物级别,应按规模指标较高的确定。

(一)水库及水电站工程永久性水工建筑物级别

1. 水库及水电站永久性水工建筑物的级别,根据建筑物所在工程的等别和永久性水工建筑物的重要性划分为五级,按表 1-14 确定。

表 1-14 永久性水工建筑物级别

工程等别	主要建筑物	次要建筑物
Ⅰ	1	3
Ⅱ	2	3
Ⅲ	3	4
Ⅳ	4	5
Ⅴ	5	5

2. 水库大坝按表 1-15 规定为 2 级、3 级,如坝高超过表 1-15 的指标,其级别可提高一级,但洪水标准可不提高。

表 1-15 水库大坝级别指标

级别	坝型	坝高/m
2	土石坝	90
	混凝土坝、浆砌石坝	130
3	土石坝	70
	混凝土坝、浆砌石坝	100

3. 水库工程中最大高度超过 200 m 的大坝建筑物,其级别应为 1 级,其设计标准应进行专门研究论证,并报上级主管部门审查批准。

4. 当水电站厂房永久性水工建筑物与水库工程挡水建筑物共同挡水时,其建筑物级别应与挡水建筑物的级别一致。当水电站厂房永久性水工建筑物不承担挡水任务、失事后不影响挡水建筑物安全时,其建筑物级别应根据水电站发电装机容量按表 1-16 确定。

表 1-16 水电站厂房永久性水工建筑物级别

发电装机容量/MW	主要建筑物	次要建筑物
≥1 200	1	3
<1 200,≥300	2	3
<300,≥50	3	4
<50,≥10	4	5
<10	5	5

(二)拦河闸永久性水工建筑物级别

1. 拦河闸永久性水工建筑物的级别,应根据其所属工程的级别确定。

2. 拦河闸永久性水工建筑物按表 1-14 分为 2 级、3 级,其校核洪水过闸流量分别大于 5 000 m^3/s、1 000 m^3/s 时,其建筑物级别可提高一级,但洪水标准可不提高。

(三)防洪工程永久性水工建筑物级别

1. 防洪工程中堤防永久性水工建筑物的级别应根据其保护对象的防洪标准按表 1-17 确定。当经批准的流域、区域防洪规划另有规定时,应按其规定执行。根据保护对象的重要程度和失事后遭受洪灾损失的影响程度,可适当降低或提高堤防工程的防洪标准。当采用低于或高于规定的防洪标准时,应进行论证并报水行政主管部门批准。

表 1-17　堤防永久性水工建筑物级别

防洪标准/[重现期(年)]	≥100	<100,≥50	<50,≥30	<30,≥20	<20,≥10
堤防级别	1	2	3	4	5

2. 涉及保护堤防的河道整治工程永久性水工建筑物级别,应根据堤防级别并考虑损毁后的影响程度综合确定,但不宜高于其所影响的堤防级别。

3. 蓄滞洪区围堤永久性水工建筑物的级别,应根据蓄滞洪区类别、堤防在防洪体系中的地位和堤段的具体情况,按批准的流域防洪规划、区域防洪规划的要求确定。

4. 蓄滞洪区安全区的堤防永久性水工建筑物级别宜为 2 级。对于安置人口大于 10 万人的安全区,经论证后堤防永久性水工建筑物级别可提高 1 级。

5. 分洪道(渠)、分洪与退洪控制闸永久性水工建筑物级别,应不低于所在堤防永久性水工建筑物级别。

(四)治涝、排水工程永久性水工建筑物级别

1. 治涝、排水工程中的排水渠(沟)永久性水工建筑物级别,应根据设计流量按表 1-18 确定。

表 1-18　排水渠(沟)永久性水工建筑物级别

设计流量/(m^3/s)	主要建筑物	次要建筑物
≥500	1	3
<500,≥200	2	3
<200,≥50	3	4
<50,≥10	4	5
<10	5	5

2. 治涝、排水工程中的水闸、渡槽、倒虹吸、管道、涵洞、隧洞、跌水与陡坡等永久性水工建筑物级别,应根据设计流量按表 1-19 确定。

表 1-19　排水渠系永久性水工建筑物级别

设计流量/(m^3/s)	主要建筑物	次要建筑物
≥300	1	3
<300,≥100	2	3
<100,≥20	3	4
<20,≥5	4	5
<5	5	5

注:设计流量指建筑物所在断面的设计流量。

3. 治涝、排水工程中的泵站永久性水工建筑物级别,应根据设计流量及装机功率按表1-20确定。

表1-20　泵站永久性水工建筑物级别

设计流量/(m^3/s)	装机功率/MW	主要建筑物	次要建筑物
≥200	≥30	1	3
<200,≥50	<30,≥10	2	3
<50,≥10	<10,≥1	3	4
<10,≥2	<1,≥0.1	4	5
<2	<0.1	5	5

注:1. 设计流量指建筑物所在断面的设计流量。
2. 装机功率指泵站包括备用机组在内的单站装机功率。
3. 当泵站按分级指标分属两个不同级别时,按其中高者确定。
4. 由连续多级泵站串联组成的泵站系统,其级别可按系统总装机功率确定。

(五)灌溉工程永久性水工建筑物级别

1. 灌溉工程中的渠道及渠系永久性水工建筑物级别,应根据设计流量按表1-21确定。

表1-21　灌溉工程永久性水工建筑物级别

设计流量/(m^3/s)	主要建筑物	次要建筑物
≥300	1	3
<300,≥100	2	3
<100,≥20	3	4
<20,≥5	4	5
<5	5	5

2. 灌溉工程中的泵站永久性水工建筑物级别,应根据设计流量及装机功率按表1-20确定。

(六)供水工程永久性水工建筑物级别

1. 供水工程永久性水工建筑物级别,根据设计流量按表1-22确定;供水工程中的泵站永久性水工建筑物级别,根据设计流量及装机功率按表1-20确定。

2. 承担县级市及以上城市主要供水任务的供水工程永久性水工建筑物级别不宜低于3级,承担建制镇主要供水任务的供水工程永久性水工建筑物级别不宜低于4级。

表 1-22　供水工程永久性水工建筑物级别

设计流量/(m^3/s)	装机功率/MW	主要建筑物	次要建筑物
≥50	≥30	1	3
<50,≥10	<30,≥10	2	3
<10,≥3	<10,≥1	3	4
<3,≥1	<1,≥0.1	4	5
<1	<0.1	5	5

注:1. 设计流量指建筑物所在断面的设计流量。
2. 装机功率指泵站包括备用机组在内的单站装机功率。
3. 泵站建筑物按分级指标分属两个不同级别时,按其中高者确定。
4. 由连续多级泵站串联组成的泵站系统,其级别可按系统总装机功率确定。

(七)临时性水工建筑物级别

1. 水利水电工程施工期使用的临时性挡水、泄水等水工建筑物的级别,应根据其保护对象的失事后果、使用年限和临时性水工建筑物规模按表 1-23 确定。

表 1-23　临时性水工建筑物级别

级别	保护对象	失事后果	使用年限/年	临时性水工建筑物规模	
				高度/m	库容/亿 m^3
3	有特殊要求的 1 级永久性水工建筑物	淹没重要城镇、工矿企业、交通干线或推迟总工期及第一台(批)机组发电,推迟工程发挥效益,造成重大灾害和损失	>3	>50	>1.0
4	1、2 级永久性水工建筑物	淹没一般城镇、工矿企业或影响工程总工期及第一台(批)机组发电,推迟工程发挥效益,造成较大经济损失	≤3,≥1.5	≤50,≥15	≤1.0,≥0.1
5	3、4 级永久性水工建筑物	淹没基坑,但对总工期及第一台(批)机组发电影响不大,对工程发挥效益影响不大,经济损失较小	<1.5	<15	<0.1

2. 当临时性水工建筑物根据表 1-23 指标同时分属于不同级别时,其级别应按照其中最高级别确定。但对于 3 级临时性水工建筑物,符合该级别规定的指标不得少于两项。

3. 利用临时性水工建筑物挡水发电、通航时经过技术经济论证,临时性水工建筑物的级别可提高一级。

4. 失事后造成损失不大的 3、4 级临时性水工建筑物,其级别论证后可适当降低。

三、洪水标准

(一)一般规定

根据《水利水电工程等级划分及洪水标准》(SL 252—2017),水利水电工程永久性水工建筑物的洪水标准，应按山区、丘陵区和平原、滨海区分别确定。当山区、丘陵区水库工程永久性挡水建筑物的挡水高度低于15 m，且上下游最大水头差小于10 m时，其洪水标准宜按平原、滨海区标准确定；当平原、滨海区水库工程永久性挡水建筑物的挡水高度高于15 m，且上下游最大水头差大于10 m时，其洪水标准宜按山区、丘陵区标准确定，其消能防冲洪水标准不低于平原、滨海区标准。江河采取梯级开发方式，在确定各梯级水库工程的永久性水工建筑物的设计洪水与校核洪水标准时，还应结合江河治理和开发利用规划，统筹研究，相互协调。在梯级水库中起控制作用的水库，经专题论证并报主管部门批准，其洪水标准可适当提高。堤防、渠道上的闸、涵、泵站及其他建筑物的洪水标准，不应低于堤防、渠道的防洪标准，并应留有安全裕度。

（二）水位与库容

1. 水位

水位是河流、湖泊、水库、海洋等水体在某一地点、某一时刻的自由水面相对于某一基面的高程，以“米(m)”为单位，计算水位所用基面可以是以某处特征海平面高程作为零点水准基面，称为绝对基面，我国目前常用的是黄海基面。

2. 水库的特征水位与特征库容

1）死水位与死库容

死水位是指水库在正常运用情况下，允许消落的最低水位，又称设计低水位。

死库容是指死水位以下的水库容积，又称垫底库容，一般用于容纳淤沙、抬高坝前水位和库区水深。

2）正常蓄水位与兴利库容

正常蓄水位是指水库在正常运用情况下，为满足兴利要求在开始供水时应蓄到的水位，又称正常高水位、兴利水位或设计蓄水位。它决定水库的规模、效益和调节方式，也在很大程度上决定水工建筑物的尺寸、形式和水库的淹没损失。

正常蓄水位至死水位之间的水库容积称为兴利库容，也称调节库容，用以调节径流，提供水库的供水量。

3）防洪限制水位与重叠库容

防洪限制水位是指水库在汛期允许兴利蓄水的上限水位，在常规防洪调度中是设计调洪计算的起始水位。

防洪限制水位与正常蓄水位之间的库容称重叠库容，此库容在汛末要蓄满为兴利所用。

4）防洪高水位与防洪库容

防洪高水位是水库遇到下游防护对象的设计标准洪水时，在坝前达到的最高水位。防洪库容是防洪高水位至防洪限制水位之间的水库容积，用以控制洪水，满足下游防护对象的防洪标准。

5）设计洪水位与拦洪库容

水库遇设计洪水，在坝前达到的最高水位称为设计洪水位。设计洪水位与防洪限制水位间的库容称为拦洪库容。

6)校核洪水位与调洪库容

校核洪水位是水库遇到大坝的校核洪水时,在坝前达到的最高水位,它是水库在非常运用情况下,允许临时达到的最高洪水位,是确定大坝顶高及进行大坝安全校核的主要依据。调洪库容是指校核洪水位至防洪限制水位之间的水库容积,用以拦蓄洪水,在满足水库下游防洪要求的前提下保证大坝安全。

7)总库容与有效库容

校核洪水位以下的全部库容称为总库容。校核洪水位与死水位之间的库容称为有效库容。特征水位与特征库容关系如图 1-2 所示。

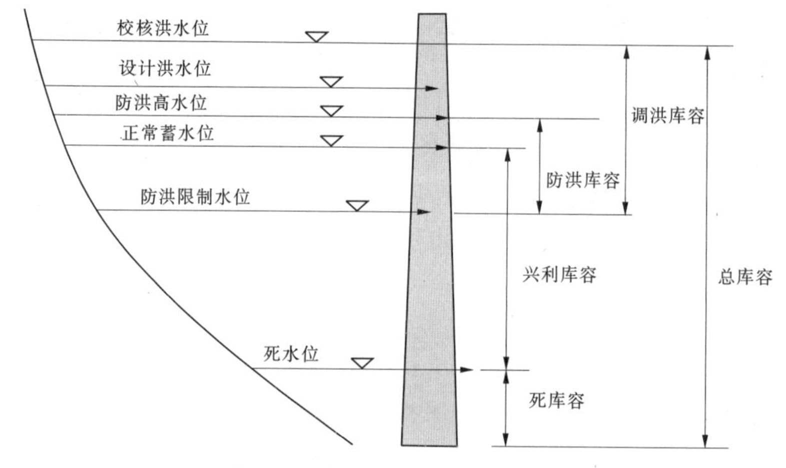

图 1-2　特征水位和特征库容关系

(三)水库及水电站工程永久性水工建筑物洪水标准

1. 山区、丘陵区水库工程的永久性水工建筑物的洪水标准,应按表 1-24 确定。

2. 平原、滨海区水库工程的永久性水工建筑物洪水标准,应按表 1-25 确定。

3. 挡水建筑物采用土石坝和混凝土坝混合坝型时,其洪水标准应采用土石坝的洪水标准。

表 1-24　山区、丘陵区水库工程永久性水工建筑物洪水标准

项目		永久性水工建筑物级别				
		1	2	3	4	5
设计/[重现期(年)]		1 000~500	500~100	100~50	50~30	30~20
校核洪水标准/[重现期(年)]	土石坝	可能最大洪水(PMF)或10 000~5 000	5 000~2 000	2 000~1 000	1 000~300	300~200
	混凝土坝、浆砌石坝	5 000~2 000	2 000~1 000	1 000~500	500~200	200~100

表 1-25　平原、滨海区水库工程永久性建筑物洪水标准

项目	永久性水工建筑物级别				
	1	2	3	4	5
设计/[重现期(年)]	300~100	100~50	50~20	20~10	10
校核洪水标准/[重现期(年)]	2 000~1 000	1 000~300	300~100	100~50	50~20

4. 对土石坝,如失事后对下游将造成特别重大灾害时,1 级永久性水工建筑物的校核洪水标准,应取可能最大洪水(PMF)或重现期 10 000 年一遇;2~4 级永久性水工建筑物的校核洪水标准,可提高一级。

5. 对混凝土坝、浆砌石坝永久性水工建筑物,如洪水漫顶将造成极严重的损失,1 级永久性水工建筑物的校核洪水标准,经专门论证并报主管部门批准,可取可能最大洪水(PMF)或重现期 10 000 年标准。

6. 山区、丘陵区水库工程的永久性泄水建筑物消能防冲设计的洪水标准,可低于泄水建筑物的洪水标准,根据永久性泄水建筑物的级别,按表 1-26 确定,并应考虑在低于消能防冲设计洪水标准时可能出现的不利情况。对超过消能防冲设计标准的洪水,允许消能防冲建筑物出现局部破坏,但必须不危及挡水建筑物及其他主要建筑物的安全,且易于修复,不致长期影响工程运行。

表 1-26　山区、丘陵区水库工程的消能防冲建筑物设计洪水标准

永久性泄水建筑物级别	1	2	3	4	5
设计洪水标准/[重现期(年)]	100	50	30	20	10

7. 平原、滨海区水库工程的永久性泄水筑物消能防冲设计洪水标准,应与相应级别泄水建筑物洪水标准一致,按表 1-25 确定。

8. 水电站厂房永久性水工建筑物洪水标准,应根据其级别按表 1-27 确定。河床式水电站厂房挡水部分或水电站厂房进水口作为挡水结构部分的洪水标准,应与工程挡水前沿永久性水工建筑物的洪水标准一致,按表 1-24 确定。

表 1-27　水电站厂房永久性水工建筑物洪水标准

水电站厂房级别		1	2	3	4	5
山区、丘陵区/[重现期(年)]	设计	200	200~100	100~50	50~30	30~20
	校核	1 000	500	200	100	50
平原、滨海区/[重现期(年)]	设计	300~100	100~50	50~20	20~10	10
	校核	2 000~1 000	1 000~300	300~100	100~50	50~20

9. 当水库大坝施工高程超过临时性挡水建筑物顶部高程时,坝体施工期临时度汛的

洪水标准,应根据坝型及坝前拦洪库容,按表 1-28 确定。根据失事后对下游的影响,其洪水标准可适当提高或降低。

表 1-28　水库大坝施工期洪水标准

坝型	拦洪库容/亿 m^3			
	≥10	< 10,≥1.0	< 1.0,≥0.1	< 0.1
土石坝/[重现期(年)]	≥200	200~100	100~50	50~20
混凝土坝、浆砌石坝/[重现期(年)]	≥100	100~50	50~20	20~10

10. 水库工程导流泄水建筑物封堵期间,进口临时挡水设施的洪水标准应与相应时段的大坝施工期洪水标准一致。水库工程导流泄水建筑物封堵后,如永久性泄洪建筑物尚未具备设计泄洪能力,坝体洪水标准应分析坝体施工和运行要求后按表 1-29 确定。

表 1-29　水库工程导流泄水建筑物封堵后坝体洪水标准

坝型		大坝级别		
		1	2	3
混凝土坝、浆砌石坝/[重现期(年)]	设计	200~100	100~50	50~20
	校核	500~200	200~100	100~50
土石坝/[重现期(年)]	设计	500~200	200~100	100~50
	校核	1 000~500	500~200	200~100

11. 水电站副厂房、主变压器场、开关站、进厂交通设施等的洪水标准,应按表 1-27 确定。

(四)拦河闸永久性水工建筑物洪水标准

1. 拦河闸、挡潮闸挡水建筑物及其消能防冲建筑物设计洪(潮)水标准,应根据其建筑物级别按表 1-30 确定。

2. 潮汐河口段和滨海区水利水电工程永久性水工建筑物的潮水标准应根据其级别按表 1-30 确定。对于 1 级、2 级永久性水工建筑物,若确定的设计潮水位低于当地历史最高潮水位,应按当地历史最高潮水位校核。

表 1-30　拦河闸、挡潮闸永久性水工建筑物洪(潮)水标准

永久性水工建筑物级别		1	2	3	4	5
洪水标准/[重现期(年)]	设计	100~50	50~30	30~20	20~10	10
	校核	300~200	200~100	100~50	50~30	30~20
潮水标准/[重现期(年)]		≥100	100~50	50~30	30~20	20~10

注:对具有挡潮工况的永久性水工建筑物按表中潮水标准执行。

(五)防洪工程永久性水工建筑物洪水标准

1. 防洪工程中堤防永久性水工建筑物的设计洪水标准,应根据其保护区内保护对象的防洪标准和经批准的流域、区域防洪规划综合研究确定,并应符合下列规定:

1)保护区仅依靠堤防达到其防洪标准时,堤防永久性水工建筑物的洪水标准应根据保护区内防洪标准较高的保护对象的防洪标准确定。

2)保护区依靠包括堤防在内的多项防洪工程组成的防洪体系达到其防洪标准时,堤防永久性水工建筑物的洪水标准应按经批准的流域、区域防洪规划中堤防所承担的防洪任务确定。

2. 防洪工程中河道整治、蓄滞洪区围堤、蓄滞洪区内安全区堤防等永久性水工建筑物洪水标准,应按经批准的流域、区域防洪规划的要求确定。

(六)治涝、排水、灌溉和供水等工程永久性水工建筑物洪水标准

1. 治涝、排水、灌溉和供水等工程永久性水工建筑物的设计洪水标准,应根据其级别按表1-31确定。

表1-31　治涝、排水、灌溉和供水等工程永久性水工建筑物设计洪水标准

建筑物级别	1	2	3	4	5
设计/[重现期(年)]	100~50	50~30	30~20	20~10	10

2. 治涝、排水、灌溉和供水等工程中的渠(沟)道永久性水工建筑物可不设校核洪水标准。治涝、排水、灌溉和供水等工程的渠系建筑物的校核洪水标准,可根据其级别按表1-32确定,也可视工程具体情况和需要研究确定。

表1-32　治涝、排水、灌溉和供水等工程永久性水工建筑物校核洪水标准

建筑物级别	1	2	3	4	5
校核/[重现期(年)]	300~200	200~100	100~50	50~30	30~20

治涝、排水、灌溉和供水等工程中泵站永久性水工建筑物的洪水标准,根据其级别按表1-33确定。

表1-33　治涝、排水、灌溉和供水等工程中泵站永久性水工建筑物的洪水标准

永久性水工建筑物级别		1	2	3	4	5
洪水标准/[重现期(年)]	设计	100	50	30	20	10
	校核	300	200	100	50	20

(七)临时性水工建筑洪水标准

1. 临时性水工建筑物洪水标准,应根据建筑物的结构类型和级别,按表1-34的规定综合分析确定。临时性水工建筑物失事后果严重时,应考虑发生超标准洪水时的应急措施。

表 1-34 临时性水工建筑物洪水标准

建筑物结构类型	临时性水工建筑物级别		
	3	4	5
土石结构/[重现期(年)]	50~20	20~10	10~5
混凝土、浆砌石结构/[重现期(年)]	20~10	10~5	5~3

2. 临时性水工建筑物用于挡水发电、通航,其级别提高为 2 级时,其洪水标准应综合分析确定。

3. 封堵工程出口临时挡水设施在施工期内的导流设计洪水标准,可根据工程重要性、失事后果等因素,在该时段 5~20 年重现期范围内选定。封堵施工期临近或跨入汛期时应适当提高标准。

四、水利水电工程合理使用年限及耐久性

依据《水利水电工程合理使用年限及耐久性设计规范》(SL 654—2014),水利水电工程各设计阶段的设计文件应注明工程及其水工建筑物的合理使用年限。水利水电工程施工、运行管理应满足工程耐久性设计要求。

(一)工程合理使用年限

1. 水利水电工程合理使用年限,应根据工程类别和等别按表 1-35 确定。对综合利用的水利水电工程,当按各综合利用项目确定的合理使用年限不同时,其合理使用年限应按其中最高的年限确定。

表 1-35 水利水电工程合理使用年限 单位:年

工程等别	工程类别					
	水库	防洪	治涝	灌溉	供水	发电
Ⅰ	150	100	50	50	100	100
Ⅱ	100	50	50	50	100	100
Ⅲ	50	50	50	50	50	50
Ⅳ	50	30	30	30	30	30
Ⅴ	50	30	30	30	—	30

注:工程类别中水库、防洪、治涝、灌溉、供水、发电分别表示按水库库容、保护目标重要性和保护农田面积、治涝面积、灌溉面积、供水对象重要性、发电装机容量来确定工程等别。

2. 水利水电工程各类永久性水工建筑物的合理使用年限,应根据其所在工程的建筑物类别和级别按表 1-36 的规定确定,且不应超过工程的合理使用年限。当永久性水工建筑物级别提高或降低时,其合理使用年限应不变。

表1-36 水利水电工程各类永久性水工建筑物的合理使用年限 单位:年

建筑物类别	建筑物级别				
	1	2	3	4	5
水库壅水建筑物	150	100	50	50	50
水库泄洪建筑物	150	100	50	50	50
调(输)水建筑物	100	100	50	30	30
发电建筑物	100	100	50	30	30
防洪(潮)、供水水闸	100	100	50	30	30
供水泵站	100	100	50	30	30
堤防	100	50	50	30	20
灌排建筑物	50	50	50	30	30
灌溉渠道	50	50	50	30	20

注:水库壅水建筑物不包括定向爆破坝、橡胶坝。

3.当泄洪、调(输)水、发电、过坝等建筑物与壅水建筑物共同挡水时,其挡水部分建筑物的合理使用年限应按同级别壅水建筑物的规定执行。

4.1级、2级永久性水工建筑物中闸门的合理使用年限应为50年,其他级别的永久性水工建筑物中闸门的合理使用年限应为30年。

5.水工建筑物中各结构或构件的合理使用年限可不同,次要结构和构件或需要大修、更换构件的合理使用年限可比主体结构的合理使用年限短,缺乏维修条件的结构或构件的使用年限应与工程的主体结构的合理使用年限相同。

(二)建筑物耐久性

1.水利水电工程及其水工建筑物耐久性设计包括:①明确工程及其水工建筑物的合理使用年限;②确定建筑物所处的环境条件;③提出有利于减轻环境影响的结构构造措施及材料的耐久性要求;④明确钢筋的混凝土保护层厚度、混凝土裂缝控制等要求;⑤提出结构的防冰冻、防腐蚀等措施;⑥提出解决水库泥沙淤积的措施;⑦提出耐久性所需的施工技术要求和施工质量验收要求;⑧提出正常使用运行原则和管理过程中需要进行正常维修、检测的要求。

2.水工建筑物的耐久性设计应根据其合理使用年限和所处的环境条件进行。

3.水工金属结构的耐久性设计除应考虑环境侵蚀因素外,还应考虑磨蚀、气蚀、振动、疲劳等因素对结构的影响。

4.材料应根据其所处的环境条件和合理使用年限确定。在满足稳定、强度、变形、渗流等要求外,还应符合耐久性要求。

第四节　水工建筑物分类及基本形式

一、水工建筑物的分类

水工建筑物是指治理控制水流或为兴水利、除水害而修建的建筑物。控制和调节水流、防治水害、开发利用水资源的建筑物是实现各项水利工程目标的重要组成部分。

(一)按功能分类

水工建筑物按照功能分类可分为挡水建筑物、泄水建筑物、输(引)水建筑物、取水建筑物、水电站建筑物、过坝建筑物和整治建筑物等。

1. 挡水建筑物

挡水建筑物指拦截或约束水流,并可承受一定水头作用的建筑物。如蓄水或壅水的各种拦河坝、闸,修筑于江河两岸以抗洪的堤防、施工围堰等。

2. 泄水建筑物

泄水建筑物指用以排泄水库、湖泊、河渠等多余水量,保证挡水建筑物和其他建筑物安全,或为必要时降低库水位乃至放空水库而设置的水工建筑物。如设于河床的溢流坝、泄水闸、泄水孔,设于河岸的溢洪道、泄水隧洞等。

3. 输(引)水建筑物

输(引)水建筑物指为灌溉、发电、城市或工业给水等需要,将水自水源或某处送至另一处或用户的建筑物。其中,直接自水源输水的也称引水建筑物,如引水隧洞、引水涵管、渠道,以及穿越河流、洼地、山谷的交叉建筑物(如渡槽、倒虹吸管、输水涵洞)等。

4. 取水建筑物

取水建筑物指位于引水建筑物首部的建筑物,如取水口、进水闸、泵站等。

5. 水电站建筑物

水电站建筑物是水力发电站中拦蓄河水、抬高水头、引水及发电等所需的一系列建筑物的总称。其中,挡水建筑物、泄水建筑物、引水建筑物等与上述1、2、3类似。

水电站中特有的建筑物包括:①平水建筑物,当水电站负荷变化时,用于平稳引水道中流量及压力的变化,如前池、调压室等;②尾水道,通过它将发电后的尾水自机组排向下游;③发电、变电和配电建筑物,包括安装水轮发电机组及其控制设备的水电站厂房、安放变压器及高压开关等设备的水电站升压开关站;④为水电站的运行管理而设置的必要的辅助性生产、管理及生活建筑设施等。

在多目标开发的综合利用水利工程中,坝、水闸等挡水建筑物及溢洪道、泄水孔等泄水建筑物为共同的水工建筑物。有时也将从水电站进水口到水电站厂房、水电站升压开关站等专供水电站发电使用的建筑物称为水电站建筑物。

6. 过坝建筑物

过坝建筑物指为水利工程中穿越挡水坝而设置的建筑物,如专用于通航过坝的船闸、升船机及鱼道、筏道等。

7. 整治建筑物

整治建筑物指为改善河道水流条件、调整河势、稳定河槽、维护航道和保护河岸的各种建筑物，如丁坝、顺坝、潜坝、导流堤、防波堤、护岸等。

（二）按使用期限分类

建筑物按使用期限分类可分为永久性建筑物和临时性建筑物。

1. 永久性建筑物

永久性建筑物是指在运行期间长期使用的建筑物，依其重要性分为主要建筑物和次要建筑物。工程的主要建筑物是指其失事将造成灾害或严重影响工程效益的建筑物，如挡水坝（闸）、泄水建筑物、取水建筑物及电站厂房等；次要建筑物是指其失事后不致造成灾害或对工程效益影响不大、易于修复的附属建筑物，如挡土墙、分流墩及护岸等。

2. 临时性建筑物

临时性建筑物是指工程施工期间临时使用的建筑物，如施工围堰、导流建筑物、临时房屋等。

二、水工建筑物的基本形式

（一）土石坝

土石坝是土坝、堆石坝和土石混合坝的总称。由于土石坝是利用坝址附近的土料、石料及砂砾料填筑而成的，筑坝材料基本来源于当地，故又称为“当地材料坝”。土石坝一般按坝高、施工方法或筑坝材料等进行分类。

1. 按坝高分类

土石坝按坝高（从清基后的基面算起）分为低坝、中坝和高坝。依据《碾压式土石坝设计规范》（SL 274—2020），30 m 以下为低坝，30～70 m（含 30 m 和 70 m）为中坝，超过 70 m 为高坝。

2. 按施工方法分类

土石坝按施工方法分为碾压式土石坝、水力冲填坝、定向爆破堆石坝等。

碾压式土石坝是用适当的土料分层填筑，并逐层加以压实（碾压）而成的坝，常见的有均质坝、土质防渗体分区坝和非土料防渗体坝。

水力冲填坝是借助水力完成土料的开采、运输和填筑全部工序而建成的坝。典型的水力充填坝是用高压水枪在料场冲击土料使之成为泥浆，然后用泥浆泵将泥浆经输泥管输送上坝，分层淤填，经排水固结成为密实的坝体。

定向爆破堆石坝是利用定向爆破两岸山体岩石抛向预定地点而形成的堆石坝。当坝址两岸陡峻高耸、河谷狭窄及岩石新鲜致密时，用定向爆破法修筑斜墙堆石坝是可取的。这种筑坝方法是通过专门的设计，在两岸或一岸山体内开挖洞室、埋放巨量炸药，一次或数次爆破即可截断河流，形成堆石坝体，然后再进行加工填补，并修筑上游防渗斜墙。

（二）混凝土坝

混凝土坝主要有重力坝、拱坝和支墩坝三种类型，它们的结构特点和类型如下。

1. 重力坝的结构特点和类型

重力坝主要依靠自身重量产生的抗滑力维持其稳定性，其坝轴线一般为直线，并由垂直于坝轴线方向的横缝将坝体分成若干段,横剖面基本上呈三角形。

重力坝按坝体高度分为高坝、中坝和低坝。坝高大于70 m的为高坝,小于30 m的为低坝,介于两者之间的为中坝。重力坝按筑坝材料分为混凝土重力坝和浆砌石重力坝。重要的重力坝及高坝大都用混凝土浇筑,中低坝可用浆砌块石砌筑。重力坝按泄水条件分为溢流式重力坝和非溢流式重力坝。重力坝按坝体的结构分为实体重力坝、空腹重力坝和宽缝重力坝。重力坝按施工方法分为浇筑混凝土重力坝和碾压混凝土重力坝。

2. 拱坝的结构特点和类型

拱坝的轴线为弧形,它能将上游的水平水压力变成轴向压应力传向两岸,并主要依靠两岸坝肩维持其稳定性。拱坝是超静定结构,有较强的超载能力,受温度变化和坝肩位移的影响较大。

拱坝的类型有定圆心等半径拱坝、等中心角变半径拱坝、变圆心变半径双曲拱坝等。

拱坝坝址的地形和地质要求:地形条件是决定拱坝结构形式、工程布置以及经济性的主要因素。理想的地形应是左右两岸对称,岸坡平顺无突变,在平面上向下游收缩的峡谷段。坝段下游侧要有足够的岩体支撑,以保证坝体的稳定。地质条件也是拱坝建设中的一个重要因素。拱坝对坝址地质条件的要求比重力坝和土石坝高,河谷两岸的基岩必须能承受由拱端传来的推力,要在任何情况下都能保持稳定,不致危害坝体的安全。理想的地质条件是岩基比较均匀、坚固完整、有足够的强度、透水性小、能抵抗水的侵蚀、耐风化、岸坡稳定、没有大断裂等。

但是实际上,很少能找到完美的地质条件,所以要进行相应的地基处理,处理措施通常有以下几种:坝基开挖,一般都要求开挖到新鲜基岩;固结灌浆和接触灌浆;防渗帷幕;坝基排水;断层破碎带处理。

3. 支墩坝的结构特点和类型

支墩坝由一系列顺水流方向的支墩和支撑在墩子上游的挡水面板组成。支墩坝按挡水面板的形式可分为平板坝、连拱坝和大头坝,其结构特点如下:

1)平板坝是支墩坝中最简单的形式,其上游挡水面板为钢筋混凝土平板,并常以简支的形式与支墩连接,适用于40 m以下的中低坝。支墩多采用单支墩,为了提高支墩的刚度,也有做空腹式双支墩的情况。

2)连拱坝是由支撑在支墩上连续的拱形挡水面板(拱筒)承担水压力的一种轻型坝体。支墩有单支墩和双支墩两种,拱筒和支墩之间刚性连接形成超静定结构,温度变化和地基的变形对坝体的应力影响较大,因此其适用于气候温和的地区和良好基岩上。

3)大头坝通过扩大支墩的头部而起挡水作用,其体积较平板坝和连拱坝大,也称大体积支墩坝。它能充分利用混凝土材料的强度,坝体用筋量少。大头和支墩共同组成单独的受力单元,对地基的适应性好,受气候条件影响小。

(三)水闸

水闸是一种能调节水位、控制流量的低水头水工建筑物,具有挡水和泄(引)水的双重功能,在防洪、治涝、灌溉、供水、航运、发电等水利工程中广泛应用。

1. 水闸的分类

1)水闸按功能分为进水闸、节制闸、泄水闸、排水闸、挡潮闸等。

2)水闸按闸室结构形式分为开敞式水闸和涵洞式水闸。

(1)开敞式水闸:闸室上面没有填土。当引(泄)水流量较大、渠堤不高时,常采用开敞式水闸。

(2)涵洞式水闸:主要建在渠堤较高、引水流量较小的渠堤之下,闸室后有洞身段,洞身上面填土。

根据水力条件的不同,涵洞式水闸可分为有压和无压两种。

2. 水闸的主要组成

水闸(开敞式水闸)由上游连接段、闸室和下游连接段三部分组成。

1)上游连接段。包括上游翼墙、铺盖、护底、上游防冲槽及上游护岸五个部分。

上游翼墙能使水流平顺地进入闸孔,保护闸前河岸不受冲刷,还有侧向防渗作用。铺盖主要起防渗作用,但其表面应满足防冲要求。护底设在铺盖上游,起着保护河床的作用。上游防冲槽可防止河床冲刷,保护上游连接段起点处不致遭受损坏。

2)闸室。是水闸的主体工程,起挡水和调节水流的作用。闸室包括底板、闸墩、边墩(或岸墙)、闸门、工作桥及交通桥等。

底板是闸室的基础,承受闸室全部荷载并较均匀地传递给地基,还可利用底板与地基之间的摩擦阻力来维持水闸稳定,同时底板又具有防冲和防渗等作用。

闸墩主要是分隔闸孔,支撑闸门、工作桥及交通桥。边孔靠岸一侧的闸墩,称为边墩。一般情况下,边墩除具有闸墩作用外,还具有挡土及侧向防渗作用。

3)下游连接段。通常包括下游翼墙、消力池、海漫、下游防冲槽及下游护岸五个部分。

下游翼墙能使闸室水流均匀扩散,还有防冲和防渗作用。消力池是消除过闸水流动能的主要设施,并具有防冲等作用。海漫能继续消除剩余能量,并保护河床不受冲刷。下游防冲槽则是设在海漫末端的防冲设施。

(四)水电站厂房

水电站厂房是建筑物及机械、电气设备的综合体,它是水电站建筑物的重要组成部分。厂房的任务是将挡水建筑物或引水建筑物所集中的水能(表现为流量和落差)可靠而经济地变为可输往用户的电能,并为设备的安装与检修以及运行人员的工作创造良好的条件。从设备布置和运行要求的空间划分,可将水电站厂房划分为主厂房、副厂房、主变压器场、高压开关站四部分。主厂房(含安装场)是指由主厂房构架及其下的厂房块体结构形成的建筑物。其内部装有实现水能转换为电能的水轮发电机组和主要控制及辅助设备,并提供安装、检修的设施和场地。它是水电站厂房的主要组成部分。副厂房是专门布置各种电气控制设备、配电装置、公用辅助设备以及为生产调度、检修、测试等的用房,一般建在主厂房周围(如上游侧、下游侧、端部)。主变压器场是装设主变压器的地方,一般布置在主厂房旁边。水轮发电机发出的电能需通过主变压器升压后,再经输电线路送给用户。为了按需要分配功率及保证正常工作和检修,发电机和变压器之间以及变压器与输电线路之间有不同的电压配电装置。发电机侧的配电装置,通常设在厂房内,而其高压侧的配电装置一般布置在户外,称高压开关站。其内装设高压开关、高压母线和保护设施,高压输电线由此将电能输送给电力用户。

主厂房和副厂房习惯上也称为厂房,主变压器场和高压开关站有时也称为变电站(所)。

水电站厂房的布置形式:水电站厂房的典型布置形式主要有坝后式水电站、河床式水电站及引水式水电站三种。①坝后式水电站利用拦河坝使河道水位壅高,以集中水头。常建于河流中、上游的高山峡谷中,一般为中、高水头水电站。坝后式水电站是发电厂房位于挡水坝下游靠近坝脚处的水电站,坝后式厂房在结构上与大坝分开,不承受上游水库水压力。②河床式水电站是发电厂房与挡水闸、坝体呈一列式布置在河床上,发电厂房与挡水闸、坝体共同起挡水作用的水电站。常建于河流中、下游,一般是低水头、大流量的水电站。③引水式水电站是利用引水道来集中河段落差形成发电水头的水电站。常建于流量小、河道纵坡降大的河流中、上游。

(五)泵站

泵站的基本功能是通过水泵的工作体(固体、液体或气体)的运动(旋转运动或往复运动等),把外加的能量(电能、热能、水能、风能或太阳能等)转变成机械能,并传给被抽液体,使液体的位能、压能和动能增加,并通过管道把液体提升到高处,或输送到远处。在生产实践中,水泵的型号规格很多,泵站的类型也各不相同。根据泵站的不同特点,泵站工程的主要类型如下。

1. 按功能分类

1)供水泵站。向农田、工矿企业、城镇居民等提供水源的泵站分别称为农田灌溉泵站、工业供水泵站以及城乡居民给水泵站等。

2)排水泵站。将农田、城镇、工矿企业多余的雨水、污水排除,或降低过高的地下水位,以确保工农业生产的安全正常进行的泵站称为农田排水泵站、城镇排水或排污泵站、工业排水泵站以及矿山排水泵站等。

3)调水泵站。主要功能是根据经济和社会发展的需要,在较大范围内调节流域之间的水资源不平衡问题,其功能还是解决沿途的城镇及工业供水、农业灌溉和排水,有时还可以利用输水渠道或河道进行航运等。

4)加压泵站。对于长管道输水的工程,为了克服沿途的压力损失,需要中途设置泵站增加压力。对于城市给水工程,当水源泵站将水送到自来水厂经处理后,还需要泵站加压送往管网,这类泵站称为加压泵站。对于扬程较高的灌区、城镇供水或跨流域调水工程,由于受地形地质等条件的限制,往往需要采取多级提水方式,途中增加的泵站有时也可称为加压泵站或中继站。

5)蓄能泵站。火电厂和核电站是不允许间断工作的。为了确保电网的稳定运行,在夜间有多余电量时,可以通过水泵将水抽至高处(蓄能),而在白天的用电高峰时再将水从高处放下,通过水轮机进行发电。这类泵站称为蓄能泵站、蓄能电站或抽水蓄能电站。

2. 按水泵的类型分类

水泵是泵站中最主要的机械设备。泵站的结构形式、运行方式等都与水泵类型有关。因此,泵站经常按水泵类型进行分类:①离心泵站,离心泵站内工作的主泵是离心泵;②轴流泵站,轴流泵站内工作的主泵是轴流泵;③混流泵站,混流泵站内工作的主泵是混流泵。

3. 按动力分类

1)电动泵站是以电动机为动力机的泵站。

2)机动泵站是以煤、汽油和柴油等为燃料,以蒸汽机和内燃机为动力机的泵站。

3)水轮泵站是由水轮机带动水泵抽水的,其能量转换率高,是我国独特的提水工程。

4)风力泵站是以风车为动力机的泵站。

5)太阳能泵站是以太阳能为动力的泵站。

(六)水工隧洞

水工隧洞是指水利工程中穿越山岩建成的封闭式过水通道,用作泄水、引水、输水等建筑物,是山区水利枢纽中常有的组成建筑物,甚至一个枢纽中有多条隧洞。水工隧洞按作用不同可分为泄洪隧洞、引水隧洞(如引水发电、灌溉和供水隧洞等)、放空隧洞、排沙隧洞、施工导流隧洞等;按其过水时洞身流态分为有压隧洞和无压隧洞。

1. 水工隧洞的作用

配合溢洪道宣泄洪水,有时也可作为主要泄洪建筑物;引水发电,或为灌溉、供水、航运和生态输水;排放水库泥沙,延长水库使用年限,有利于水电站等的正常运行;放空水库,用于人防或检修建筑物;在水利枢纽施工期用来导流。

2. 隧洞的主要建筑物

水工隧洞通常由进口段、洞身段、出口段组成。

1)进口段

(1)表孔堰流式进口。用作溢洪道的正堰斜井泄洪洞一般以非真空实用堰作为控制堰,以利于下游堰面和斜井相连。根据具体地形条件,堰前往往还有一条引水渠,其近堰处的翼墙用平顺的喇叭口形,并力求对称进水。堰顶设表孔工作闸门控制,其前设检修闸门。

(2)深孔进口。水工隧洞的深孔进口要做到有顺畅的进水条件,有闸门、拦污栅及启闭设备的安装、操作条件,有使水流从进口断面过渡到洞身断面的渐变段。此外,为保证良好的流态和减小检修闸门的启闭力等目的,还要有通气孔、平压管等附属设备。根据闸门的安装与操作途径,深孔进口基本结构形式可分为竖井式、塔式、岸塔式、斜坡式、组合式等。

2)洞身段

(1)洞身横断面形式。水工隧洞洞身横断面形式的选定取决于运行水流条件、工程地质条件和施工条件。

①有压隧洞的横断面形式。内水压力较大的有压隧洞一般都用圆形断面,其过流能力及应力状态均较其他断面形式有利。当岩石坚硬且内水压力不大时,也可用便于施工的非圆形断面。

②无压隧洞的横断面形式。无压隧洞多采用圆拱直墙形(城门洞形)断面,适用于承受垂直围岩压力,且便于开挖和衬砌。为消除或减小作用于衬砌的侧向围岩压力,可将侧墙做成倾斜断面;岩石条件差时也可做成马蹄形断面;岩石条件差并有较大外水压时可做成圆形断面。

(2)洞身衬砌构造。

衬砌结构形式可分为抹平衬砌、单层衬砌、组合式衬砌、预应力衬砌。

洞身衬砌形式的选择应根据运用要求、地质条件、断面尺寸、受力状态、施工条件等因素,通过综合分析比较后确定。一般在有压圆形隧洞中优先考虑用单层混凝土或钢筋混凝土衬砌;当内水压力很大,岩石又较差时,可考虑采用内层钢板的组合式双层衬砌。采用钢板衬砌时要注意外水压力是否会造成钢板失稳破坏,施工条件许可时可用预应力衬砌对付高水头内水压力。城门洞形的无压隧洞常用整体式单层钢筋混凝土衬砌,也可考虑顶拱部分采用喷混凝土、钢丝网喷混凝土或装配块。喷锚支护是一种可替代一般衬砌的新型技术。

3)出口段

泄水隧洞出口水流一般挟带冲刷余能,因此需要设置消能段。常用的消能方式为挑流消能或底流消能。有压泄水洞出口常设有闸门及启闭机室,闸门前为圆形到矩形的渐变段,出口后即为消能设施。

(七)常见水库主要建筑物

1. 溢洪道

溢洪道为河川水利枢纽必备的泄水建筑物,用以排泄水库不能容纳的多余来水量,保证枢纽挡水建筑物及其他有关建筑物的安全运行。溢洪道可以与挡水建筑物相结合,建于河床中,称为河床溢洪道(或坝身溢洪道),也可以另建于坝外河岸,称为河岸溢洪道(或坝外溢洪道)。条件许可时采用前者可使枢纽布置紧凑,造价经济;但由于坝型、地形以及其他技术经济原因,很多情况下又必须或宜于采用后者。泄洪流量要求很大的水利枢纽,还可能兼用河床溢洪道和河岸溢洪道。

2. 卧管

卧管也叫卧管式进水口,是在库水位变动范围内引取表层水的管式取水建筑物,斜置于土石坝上游坝坡或水库岸坡上。沿坡面在管道不同高程处分层设置进水孔口,各层进水口的高差一般为0.3~0.8 m,孔径为0.1~0.5 m。管的上端设通气孔,下端设消能室,其后接坝下埋管。各层进水孔口可采用球形门、平面斜拉门、转动式圆盘闸门,以及水平盖板闸门和塞子等进行控制。

斜卧管一般按无压流设计。小型斜卧管可采用砖、石等材料。

3. 输水塔

输水塔是一种竖立于水库中的塔形结构,在水工隧洞或坝下埋管的首部修建,内设闸门以控制水流的取水建筑物。输水塔属深式进水口,包括进水喇叭口、进水塔、闸门室、通气孔、平压管及门后渐变段。闸门置于输水塔的底部,塔顶设操作平台和闸门启闭机室。输水塔常用钢筋混凝土结构,其形式有封闭式输水塔和框架式输水塔两种。

(八)堤防和河道整治建筑物

1. 堤防

堤防是抵御洪(潮)水危害的重要工程措施。我国堤防工程种类很多,按抵御水体类别可分为河堤、湖堤、海堤。按建筑材料可分为土堤、砌石堤、土石混合堤、钢筋混凝土防洪墙等。按工程建设性质又有新建堤防及老堤加固、扩建及改建。

2. 河道整治建筑物

为改善水流,调整、稳定河槽,以满足防洪、航运、引水等要求采取的工程措施称为河道整治。凡是以河道整治为目的所修建的建筑物,通称为河道整治建筑物,简称整治建筑物。整治建筑物形式多样,以下简要介绍丁坝、顺坝、锁坝、潜坝和护岸工程等。

1)丁坝

丁坝由坝头、坝身及坝根三部分组成,坝根与河岸连接,坝头伸向河槽,坝轴线与河岸呈丁字形,故名丁坝。丁坝可用来束窄河床、调整流向、冲刷浅滩、导引泥沙、保护河岸。丁坝因有导流、挑流的作用,又名挑水坝。根据河道整治要求,丁坝可单个、两个或成群设置在河流的一岸,也可在两岸同时设置,还可与顺坝联合布置。常用的丁坝主要有:①抛石丁坝,用乱石抛堆,表面用砌石或大块石防护;②土心丁坝,采用砂土或黏性土作为坝心,用块石护坡,头部用块石抛护,并用堆石棱体护脚,对砂质河床须用沉排护底;③沉梢排丁坝,在地基上铺一层厚0.35~0.45 m的沉梢排,坝体用压石梢排铺成,铺到与最低水位齐平,顶部用抛石覆盖,抛石体表面为干砌石或浆砌石;④铅丝石笼丁坝,在石块少而卵石多的地区,多采用铅丝石笼或竹石笼筑成的丁坝。

2)顺坝

顺坝是坝身与水流方向或河岸接近平行的整治建筑物。上游端的坝根与河岸相连,下游端的坝头与河岸间留有缺口或与河岸连接。它具有束窄河槽、导引水沙流向、改善水流流态的作用。顺坝多沿整治线布置,一般只布置在一岸。在分汊河段的入口、急弯的凹岸或过渡段的起点及洲尾等水流不顺的地方也常布置顺坝。对重要的顺坝,其布置和尺寸应通过水工模型试验确定。顺坝的坝体结构和丁坝基本相同。

3)锁坝

锁坝是一种设置在河流汊道中且其轴线与水流方向接近垂直的整治建筑物,在中水位和洪水位时其顶部允许溢流,主要作用是调整河床、塞支强干,增加主汊的流量,或抬高河段水位。锁坝多布置于汊道下口,以利于挟沙水流进入废槽,加速淤积。河流挟沙不多时,也可建在汊道上口,以利用废槽作为船舶的避风港。锁坝的坝体用抛石、梢排及土料建造,其尺寸视不同的筑坝材料而异。

4)潜坝

通常将顶部高程设在枯水位以下的丁坝、锁坝称为潜坝。潜坝主要用于提高河床的局部高程,减小过水断面面积,壅高水位,调整上、下游河段比降,也可用来保护河底、顺坝的外坡底脚以及丁坝的坝头等免遭冲刷破坏。设置在河道凹岸的丁坝、顺坝下面的潜丁坝可以调整水深及深泓线。

5)护岸工程

护岸工程的作用在于保护岸坡免受水流冲刷和风浪侵蚀,其结构形式取决于防护部位的重要程度、工作环境、承受水流作用的情况以及护岸材料特性等。护岸工程按护岸所用材料主要有浆砌块石护岸、干砌块石护岸、混凝土护岸、沉排护岸、石笼护岸、土工织物护岸、草皮护岸及埽工护岸等。上述各种护岸可以单独使用,也可结合使用。砌石护岸的坡率视土壤特性而定,一般为1∶2.5~1∶3,块石厚25~35 cm,其下铺设垫层,起反滤作用。护岸除受水流冲刷和风浪侵袭外,还需考虑地下水外渗的影响。坡脚的防护与稳定对于护岸的成败至关重要,在修建护岸工程时应以护脚为先,在护脚尚未稳定之前暂不做护岸,或只做临时性护岸。

(九)渠道及渠系建筑物

渠道是一种广为采用的输水建筑物。渠道的流态一般为无压明流,通常分为明渠和暗渠两种。明渠的断面形式有梯形、矩形、复合形、弧形底梯形、弧形坡脚梯形、U形等;无压暗渠的断面形式有城门洞形、箱形、正反拱形和圆形等。渠道按其作用可分为灌溉渠道、排水渠道(沟)、航运渠道、发电渠道以及综合利用渠道等。

在渠道上修建的水工建筑物称为渠系建筑物,它使渠水跨过河流、山谷、堤防、公路等,主要有渡槽、涵洞、倒虹吸管、跌水与陡坡等类型。

1. 渡槽及其构造

渡槽是输送水流跨越山谷、河流以及其他建筑物时的一种常用的交叉建筑物。渡槽按支撑结构不同可分为梁式渡槽和拱式渡槽两大类。渡槽由输水的槽身及支撑结构、基础和进出口建筑物等部分组成。槽身的断面形式有矩形、U形、梯形、半椭圆形和抛物线形等,常用矩形与U形。渡槽如图1-3、图1-4所示。

图1-3　固海三干渠长山头渡槽

图1-4　七星渠红柳沟渡槽

渡槽进、出口段的作用是使渡槽与上下游渠道平顺连接,保持水流顺畅,为此常做成扭曲面或喇叭形的渐变段过渡。

渡槽槽身可由浆砌石、钢筋混凝土、钢丝网水泥等各种材料建造,横断面形式多为矩形,中小流量情况下也可采用U形钢丝网水泥薄壳结构。

槽身的支撑结构形式主要有三类,即梁式、拱式和桁架拱式。

梁式渡槽槽身一节一节地支撑在排架(或重力墩)上,伸缩缝之间的每一节槽身沿纵向有两个支点,槽身在结构上起简支纵向梁作用。也可将伸缩缝设于跨中,每节槽身长度取2倍跨度,而成为简支双悬臂梁。

实腹石拱渡槽由槽身、拱上结构、主拱圈和墩台组成,荷载由槽身经拱上结构传给主拱圈,再传给墩台、地基。如拱上结构也用连拱式,则称空腹石拱渡槽。

钢筋混凝土肋拱渡槽的传力结构组成部分为由槽身到拱上排架,由排架到肋拱,再由肋拱到拱座、支墩、地基。槽身可用钢筋混凝土矩形槽或钢丝网水泥薄壳U形槽,整个结构较石拱渡槽轻得多。肋拱可用三铰拱结构,也可用无铰拱,后者要有纵向受力钢筋伸入墩帽内。不太宽的渡槽用双肋(两片肋拱)并以横系梁加强两者的整体性即可。很宽的渡槽,则可采用拱肋、拱波和横向联系组成的双曲拱。

桁架拱式渡槽与一般拱式渡槽的区别仅是支撑结构采用桁架拱。桁架拱是几个桁架拱片通过横向联系杆拼接而成的杆件系统结构。桁架拱片是由上弦杆、下弦杆和腹杆组成的平面拱形桁架。渡槽槽身以集中荷载方式支撑于桁架节点上,可以是上承式、下承式、中承式及复拱式等形式。桁架拱一般采用钢筋混凝土结构,其中受拉腹杆还可采用预应力钢筋混凝土建造。由于结构整体刚度大而重量轻且与墩台之间可以铰接以适应地基变位,故能用于软基,另外所跨越的河流为通航河道时,能提供槽下较大的通航空间。

斜拉式渡槽以墩台、塔架为支撑,用固定在塔架上的斜拉索悬吊槽身,斜拉索上端锚固于塔架上,下端锚固于槽身侧墙上,槽身纵向受力状况相当于弹性支撑的连续梁,故可加大跨度,减少槽墩个数,节约工程量。为充分发挥斜拉索的作用,改善主梁受力条件,施工中需对斜拉索施加预应力,使主梁及塔架的内力和变位比较均匀。斜拉渡槽各组成部分的形式很多,构成多种结构造型。斜拉渡槽跨越能力比拱式渡槽大,适用于各种流量、跨度及地基条件,在大流量、大跨度及深河谷情况下,其优越性更为突出。但施工中要求准确控制索拉力及塔架、主梁的变位等,有一定的难度。

2. 涵洞及其构造

涵洞是渠道、溪谷、交通道路等相互交叉时,在填方渠道或交通道路下设置的输送渠水或排泄溪谷来水的建筑物。涵洞由进口、洞身和出口三部分组成,一般不设闸门。根据水流形态的不同,涵洞分有压、无压和半有压式。用于输送渠水的涵洞上下游水位差较小,常用无压涵洞,洞内设计流速一般取2 m/s左右。用于排水的涵洞既有无压的,也有有压的或半有压的,上下游水头差较大时还应采取消能措施和防渗措施。

1)涵洞进出口形式

涵洞的进出口段用以连接洞身和填方土坡,也是洞身和上下游水道的衔接段,其形式应使水流平顺进出洞身以减小水头损失,并防止洞口附近的冲刷。常用的进出口形式有一字墙式、八字形斜降墙式、反翼墙走廊式等,三者水力条件依次改善,而工程量依次增加。此外,还有八字墙伸出填土坡外以及进口段高度加大两种形式,最后这种形式可使水流不封闭洞顶,进口水面跌落在加高范围内。不论哪种形式,一般都根据规模大小采用浆砌石、混凝土或钢筋混凝土建造。

2)涵洞的洞身断面形式

(1)圆形管涵。它的水力条件和受力条件较好,多由混凝土或钢筋混凝土建造,适用于有压涵洞或小型无压涵洞。

(2)箱形涵洞。四边封闭的钢筋混凝土整体结构,适用于现场浇筑的大中型有压或无压涵洞。

(3)盖板涵洞。断面为矩形,由底板、边墙和盖板组成,适用于小型无压涵洞。

(4)拱形涵洞。由底板、边墙和拱圈组成。因受力条件较好,多用于填土较高、跨度较大的无压涵洞。

3. 倒虹吸管及其构造

倒虹吸管是当渠道跨越山谷、河流、道路或其他渠道时,埋设在地面以下或直接沿地面敷设的压力管道。倒虹吸管有竖井式、斜管式、曲线式和桥式等,主要由进口段、管身和出口段三部分组成。

1)进口段的形式。进口段包括进水口、拦污栅、闸门、渐变段及沉沙池等,用来控制水流、拦截杂物和沉积泥沙。

2)出口段的形式。出口段包括出水口、渐变段和消力池等,用于扩散水流和消能防冲。

3)管身的构造。水头较低的管身采用混凝土(水头在 4~6 m 以内)或钢筋混凝土(水头在 30 m 左右),水头较高的管身采用铸铁或钢管(水头在 30 m 以上)。为了防止管道因地基不均匀沉降和温度变化而破坏,管身应设置沉降缝,内设止水。现浇钢筋混凝土管在土基上缝距为 15~20 m,在岩基上缝距为 10~15 m。为了便于检修,在管段上应设置冲沙放水孔兼作进人孔。为改善路下平洞的受力条件,管顶应埋设在路面以下 1.0 m 左右。

4)镇墩与支墩。在管身的变坡及转弯处或较长管身的中间应设置镇墩,以连接和固定管道。镇墩附近的伸缩缝一般设在下游侧。在镇墩中间要设置支墩,以承受水荷载及管道自重的法向分量。

4. 跌水与陡坡的构造及作用

当渠道通过地面坡度较陡的地段时,为了保持渠道的设计比降,避免高填方或深挖方,往往将水流落差集中,修建建筑物连接上下游渠道,这种建筑物称为跌水或陡坡。

1)跌水

跌水有单级和多级两种形式,两者构造基本相同,一般单级跌水落差小于 5 m,落差超过 5 m 宜采用多级跌水。跌水主要由进口连接段、跌水口、侧墙、消力池和出口连接段组成。

2)陡坡

陡坡与跌水的主要区别在于陡坡是以斜坡代替跌水墙。陡坡主要由进口连接段、控制堰口、陡坡段、消力池和出口连接段组成。

第五节　机电、金属结构设备类型及主要技术参数

一、机电设备类型及主要技术参数

(一)水轮机

水轮机是将水的能量通过转轮转换为机械能的一种动力机械,一般由引水室、导叶、转轮和出水室等构成。

1. 水轮机的分类

按水流能量的转换特征不同,水轮机分为反击式和冲击式两大类。完全利用水流动能工作的水轮机称为冲击式水轮机,同时利用水流动能和势能工作的水轮机称为反击式水轮机。而每一大类根据其转轮区内水流的流动特征和转轮的结构特征又可分成多种形式。

1)反击式水轮机

反击式水轮机按转轮区内水流相对于主轴流动方向的不同又可分为混流式、轴流式、斜流式和贯流式四种。

(1)混流式水轮机。混流式水轮机的水流从四周沿径向进入转轮,然后近似以轴向流出转轮。混流式水轮机应用水头范围广,为20~700 m,结构简单、运行稳定且效率高,是现代应用最广泛的一种水轮机。

(2)轴流式水轮机。轴流式水轮机的水流在导叶与转轮之间由径向流动转变为轴向流动,而在转轮区内水流保持轴向流动。轴流式水轮机的应用水头为3~80 m。轴流式水轮机在中低水头、大流量水电站中得到广泛应用。

轴流式水轮机根据其转轮叶片在运行中能否转动,又可分为定桨式、转桨式和调桨式三种。

(3)斜流式水轮机。斜流式水轮机的水流在转轮区内沿着与主轴呈某一角度的方向流动。斜流式水轮机的转轮叶片大多做成可转动的形式,具有较宽的高效率区,适用水头为40~200 m。其结构形式及性能特征与轴流转桨式水轮机类似,但由于其倾斜桨叶操作机构的结构特别复杂,加工工艺要求和造价均较高,一般较少使用。

(4)贯流式水轮机。是一种流道近似为直筒状的卧轴式水轮机,它不设引水蜗壳,适用水头为1~25 m。它是低水头、大流量水电站的一种专用机型。由于其卧轴式布置及流道形式简单,所以土建工程量少,施工简便,因此在开发平原地区河道和沿海地区潮汐等水力资源中得到较为广泛的应用。

贯流式水轮机按转轮叶片在运行中能否转动的情况可分为定桨式、转桨式和调桨式三种。贯流式水轮机按其发电机装置形式的不同可分为全贯流式和半贯流式两类,半贯流式水轮机又分为轴伸式、竖井式和灯泡式。

全贯流式水轮机的优点是水力损失小,过流量大,结构紧凑,但由于转子外缘线速度过大,而且密封十分困难,因此应用较少。

轴伸式半贯流式水轮机和竖井式半贯流式水轮机结构简单,发电机的安装、运行和检修

都较方便,但由于应用水头较低,效率也低,机组容量不大,因此多应用于小型水电站中。

灯泡式半贯流式水轮机结构紧凑,流道平直,过流量大,多适用于较大容量的机组。

2)冲击式水轮机

冲击式水轮机按射流冲击转轮的方式不同可分为水斗式、斜击式和双击式三种。

(1)水斗式水轮机。从喷嘴出来的自由射流沿圆周切线方向冲击转轮上的水斗而做功,因此也称为切击式水轮机,它的适用水头范围为40~2 000 m。

(2)斜击式水轮机。从喷嘴出来的自由射流沿着与转轮旋转平面呈一角度的方向,从转轮的一侧进入轮叶再从另一侧流出轮叶。与水斗式水轮机相比,其过流量较大,但效率较低,因此这种水轮机一般多用于中小型水电站,适用水头一般为20~300 m。

(3)双击式水轮机。从喷嘴出来的射流先后两次冲击转轮叶片。这种水轮机结构简单,制作方便,但效率低、转轮叶片强度差,仅适用于单机出力不超过1 000 kW的小型水电站,其适用水头一般为5~100 m。

可逆式水泵水轮机又称为水泵水轮机,是抽水蓄能电站的动力设备。水泵水轮机通常有混流式、斜流式、轴流式和贯流式,应用最广泛的是混流式水泵水轮机。

2. 水轮机的性能参数

水轮机在不同工作状况(简称工况)下的性能,通常是用水轮机的工作水头(H,单位为m)、流量(Q,单位为m^3/s)、出力(P,单位为kW)、效率(η,用%表示)、工作力矩(M,单位为N · m)及转速(n,单位为r/min)等参数以及这些参数之间的关系来表示的。

对大中型水轮发电机组,水轮机的主轴和发电机轴都是用法兰和螺栓直接刚性连接的,所以水轮机的转速和发电机的转速相同并符合标准同步转速,即应满足如下关系式:

$$f=\frac{pn}{60}$$

式中,f为电流频率,我国规定为50 Hz;p为发电机的磁极对数。

对一定的发电机,其磁极对数也一定,因此为了保证供电质量,使电流频率保持50 Hz不变,在正常情况下,机组的转速也应保持为相应的固定转速,此转速称为水轮机或机组的额定转速。

3. 水轮机的型号

根据《水轮机、蓄能泵和水泵水轮机型号编制方法》(GB/T 28528—2012)的规定,水轮机、蓄能泵和水泵水轮机产品型号由三部分或四部分代号组成,第四部分仅用于蓄能泵和水泵水轮机,各部分之间用“-”隔开。

1)型号的第一部分代号的意义

(1)水轮机型号的第一部分由水轮机形式和转轮的代号组成。

水轮机形式用汉语拼音字母表示,其代号规定见表1-37。

对于一根轴上有两个或多个转轮的水斗式水轮机,在水斗式水轮机型号前加上与转轮个数相同的阿拉伯数字表示。

转轮代号采用模型转轮编号和/或水轮机原型额定工况比转速表示,模型转轮编号与比转速之间采用“ / ”符号分隔。比转速代号用阿拉伯数字表示,单位为米 · 千瓦(m · kW)。

表 1-37　水轮机、蓄能泵和水泵水轮机形式的代号

类别	形式	代号
反击式水轮机	混流式	HL
	轴流转桨式	ZZ
	轴流调桨式	ZT
	轴流定桨式	ZD
	斜流式	XL
	贯流转桨式	GZ
	贯流调桨式	GT
	贯流定桨式	GD
冲击式水轮机	冲击(水斗)式	CJ
	斜击式	XJ
	双击式	SJ
蓄能泵	混流式	BHL
	轴流转桨式	BZD
	斜流式	BXL
水泵水轮机	混流式	NHL
	轴流转桨式	NZZ
	轴流定桨式	NZD
	斜流式	NXL
	贯流转桨式	NGZ
	贯流定桨式	NGD

(2)蓄能泵型号的第一部分由蓄能泵形式及叶轮的代号组成。

蓄能泵形式用字母“B”及汉语拼音字母表示,其代号规定见表 1-37。

对于两级或多级蓄能泵,在蓄能泵型号前加上与级数相同的阿拉伯数字表示。

叶轮代号采用模型叶轮编号和/或蓄能泵原型额定工况比转速表示,模型叶轮编号与比转速之间采用“ / ”符号分隔。比转速代号用阿拉伯数字表示,单位为米·千瓦(m·kW)。

(3)水泵水轮机型号的第一部分由水泵水轮机形式及转轮或叶轮的代号组成。

①可逆式水泵水轮机。可逆式水泵水轮机形式用字母“N”及汉语拼音字母表示,其代号规定见表 1-37。

对于两级或多级可逆式水泵水轮机,在各形式的可逆式水泵水轮机前加上与级数相同的阿拉伯数字表示。

转轮代号采用模型转轮编号和/或水轮机原型额定工况比转速表示,模型转轮编号与比转速之间采用“ / ”符号分隔。比转速代号用阿拉伯数字表示,单位为米 · 千瓦(m · kW)。

②组合式水泵水轮机。组合式水泵水轮机用“水轮机形式代号/蓄能泵形式代号”表示。

对于两级或多级组合式水泵水轮机,在水轮机型号前以及在水泵型号前加上与级数相同的阿拉伯数字表示。

水轮机转轮代号及水泵叶轮代号分别采用模型转轮编号和/或水轮机原型额定工况比转速以及水泵模型叶轮编号和/或水泵真机额定工况比转速表示,各代号之间采用“ / ”符号分隔。比转速代号用阿拉伯数字表示,单位为米 · 千瓦(m · kW)。

2)型号的第二部分代号的意义

型号的第二部分由水轮机、蓄能泵和水泵水轮机的主轴布置形式和结构特征的代号组成。

主轴布置形式用汉语拼音字母表示,其代号规定:立轴用字母“ L ”表示,卧轴用字母“ W ”表示,斜轴用字母“ X ”表示。水轮机、蓄能泵和水泵水轮机结构特征的代号见表 1-38。

表 1-38　水轮机、蓄能泵和水泵水轮机结构特征的代号

结构特征	金属蜗壳	混凝土蜗壳	明槽式引水	有压明槽式	罐式	流式	灯泡式	轴伸式	竖井式	虹吸式
代号	J	H	M	M_y	G	Q	P	Z	S	X

3)型号的第三部分代号的意义

型号的第三部分由水轮机转轮直径 D_1(以 cm 为单位)或转轮直径和其他参数组成,用阿拉伯数字表示;或由水泵叶轮直径 D_1(以 cm 为单位)表示(适用于蓄能泵);或同时由水轮机转轮直径 D_1(以 cm 为单位)及水泵叶轮直径 D_1(以 cm 为单位)表示(适用于组合式水泵水轮机)。

对于水斗和斜击式水轮机,型号的第三部分用下列方式表示:转轮直径/喷嘴数目×射流直径。

对于双击式水轮机,型号的第三部分用下列方式表示:转轮直径/转轮宽度。

4)型号的第四部分代号的意义

型号的第四部分由原型水泵在电站实质使用范围内的最高扬程(m)及最大流量(m^3/s)值表示。

对于蓄能泵,在电站实质使用范围内的最高扬程用阿拉伯数字及单位(m)表示,在电站实质使用范围内的最大流量用阿拉伯数字及单位(m^3/s)表示。

对于可逆式水泵水轮机,只用水泵在电站实质使用范围内的最高扬程(m)及最大流量(m^3/s)值表示。

对于组合式水泵水轮机,只用水泵在电站实质使用范围内的最高扬程(m)及最大流量(m^3/s)值表示。

举例：

(1)HL110-LJ-140：表示混流式水轮机，转轮型号为110；立轴，金属蜗壳；转轮标称直径 D_1 为140 cm。

(2)ZZ560-LH-800：表示轴流转浆式水轮机，转轮型号为560；立轴，混凝土蜗壳；转轮标称直径 D_1 为800 cm。

(3)XLN195-LJ-250：表示斜流式水泵水轮机，转轮型号为195；立轴，金属蜗壳；转轮标称直径 D_1 为250 cm。

(4)GD600-WP-250：表示贯流定桨式水轮机，转轮型号为600；卧式，灯泡式引水；转轮标称直径 D_1 为250 cm。

(5)2CJ30-W-120/2×10：表示一根轴上有2个转轮的水斗式水轮机，转轮型号为30；卧式；转轮标称直径(节圆直径) D_1 为120 cm，每个转轮有2个喷嘴，设计射流直径为10 cm。

4. 水轮机的主要过流部件

水轮机一般由引水机构(引水室)、导水机构(导水叶及其操作机构)、转动机构(转轮)和泄水机构(尾水管)四大机构组成。以下主要介绍常用的反击式(混流式、轴流式)水轮机的四个过流部件。

1)引水机构(引水室)

引水机构是水流进入水轮机所经过的第一个部件，通过它将水引向导水机构，然后进入转轮。

对反击式机组，其引水机构即蜗壳，大中型水轮机多数采用蜗壳式引水室(贯流式机组是直通式流道，机组上游侧的流道即引水道)。蜗壳进口端与压力管道相连，由进口端向末端断面面积逐渐减小，并将导水机构包在里面。由于水轮机的应用水头不同，水流作用在蜗壳上的水压力也不同。水头高时水压力大，一般用金属蜗壳；水头低时水压力小，一般用钢筋混凝土蜗壳。

对冲击式机组而言，其引水机构即配水管。

2)导水机构(导水叶及其操作机构)

导水机构的作用是引导来自引水机构的水流沿一定的方向进入转轮，当外界负荷变化时，调节进入转轮的流量，使它与外界负荷相适应；正常与事故停机时，关闭导水机构，截住水流，使机组停止转动。

3)转动机构(转轮)

转动机构指的就是转轮，它是水轮机的核心部件。一般所说的水轮机的形式，实际上就是指该水轮机转轮的形式。

(1)混流式转轮。由上冠、叶片和下环组成，三者连成整体。上冠装有减少漏水的止漏环，它的上法兰面用螺栓与主轴连接。它的下部中心装有泄水锥，用来引导水流以免水流从轮叶流道流出后相互撞击，以保证水轮机的效率。叶片按圆周均匀分布固定于上冠和下环，叶片呈三向扭曲形，上部扭曲较缓，下部扭曲较剧，叶片的断面为机翼型，叶片数目为10~20片，通常为14~15片。下环也设有止漏装置。

(2)轴流式转轮。由轮毂、轮叶和泄水锥等部件组成。轴流转桨式转轮的轮叶可以随着外界负荷的变化与导水机构导叶协同动作,始终保持一定的组合关系。因此,对负荷变化的适应性较好,运行区域宽,平均效率高。轮叶数目为3~8片,水头高时,轮叶多。轴流定桨式转轮的叶片固定在轮毂周围,不随外界负荷的变化而改变轮叶的角度。运行稳定性较差,运行区域窄,低负荷运行时效率低。

4)泄水机构(尾水管)

尾水管的形式基本上可分为两类,即直锥形和弯肘形,大中型竖轴装置的水轮机多采用弯肘形尾水管,它由进口直锥段、弯头(肘管)以及出口扩散段三个部分组成。

进口直锥段为垂直的圆锥形扩散管。此扩散管常用钢板焊接拼装而成。在上部设有进人门、测压管路、十字架补气管(有Y形、十字形、单管形)、排水管等。肘管是90°的弯管,其断面由圆形过渡到矩形。在此段最低处设有放空阀,用水泵抽出尾水,以便机组检修。出口段是向上翘的矩形断面扩散管。

5)其他构件

其他构件包括大轴、轴承、底环、座环、顶盖、基础环、机坑里衬、接力器里衬及转轮室等。

5. 水轮机主要部件安装工序

1)埋设部分

(1)尾水管安装。潮湿部位应使用不大于24 V的照明设备和灯具,尾水管里衬内应使用不大于12 V的照明设备和灯具,不应将行灯变压器带入尾水管内使用。尾水管里衬防腐涂漆时,应使用不大于12 V的照明设备和灯具,现场严禁有明火作业。

(2)基础环。

①清扫、组合。设备清扫时,应根据设备特点,选择合适的清扫工具及清洗溶剂。清扫现场应进行隔离,15 m范围内不得动火(及打磨)作业;清扫现场应配备足够数量的灭火器。

②与座环组合(与座环整体安装)。组合分瓣大件时,应先将一瓣调平垫稳,支点不得少于3点。组合第二瓣时,应防止碰撞。应对称拧紧组合螺栓,位置均匀对称分布且不得少于4只,设备垫稳后,方可松开吊钩。设备翻身时,设备下方应设置方木或软质垫层予以保护,翻身副钩起吊能力不低于设备本身重量的1.2倍。

(3)座环。

①清扫、组合、点弧形板。

②焊接。需要进行焊接作业时,应有防止焊接电流通过钢丝绳的措施。

③安装。分瓣座环组装时,组装支墩应稳定。首瓣座环就位调平后,应采取防倾覆措施。第二瓣就位后应先调平、固定。其余瓣应按照同样方法就位。采用双机台吊或土法等非常规手段吊装座环时,应编制起重专项方案。专项方案应按程序经审批后实施。

(4)凑合节安装(指基础环与尾水管之间的连接)。

(5)蜗壳安装。

①挂装。安装蜗壳时,焊在蜗壳环节上的吊环位置应合适,吊环应采用双面焊接且强度满足起吊要求。

②焊接。蜗壳各焊缝的压板等调整工具,应焊接牢固。

③蝶形边及筋板焊接,装排水槽钢。

(6)机坑里衬与接力器里衬安装。机坑里衬焊后应按设计要求进行无损探伤。机坑里衬内支撑应固定牢靠,防止浇筑混凝土时里衬发生变形或位移。

2) 本体部分

(1)导水机构预拼。

①底环组合预装。机坑清扫、测定和导水机构预装时,机坑内应搭设牢固的工作平台。

②导叶吊装。导叶吊装时,作业人员注意力应集中,严禁站在固定导叶与活动导叶之间,防止挤伤。

③顶盖组合吊装。吊装顶盖等大件前,组合面应清扫干净、磨平高点,吊至安装位置0.4~0.5 m处,再次检查清扫安装面。

④轴套安装。

⑤拐臂安装。导叶轴套、拐臂安装时,头、手严禁伸入轴套、拐臂下方。调整导叶端部间隙时,导叶处与水轮机室应有可靠的信号联系。转轮四周应设置防护网,人员通道应规范畅通。

⑥端盖安装(打分瓣键)整体吊出。

⑦磨导叶间隙。导叶工作高度超过2 m时,研磨立面间隙和安装导叶密封应在牢固的工作平台上进行。

(2)下固定迷宫环组合安装。

(3)水轮机导轴瓦研刮。导轴瓦进行研刮时,导轴承、轴颈摩擦面应用无水酒精擦拭干净。

(4)转轮组合焊接。

①清扫、组合。分瓣转轮组装时,应预先将支墩调平固定。

②刚度试验。分瓣转轮刚度试验时,应有专门的通风排烟及消防措施。

③焊接准备。

④焊接(包括裂纹处理)。在专用临时棚内焊接分瓣转轮时,应有专门的通风排烟及消防措施。当连续焊接超过8 h时,作业人员应轮流休息。

⑤大轴与转轮连接。转轮与主轴连接前,转轮应固定并处于水平位置。转轮与主轴连接时,转轮应设置可靠支撑。

⑥装、拆车圆架并车圆、磨圆。

(5)水轮机大件吊装。

①转轮吊装。大型水轮机转轮在机坑内调整,宜采用桥机辅助和专用工具进行调整的方法,应避免强制顶靠或锤击造成设备的损伤,甚至损坏。

②导水机构整体吊装。

③密封装置安装,轴承装置吊装。导轴承油槽做煤油渗漏试验时,应有防漏、防火的安全措施。轴瓦吊装方法应稳妥可靠,单块瓦重40 kg以上应采用手拉葫芦等机械方法吊运。

④调速环吊装。

(6)接力器安装。接力器安装时,吊装应平衡,不得碰撞。

(7)调速系统安装(包括调速器、油压装置及事故配压阀、回复机构)。

(8)调速系统调速试验。调速器无水调试完成后,应投入机械锁定,关闭系统主供油阀,并悬挂“禁止操作,有人工作”的标志牌。

(9)大轴连接。

6. 机组自动化元件简介

机组的动力设备、电气设备和辅助设备必须是自动化装置。机组的启动、正常停机、事故停机的操作以及整个机组的运行、维护都要做到无人值班或少人值守。

自动化元件的任务就是按生产过程的要求,将由前一元件所接受的动作或信号,在性质上或数量上自动加以适当变换后传递给另一元件。例如,电磁配压阀,它可以使电流信号通过电磁作用力操作配压阀,而配压阀的动作经过液压能源的放大,就可以自动开启或关闭管道阀门。而控制信号可以是非电量(如压力、流量、温度、水位等)的变化,也可以是电流、电压的变化。

常用的自动化元件有转速信号器、温度信号器、压力信号器、液位信号器、流量信号器、剪断信号器、位置信号器、位移信号器、电磁阀和配压阀等。

(二)水轮发电机

由水轮机驱动,将机械能转换成电能的交流同步电动机称为水轮发电机。它发出的电能通过变压器升压输送到电力系统中。水轮机和水轮发电机合称为水轮发电机组(或主机组)。

在抽水蓄能电站中使用的一种三相凸极同步电动机,称为发电电动机。发电电动机既可以用于水库放水时,由水轮机带动发电机运行,把水库中水的位能转化成电能供给电网,又可以作为电动机运行,带动水泵水轮机把下游的水抽入水库。

1. 水轮发电机的类型

1)卧式与立式

水轮发电机按照转轴的布置方式分为卧式与立式。卧式水轮发电机一般适用于小型混流式及冲击式机组和贯流式机组;立式水轮发电机适用于大中型混流式机组、轴流式机组和冲击式机组。

2)悬式和伞式

根据推力轴承位置划分,立式水轮发电机可分为悬式和伞式。

(1)悬式水轮发电机的结构特点是推力轴承位于转子上方,把整个转动部分悬吊起来,通常用于较高转速机组。大容量悬式水轮发电机装有两部导轴承,上部导轴承位于上机架内,下部导轴承位于下机架内;也有取消下部导轴承只有上部导轴承的。其优点是推力轴承损耗较小,装配方便,运转稳定,转速一般在 100 r/min 以上;缺点是机组较大,消耗钢材多。

(2)伞式水轮发电机的结构特点是推力轴承位于转子下方,通常用于较低转速机组。导轴承有一个或两个,有上导轴承而无下导轴承的称为半伞式水轮发电机;无上导轴承而有下导轴承的称为全伞式水轮发电机;上、下导轴承都有的称为普通伞式水轮发电机。伞式水轮发电机的转速一般在 150 r/min 以下。其优点是上机架轻便,可降低机组及厂房高度,节省钢材;缺点是推力轴承直径较大,设计制造困难,安装维护不方便。

3)空气冷却式和内冷却式

水轮发电机按冷却方式可分为空气冷却式和内冷却式。

(1)空气冷却式。将发电机内部产生的热量,利用循环空气冷却。一般采用封闭自循环式,经冷却后又加热的空气,再强迫通过经水冷却的空气冷却器冷却,参加重复循环。

(2)内冷却式。当发电机容量太大,空气冷却无法达到预期效果时,对发电机就要采用内冷却。将经过水质处理的冷却水或冷却介质,直接通入定子绕组进行冷却或蒸发冷却。定子、转子均直接通入冷却水冷却时,则称为全水内冷式水轮发电机。转子励磁绕组与铁芯仍用空气冷却时,则称为半水内冷式水轮发电机。

2. 水轮发电机的型号

水轮发电机的型号,由代号、功率、磁极个数及定子铁芯外径等数据组成。其中,SF代表水轮发电机,SFS 代表水冷水轮发电机,L 代表立式竖轴,W 代表卧式横轴。如 SF190-40/10800 水轮发电机,表示功率为 190 MW,有 40 个磁极,定子铁芯外径为 10.8 m(定子机座号为 10800)。

励磁机(包括副励磁机)是指供给转子励磁电流的立式直流发电机。如 ZLS380/44-24 形式中,Z 代表直流,L 代表励磁机,S 代表与水轮发电机配套用,380 表示电枢外径为 380 cm,44 表示电枢长度为 44 cm,24 表示有 24 个磁极。

永磁发电机是用来供给水轮机调速器的转速频率信号及机械型调速器飞摆电动机的电源(永磁机本身有两套绕组)。如 TY136/13-48 形式中,T 代表同步,Y 代表永磁发电机,136 表示定子铁芯外径为 136 cm,13 表示定子铁芯长度为 13 cm,48 表示有 48 个磁极。

感应式永磁发电机的作用同永磁发电机,如 YFC423/2×10-40 形式中,423 表示定子铁芯外径为 423 cm;2×10 表示 2 段铁芯,每段铁芯长 10 cm;40 表示有 40 个磁极。

3. 水轮发电机的基本部件

立式水轮发电机一般由转子、定子、上机架与下机架、推力轴承、空气冷却器、励磁机或励磁装置、永磁发电机及导轴承等部件组成。而大型水轮发电机一般没有励磁机、永磁机。

转子和定子是水轮发电机的主要部件,其他部件仅起支持或辅助作用。发电机转动部分的主轴,一般用法兰盘与水轮机轴直接连接,由水轮机带动发电机的转子旋转。

转子的磁极绕组通入励磁电流产生磁场,由于转子的旋转,定子绕组的导体因切割磁力线产生感应而发出电流。

1)转子

发电机转子由主轴、转子支架、磁轭和磁极等部件组成。

2)定子

定子由机座、铁芯和绕组等部分组成。

3)上机架与下机架

由于机组的形式不同,上机架与下机架可分为荷重机架及非荷重机架两种。悬式发电机的荷重机架即为安装在定子上部的上机架;伞式发电机的荷重机架即为安装在定子下部基础上的下机架。

4)推力轴承

它是发电机最主要的部件之一,水轮发电机组能否安全运行,很大程度上取决于推力轴承的可靠性,推力轴承需承受水轮发电机组转动部分的重量及水推力,并把这些力传递给荷重机架。如三峡水利枢纽左岸电厂机组推力负荷达 5.5×10^{4} kN。

按支撑结构分,推力轴承可分为刚性支撑、弹性油箱支撑、平衡块支撑、双托盘弹性梁支撑、弹簧束支撑等,一般由推力头、镜板、推力瓦、轴承座及油槽等部件组成。

5)空气冷却器

机组运行时,发电机定子、转子绕组,铁芯及磁轭将产生大量的热,为使其温度不致太高,密闭循环空冷式发电机就必须安装空气冷却器,用以冷却机组。

6)励磁机或励磁装置

供水轮发电机转子励磁电流的励磁机,是专门设计的立式直流发电机。根据水轮发电机容量的大小及励磁特性的要求,既有采用一台励磁机的,也有采用主、副两台励磁机的。目前,大型发电机大部分不是用主、副励磁机,而是用晶闸管自并励的励磁装置。励磁装置主要由励磁变压器、可控硅整流装置(采用三相全控桥式接线)、灭磁装置、励磁调节器、起励保护与信号设备组成。

7)永磁发电机

在励磁机或副励磁机上部装设永磁发电机。其定子有两套绕组,一套供给水轮机调速器的转速频率信号,另一套供给机械型调速器的飞摆电动机电源。根据机组自动化的要求,永磁发电机电源还用于转速继电器,实行自动并网、停机及机组制动等。永磁发电机用永久磁钢(或铁淦氧)作磁极,故其磁场是固定不变的,其频率及电压直接与同轴水轮发电机转速成正比。

4. 水轮发电机的安装

水轮发电机的安装程序随机组形式、土建工程进度、设备到货情况、场地布置及起吊设备的能力不同而有所变化,但基本原则是一致的。一般在施工中,应尽量考虑与土建工程及水轮机安装进度的平行交叉作业,尽量做到少占直线工期,充分利用现有场地及施工设备进行大件预组装。把已组装好的大件,按顺序分别吊入机坑进行总装,从而保证质量,加快施工进度。

1)悬式水轮发电机的安装程序

(1)预埋下部风洞盖板、下部机架及定子的基础垫板。

(2)在定子机坑内组装定子并下线、安装空气冷却器。为了减少与土建工程及水轮机安装的相互干扰,也可以在安装间进行定子组装、下线;待下机架吊装后,将定子整体吊入找正。

(3)等水轮机大件吊入机坑后,吊装下部风洞盖板,根据水轮机主轴中心进行找正固定。

(4)把已组装好的下部机架吊入就位,根据水轮机的主轴中心找正固定,浇筑基础混凝土,并按组装要求调整制动器(风闸)顶部高程。

(5)将上机架按图纸要求吊入预装,以主轴中心为准,找正机架中心和标高、水平,与定子机座一起钻铰销钉孔,再将上机架吊出。

(6)在安装间装配转子,将装配好的转子吊入定子内,按水轮机主轴中心、标高、水平进行调整。

(7)检查发电机定子、转子之间的间隙。必要时以转子为基准,校核定子中心,然后浇筑基础混凝土。

(8)将已预装好的上部机架吊放于定子上基座的上面,按定位销孔位置将机架固定。

(9)装配推力轴承,将转子落到推力轴承上,进行发电机轴线调整。

(10)连接发电机与水轮机主轴,进行机组总轴线的测量和调整。

(11)调整推力瓦受力,并按水轮机迷宫环间隙确定转动部分中心。

(12)安装导轴承、油槽等,配装油、水、气管路。

(13)安装励磁机和永磁机。

(14)安装其他零部件。

(15)进行全面清理检查、喷漆、干燥、耐压。

(16)启动试运转。

2)伞式水轮发电机的安装程序

(1)带轴组装转子:

①预埋下机架及定子基础垫板。

②在机坑内进行定子的组装和下线,安装空气冷却器。若场地允许,也可以在机坑外进行定子的组装和下线,然后把它整体吊入找正。

③把已组装好的下部机架吊入机坑,按水轮机主轴找正固定,浇筑基础混凝土。

④将装配好的转子吊入定子内,直接放在下部机架的推力轴承上,并按水轮机主轴调整转子中心、水平、标高,然后与水轮机主轴连接。

⑤检查发电机定子、转子之间的空气间隙。必要时调整定子的中心,然后浇筑定子基础混凝土。

⑥把组装好的上部机架吊放于定子上机座的上面,按发电机的主轴找正固定。

⑦安装上导瓦、下导瓦,盘车测量液压推力轴承镜板的轴向波动,必要时刮推力头绝缘垫。同时测量液压推力轴承弹性箱的弹缩值,并做必要的调整。

⑧根据水轮机迷宫环的间隙,调整转动部分的中心。

⑨调整导轴瓦间隙,装推力轴承及导轴承的油槽,配装内部油、水、气管路。

⑩安装励磁机及永磁机。

⑪安装其他零部件。

⑫全面清扫、喷漆、干燥。

⑬启动试运转。

(2)不带轴组装转子:

①预埋下机架及定子基础垫板。

②在机坑内进行定子的组装和下线,安装空气冷却器。若场地允许,也可以在机坑外进行定子的组装和下线,然后把它整体吊入找正。

③把已组装好的下部机架及推力轴吊入机坑找正固定。

④在装配场上进行轮毂烧嵌,然后把主轴吊入机坑,落于下部机架推力轴承上,按水轮机主轴找正发电机主轴。

⑤连接发电机与水轮机主轴,盘车测量并调整总轴线。

⑥吊入已装好的发电机转子,并与主轴轮毂连接。

⑦检查发电机的空气间隙,并做定子中心的校核,浇筑基础混凝土。

⑧吊装上部机架,测量并调整液压推力轴承弹性箱的弹缩值。

⑨以水轮机迷宫环为准,调整转动部分中心。

⑩调整导轴瓦间隙,装推力油槽及导轴承油槽。

⑪安装励磁机及永磁发电机。

⑫安装其他零部件。

⑬全面清扫、喷漆、干燥。

⑭启动试运转。

3)卧式水轮发电机的安装程序

(1)大型分瓣定子:

①基础埋设。

②轴瓦研刮后,将轴承座吊入基础。

③在安装间进行分瓣定子下线。

④把已下线的下瓣定子吊入基础。

⑤用钢琴线法同时测量并调整轴承座及下瓣定子的中心。

⑥将上瓣定子吊入和下瓣定子组合,进行绕组接头的连接。

⑦在安装间组装转子或对整体转子进行检查试验,然后将整体转子吊放在轴承座上。

⑧以水轮机主轴法兰为基准,进一步调整轴承座,使发电机主轴法兰同心及平行,并以盘车方式检查和精刮轴瓦。

⑨盘车测量和调整机组轴线,并进行主轴连接。

⑩测量发电机空气间隙,校核定子中心,固定基础螺栓。

⑪轴承间隙调整。

⑫定子端盖安装。

⑬励磁机、永磁机及其他零部件安装。

(2)小型整体定子:

①基础埋设。

②轴瓦研刮后,将轴承座吊入基础找正。

③在安装间把定子套入转子后,一起吊入基础找正。

其他程序同分瓣定子的安装。

机组带额定负荷连续运行时间为72 h。

(三)调速系统

1. 调速器

水轮机调速器的主要功能是检测机组转速偏差,并将它按一定的特性转换成接力器的行程差,借以调整机组功率,使机组在给定的负荷下以给定的转速稳定运行。给定的转速范围与额定转速的差为(±0.2~±0.3)%。

第一代调速器采用的是机械液压式调速器,控制调节系统均由机械元件组成,称作机械式调速器。第二代调速器是以集成电路作为控制调节系统核心,称作电气液压式调速器。目前广泛使用的是第三代调速器,其控制及调节系统核心部件采用可编程控制器(PLC)或工业计算机,称作微机式调速器。

只对导叶进行调节的调速器,称作单调型调速器(如混流式、轴流定桨式机组采用的调速器);对导叶和桨叶均要进行调节的调速器,称作双调型调速器(如轴流转桨式、贯流转桨式机组采用的调速器),导叶和桨叶按水轮机厂给出的协联曲线进行同步协联调节。冲击式机组也有两个需要调节的部件,一个是喷针(相当于反击式机组的导叶),另一个是折向器。折向器的调节相对简单,只在停机时调节,且一律从全开位置调到全关位置。

调速器系统的操作油压,早期多用2.5 MPa压力,随着液压元件及密封技术水平的提高,压力逐步提到了4.0 MPa、6.3 MPa,单调型调速器有些采用12 MPa油压等级,采用12 MPa油压等级的调速器又称高油压调速器。

小型机组调速器,通常不需要主配压阀加以放大,型号划分直接以调速器的调速功作为划分依据,常用的等级有1 800 kg·m、3 000 kg·m、5 000 kg·m、7 500 kg·m、10 000 kg·m,如GT-1800,表示调速功为1 800 kg·m的高油压调速器(液压站集成在调速器上,型号不单独列出)。

较大型机组的调速器调速功大,不能直接采用电液转换元件对导叶进行操作,需要主配压阀进行液压放大后才能操作导叶。这类调速器需要配有专门的油压装置(如YZ型和HYZ型),因而采用导叶的主配压阀直径作为型号划分的依据,常用的主配直径等级有50 mm、80 mm、100 mm、150 mm、200 mm、250 mm、300 mm,如WT-100,表示微机型单调,主配压阀直径100 mm;如WST-150,表示微机型双调,主配压阀直径150 mm(桨叶主配压阀直径略小于导叶主配压阀直径)。

冲击式机组调速器调速功相对较小,以调节的喷嘴数和折向器个数来划分,如CJT-4/4,表示调节4个喷嘴和4个折向器的调速器(液压站集成在调速器上,型号不单独列出)。

2. 油压装置

1)油压装置的工作原理

水轮机调速系统的油压装置是为调速系统提供操作用压力油的装置,利用气体的可压缩性,在压力油罐中油的容积变化时可以保持调节系统所需要的一定压力,让压力波动在较小范围内,使调节系统和控制机构可靠运行。其保持压力的模式可分为两种:一种是以压缩空气作为保压介质的传统型油压装置(YZ型和HYZ型);另一种是以充氮皮囊作为保压介质的蓄能罐式液压站。

水轮机调速系统的油压装置也可作为进水阀、调压阀以及液压操作元件的压力油源。

中小型调速器的油压装置与调速柜组成一个整体,大型调速器的油压装置是单独的。

2)油压装置的组成

(1)油压装置由压力油罐、集油箱、油泵和其他附件组成。

(2)油压装置的形式与型号。大中型油压装置的压力油罐和集油箱采用分离式布置,型号以 YZ 开头;小型油压装置的压力油罐装在集油箱之上,称组合式油压装置,型号以 HYZ 开头。

3)蓄能罐式液压站

蓄能罐式液压站一般与调速器集成,采用充氮皮囊作为保压介质,充氮皮囊的初始压力一般为 9 MPa,充油后的液压站额定压力通常为 12 MPa,这类液压站常用于高油压调速器。冲击式机组的调速器也多用蓄能罐式液压站,由于操作功很小,为了减小密封件的压力,常将充氮皮囊降压后使用,系统额定压力为 6.3 MPa 或 4 MPa。

(四)水泵机组

泵是把原动机的机械能或其他外加的能量转换成流经其内部的液体的动能和势能的流体机械。

泵的种类很多,按其作用原理可分为叶片泵、容积泵和其他类型泵三大类。叶片泵是指通过工作叶轮的高速旋转运动,将能量传递给流经其内部的液体,使液体能量增加的泵,如离心泵、轴流泵、混流泵等;容积泵是指通过泵体工作室容积的周期性变化,将能量传递给流经其内部的液体,使液体能量增加的泵,如活塞泵、齿轮泵、螺杆泵等;其他类型泵是指除叶片泵和容积泵外的其他特殊类型泵,如射流泵、气升泵、水锤泵、水轮泵、螺旋泵、漩涡泵等。

叶片泵是应用最广泛的泵类,在水利工程中所采用的绝大多数是叶片泵,以下重点介绍叶片泵的分类、性能及型号。

1. 叶片泵的分类

1)按工作原理可分为离心泵、混流泵和轴流泵。

2)按泵轴的工作位置可分为卧式泵、立式泵和斜式泵。

3)按泵壳压出室的形式可分为蜗壳式泵和导叶式泵。

4)按叶轮的吸入方式可分为单吸式泵和双吸式泵。

5)按叶轮的个(级)数可分为单级泵和多级泵。

2. 叶片泵的性能参数

叶片泵性能参数包括流量(Q,单位为 m^3/s)、扬程(H,单位为 m)、功率(P,单位为 W 或 kW)、效率(η,用%表示)、转速(n,单位为 r/min)、允许吸上真空高度(H_s,单位为 m)或必需汽蚀余量([NPSH]或[Δh],单位为 m)。

3. 叶片泵的型号

在水泵样本及使用说明书中,均有对叶片泵型号的组成及含义的说明。目前,我国大多数泵的结构形式及特征,在泵型号中均是用汉语拼音字母表示的。表 1-39 给出了部分泵型号中某些字母通常所代表的含义。

表 1-39　常用泵型中汉语拼音字母及其意义

字母	表示的结构形式	字母	表示的结构形式
B	单级单吸悬臂式离心泵	S	单级双吸卧式离心泵
D	节段式多级离心泵	DL	立式多级节段式离心泵
R	热水泵	WG	高扬程卧式污水泵
F	耐腐蚀泵	ZB	自吸式离心泵
Y	油泵	YG	管道式离心泵
ZLB	立式半调节式轴流泵	ZWB	卧式半调节式轴流泵
ZLQ	立式全调节式轴流泵	ZWQ	卧式全调节式轴流泵
HD	导叶式混流泵	HW	蜗壳式混流泵
HL	立式混流泵	QL	井用潜水泵

有些按国际标准设计或从国外引进的泵，其型号除少数为汉语拼音字母外，一般为该泵某些特征的外文缩略语。例如，IS 表示符合有关国际标准（ISO）规定的单级单吸悬臂式清水离心泵，IH 表示符合有关国际标准规定的单级单吸化工泵。

4. 水利工程中常用的叶片泵

1）离心泵

通常在扬程大于 25 m 时宜选用离心泵。离心泵的典型结构形式有单级单吸式、单级双吸式和多级式三种。

（1）单级单吸式离心泵是指泵轴上装有一个叶轮，叶轮的前盖板中间有一个进水口的泵。因为泵轴的两个支撑轴承都位于泵轴的同一侧，装有叶轮的泵轴处于自由悬臂状态，故把这种具有悬臂式结构的泵称为悬臂式泵。单级单吸泵的特点是流量较小，通常小于 400 m^3/h；扬程较高，为 20～125 m。

（2）单级双吸式离心泵是指泵轴上装有一个叶轮，叶轮的前、后盖板中间各有一个进水口的泵。单级双吸式离心泵是侧向吸入和压出的，并采用水平中开式的泵壳，泵的进口和出口均与泵体铸为一体。单级双吸式离心泵的特点是流量较大，通常为 160～1 800 m^3/h；扬程较高，为 12～125 m。

（3）多级式离心泵是指泵轴上串装两个及两个以上叶轮的泵，叶轮个数即为泵的级数，如提取深层地下水的深井多级泵（也称长轴井泵）及用于向锅炉供给高压高温水的锅炉给水泵等。多级泵的特点是流量较小，一般为 6～450 m^3/h，扬程则特别高，一般都在数十米至数百米范围内，高压多级泵甚至高达数千米。

2）轴流泵

轴流泵是一种低扬程、大流量的泵型。通常在扬程小于 10 m 时选用轴流泵，特别是 6 m 以下扬程的泵站更为合适。

（1）根据轴流泵泵轴的工作位置可分为卧式、斜式和立式三种结构形式。

（2）根据轴流泵叶轮的叶片角度是否可以调节，通常将轴流泵分为固定式、半调节式和全调节式三种结构形式。全调节式的轴流泵设有专门的叶片调节机构,调节机构的操作架的位移,一般采用油压操作和电动机械操作两种方式。

3) 混流泵

混流泵通常用于扬程为 6~25 m 的场合。混流泵的结构形式可分为蜗壳型和导叶型两种。混流泵也有卧式与立式之分。混流泵按叶片能否调节的状况,又分为固定式、半调节式和全调节式三种形式。

4) 潜水泵

潜水泵是水泵和电动机与轴联成一体并潜入水下工作的抽水装置。根据叶轮形式的不同,潜水泵有潜水离心泵、潜水轴流泵和潜水混流泵。

潜水泵常用的安装形式有井筒式、导轨式和自动耦合式等几种。井筒式安装有悬吊式、弯管式和封闭进水流道式三种安装形式。

5) 贯流泵

贯流泵是指水流沿泵轴通过泵内流道,没有明显转弯的轴流泵和混流泵。贯流泵没有蜗壳,流道由圆锥形管组成。通常采用卧轴式布置,从流道进口到尾水管出口,水流沿轴向几乎呈直线流动,避免了水流拐弯形成的流速分布不均导致的水流损失和流态变差,水流平顺,水力损失小,水力效率高。

贯流泵主要有三种形式,即灯泡贯流式、轴伸贯流式和竖井贯流式。流道水力损失灯泡贯流式贯流泵最小,其次为轴伸贯流式贯流泵。

目前使用最多的是灯泡贯流式贯流泵,其水泵叶轮可以是叶片固定式,也可以是叶片可调式。灯泡贯流式贯流泵有两种结构形式:一是机电一体结构,电动机装于叶轮后方的灯泡形泵体内,电动机与叶轮直联;二是机电分体结构,电动机安装在泵体外,采用锥齿轮正交传动机构与叶轮相连,因此电动机可采用普通立式电动机,泵内结构紧凑,密封和防渗漏问题易于解决,检修方便,运行可靠。

6) 蓄能泵

蓄能泵是特指在抽水蓄能泵站或抽水蓄能电站中将水从下游水库提升至上游水库,从而达到蓄能目的的水泵。蓄能泵的水力设计理论和基本结构与普通水泵大致相同。按蓄能泵主轴的工作位置可分为立式和卧式;按主轴上串联的叶轮个数可分为单级式和多级式;按叶轮形式可分为混流式、轴流定桨式、轴流转桨式、斜流式等不同形式;按叶轮的进水形式可分为单吸式和双吸式。

5. 水泵机组

泵和动力机及其传动设备称为主机组;为主机组服务的设备称为辅助设备。辅助设备包括为水泵启动前充水用的充水设备,为主机组的轴承、油箱、轴封等部位提供冷却水、润滑水和密封水的供水设备,为排除泵房内部积水用的排水设备,为大功率机组提供高、低压气源的空气压缩设备,为主机提供润滑油和燃料油的供油设备,以及通风、采暖、照明、启动、变配电设备等。

目前,水泵机组最常用的传动方式有直接传动、齿轮传动和皮带传动等。随着机电排灌和机械工业的发展,水泵机组将向高速化和自动化方向发展,液力传动和电磁传动将被广泛应用。

泵站主泵通常采用三相交流电动机作为动力机。当功率小于100 kW时,一般选用Y系列普通鼠笼型异步电动机,额定电压是220/380 V(或500 V)。当功率为100~300 kW时,可选用YS、YC或YR系列的异步电动机,S、C和R分别表示双鼠笼型转子、深槽鼠笼型转子和绕线型转子,额定电压是220/380 V、3 kV、6 kV或10 kV。当功率大于300 kW时,可以采用JSQ、JRQ系列的异步电动机或T系列的同步电动机,Q表示特别加强绝缘,T表示同步,额定电压是3 kV、6 kV和10 kV。

6. 常用水泵的安装

1)卧式机组的安装

卧式机组分为有底座和无底座两种,小型机组的水泵和电动机一般多采用直接传动,其底座是共用的。安装前应对水泵各部件进行检查,各组合面应无毛刺、伤痕,加工面应光洁,各部件无缺陷,并配合正确。

(1)有底座机组安装。先将底座放于浇筑好的基础上,套上地脚螺栓和螺帽,调整位置,使底座的纵横中心位置和浇筑基础时所定的纵横中心线一致。若由于地脚螺栓的限制,不能调整好位置,其误差不能超过±5 mm。然后调水平,拧紧地脚螺母。机座安好后,再将水泵安装在机座上。最后安装动力机(电动机),当采用直接传动时,在动力机固定之前,应先进行同心度量测和调整,再进行轴向间隙量测和调整,两者反复进行,直到满足规定要求。最后固定动力机。

(2)无底座的大型水泵安装。先将水泵吊到基础上,与基础上的地脚螺栓对正并穿入泵体地脚螺孔使水泵就位。然后在水泵底脚的四角各垫一块楔形垫片,进行水泵的中心线校正、水平校正及标高校正。反复校正好后,再用水泥砂浆从缝口填塞进基础与泵体底脚间的空隙内。灌浆时为不使水泥砂浆流出,四周应用木板挡住,并保证内部不得存有空隙。待砂浆凝固后,拧紧地脚螺母。动力机的安装与水泵安装基本相同,即先将动力机吊到基础上就位,再采用与水泵相同的调整方法反复进行同心度和轴向间隙的量测与调整,最后进行灌浆固定。

无底座直接传动的卧式机组安装流程是吊水泵、中心线校正、水平校正、标高校正、拧紧地脚螺栓、水泵安装、动力机安装,最后验收。其他类型的卧式机组安装可参考应用。

2)立式机组安装

立式机组的安装与卧式机组的安装有所不同,其水泵安装在专设的水泵梁上,动力机安装在水泵上方的电机梁上。中小型立式轴流泵机组安装流程是安装前准备、泵体就位、电机座就位、水平校正、同心校正、固定地脚螺栓、泵轴和叶轮安装、传动轴安装、电动机吊装、验收。

水平校正以电机座的轴承座平面为校准面,泵体以出水弯管上橡胶轴承座平面为校准面。一般是将方形水平仪放在校准面上,按水平要求调整机座下的垫片,直至水平。同心校正是校正电机座上传动轴孔与水泵弯管上泵轴孔的同心度,施工中通常称为找正或找平校正。

测量与调整传动轴、泵轴摆度,目的是使机组轴线各部位的最大摆度在规定的允许范围内。当测算出的摆度值不满足规定要求时,通常是采用刮磨推力盘底面的方法进行调整。

3)灯泡贯流水泵安装

叶轮与主轴连接后,组合面应无间隙,用 0.05 mm 塞尺检查,应不能塞入。泵体与流道进口与出口之间的伸缩节安装,应有足够的伸缩距离,插入管(套管)与底座应同心,四周间隙应均匀,密封填料压紧程度应适当,不应漏水。

灯泡贯流泵机组电动机顶罩与定子组合面应配合良好,并应测量及记录由于灯泡质量引起定子进水侧的下沉值。总体安装完毕后,灯泡体应按设计要求进行严密性耐压试验。

4)潜水泵安装

潜水泵安装前应对外观进行检查。若表面防腐涂层受到损坏和锈蚀,应按规定进行修补处理。立式潜水泵泵座圆度偏差应不大于 1.5 mm,平面度偏差应不大于 0.5 mm,中心偏差应不大于 3 mm,高程偏差应不超过±3 mm,水平偏差应不大于 0.2 mm/m。井筒座与泵座垂直同轴度偏差应不大于 2 mm,井筒座水平偏差应不大于 0.5 mm/m。潜水泵吊装就位,与底座之间宜采用 O 形橡胶圈密封,且应配合密封良好。

电缆应随潜水泵移动,并保护电缆,不得将电缆用作起重绳索或用力拉拽。安装后应将电缆顺直并用软绳将其捆绑在起重绳索上,捆绑间距应为 300~500 mm。

5)机组试运行

泵站每台机组投入运行前,应进行机组启动验收。机组启动验收或首(末)台机组启动验收前,应进行机组启动试运行。单台机组试运行时间应在 7 d 内累计运行时间 48 h 或连续运行 24 h(均含全站机组联合运行小时数)。全站机组联合运行时间宜为 6 h,且机组无故障停机 3 次,每次无故障停机时间不宜超过 1 h。

(五)阀门

阀门一般由阀体、阀瓣、阀盖、阀杆及手轮等部件组成。水利工程中常见的阀门种类有蝶阀、球阀、闸阀、锥形阀等。

1. 阀门的类型

1)蝶阀

蝶阀组成部件包括阀体、阀轴、活门、轴承及密封装置、操作机构(指接力器、转臂等)。蝶阀阀板可绕水平轴或垂直轴旋转,即立轴和卧轴两种形式。卧轴的接力器位于蝶阀一侧,立轴的接力器位于阀上部。

蝶阀操作方式包括手动、电动及液压操作。其中,手动和手动电动两用操作主要用于小型蝶阀,液压操作常用于大中型蝶阀。蝶阀的优点是启闭力小、体积小、质量轻、操作方便迅速、维护简单;缺点是阀全开时水头损失大、全关时易漏水。

2)球阀

球阀组成部件主要包括阀体、阀轴、活门、轴承、密封装置和操作机构。球阀的名义直径等于压力钢管的直径。其优点为水头损失小,止水严密;缺点为体积太大且重,价格较高。

球阀的操作方式有手动、手动电动两用和液压操作,分立轴和卧轴两种。立轴球阀因结构复杂,运行中存在积沙、易卡等缺点,基本上被淘汰。卧轴球阀有单面密封和双面密封两种,双面密封可在不放空压力钢管的情况下对球阀的工作密封等进行检修。

偏心半球阀是一种比较新型的球阀类别,它有着自身结构所独有的一些优越性,如开关无摩擦、密封不易磨损、启闭力矩小等。

3)闸阀

闸阀又称闸门阀或闸板阀,它是利用闸板升降控制开闭的阀门,流体通过阀门时流向不变,因此阻力小。闸阀密封性能好,流体阻力小,开启、关闭力较小,也有调节流量的作用,并且能从阀杆的升降高低看出阀的开度大小,主要用在一些大口径管道上。

4)锥形阀

锥形阀由阀体、套筒、执行机构、连接管等部件组成。执行机构有螺杆式、液压式、电动推杆式等种类。锥形阀通过执行机构驱动外套筒来实现开启或关闭。锥形阀安装于压力管道出口处,通过调节开度来控制泄水流量。出口方式有空中泄流与淹没出流两种,空中泄流时喷出水舌应为喇叭状,空中扩散掺气;淹没出流则在水下消能,是需要消能且下泄流量较大时的理想控制设备。

固定锥形阀是水利工程中重要的管道控制设备,在高水头、大流量、高流速的工况下使用,常用于水库、拦河坝的蓄水排放、农田灌溉及水轮机的旁通排水系统,固定锥形阀可安装在管道中部,起截止、减压、调节流量等作用,也可安装在管道末端,起排放、泄压、水位控制等作用。

2. 进水阀

水力发电工程用的阀门一般称为进水阀(也称主阀),装设在水轮机输水管道的进水口及水轮机前,以便在需要时截断水流。目前,常采用的进水阀有蝶阀、球阀、闸阀等,进水阀一般不做调节流量用。

进水阀包括以下附件:

1)伸缩节。

伸缩节的作用是使钢管沿轴线自由伸缩,以补偿温度应力,用于分段式管道中。为了使进水阀方便地安装和拆卸,在阀门的上游侧或下游侧装有伸缩节。

2)旁通阀。

旁通阀装于阀门两侧压力钢管上,其作用是在进水阀正常开启前,先打开旁通阀,将进水阀活门上游侧的压力水引入阀门下游侧。接近平压后,再开启进水阀。旁通阀的过水能力应大于导叶的漏水量,旁通阀和旁通管的直径一般可近似按 1/10 的进水阀直径选取。

3)空气阀。

空气阀位于进水阀下游侧伸缩节或压力钢管的顶部,当开启旁通阀向下游侧充水时或打开排水阀放空压力钢管和蜗壳内的积水时,空气阀自动开启以排气或充气,使压力钢管内真空消失,保护压力钢管不被外压破坏。

4)排水阀。

排水阀在压力钢管最低点设置。排除管内积水,便于检修。

(六)水力机械辅助设备

水力机械辅助设备包括油系统设备、压气系统设备、水系统设备以及相应的管路。

1. 油系统设备

1)功能及组成

油系统由一整套设备、管路、控制元件等组成,用来完成用油设备的给油、排油、添油及净化处理等工作。

油系统的任务是用油罐来接收新油、储备净油;用油泵给设备充油、添油、排出污油;用滤油机烘箱来净化油、处理污油。油净化设备主要包括压力滤油机、真空净油机、透平油净油机。

油主要分为透平油和绝缘油,两种油的功能不同,成分有差异,因此两套油系统必须分开设置。透平油用于水轮机和发电机,透平油的作用是润滑、散热以及对液压设备进行操作,以传递能量;绝缘油主要用于变压器等,其作用是绝缘、散热和消除电弧。

一个电站的油系统可以独立设置,也可以与邻近电站共用。若几个电站相距不远,油系统可考虑联合设置,以节省投资。

2)油系统的安装

(1)透平油系统主要安装内容如下:①油泵、压力滤油机、离心滤油机、真空滤油机、移动式滤油设备等。②透平油桶、油罐、油箱及油池。③烘箱、油再生设备。④管路(明设、暗设)及其附件(弯头、三通、渐变管、管路的支吊架等)。油系统管路焊接宜采用氩弧焊封底,手工电弧焊盖面。⑤阀门。⑥设备、油桶、油罐、油箱的基础,设备安装吊环和设备支架。⑦管网测量控制元件(温度计、液位信号器、示流信号器、油混水信号器等)。

(2)绝缘油系统主要安装内容如下:①油泵、滤油机等设备。②绝缘油桶、油罐。③阀门。④管路(明设、暗设)、管路附件、管路支吊架。油系统管路焊接宜采用氩弧焊封底,手工电弧焊盖面。⑤设备、绝缘油桶基础、设备安装吊环等。

2. 压气系统设备

1)功能及组成

水力发电工程所用的压缩空气通常有两个压力等级,一个是低压气系统,用于发电机制动系统、风动工具、吹扫等,压力等级为 0.8 MPa;另一个是高压系统,用于给传统油压装置供气,常用的有 4 MPa(对应于油压装置压力 4 MPa)和 6.3 MPa(对应于油压装置压力 6.3 MPa)。

每个压力等级压缩空气系统独立运行,都由空气压缩机、储气罐、管道、阀门及相关自动化元件组成,对压缩空气含水率有较高要求的,在空气压缩机与储气罐间还设有冷冻干燥机。低压气系统的空气压缩机一般采用螺杆式压缩机,适用于大产气量的系统,但是压力不能高于 2 MPa;高压气系统的空气压缩机一般采用活塞式压缩机。

水力发电工程的空气压缩机,通常采用风冷型压缩机,特殊情况下才需使用水冷压缩机。

2)压气系统的安装

主要安装内容如下:

(1)压气机(空冷、水冷)等设备。

(2)储气罐。

(3)各种阀门。

(4)管路(明设、暗设)、管路附件、管路的支吊架。

(5)设备、储气罐的基础,设备安装用吊环。

(6)单机调试、压气系统的调试等。

3. 水系统设备

1)功能及组成

水系统包括技术供水系统、消防供水系统、渗漏排水系统、检修排水系统、室外排水系统。

(1)技术供水系统。为机组提供冷却水及密封压力水,为机组的运行服务,适用水头低于 40 m。该系统对水质有较高要求,因此需对原水进行过滤,通常采用旋转滤水器,可以在线清污(清污时不中断供水)。

(2)消防供水系统。为全厂的消防系统提供压力水,该系统与技术供水系统相比,水质要求略低,压力略高。供水方式有自流供水(没有水泵,配有滤水器)、自流加压供水(水泵和滤水器都有)、尾水取水供水(水泵和滤水器都有)、减压供水(没有水泵,有滤水器和减压阀)。

(3)其他系统。渗漏排水系统用于排除厂房及大坝内所有渗漏水、冷凝水;检修排水系统用于机组检修时排除流道积水;室外排水系统用于排除厂区积雨范围内无法自流排出的水体。

2)技术供排水系统的安装

(1)供水系统的主要安装内容如下:①水泵、射流泵、滤水器等设备;②阀门;③管路吸、排水口(明设、暗设)、管路附件,管路的支吊架;④自动化元件;⑤设备基础、设备安装用吊环等;⑥单机调试、供水系统的调试。

(2)排水系统的主要安装内容如下:①离心水泵、深井泵、射流泵、泥浆泵、潜水泵等设备;②阀门;③管路吸、排水口(明设、暗设)、管路附件,管路的支吊架;④自动化元件;⑤设备基础、设备安装用吊环等;⑥单机调试、排水系统的调试。

4. 管路

水系统管路多用镀锌钢管,DN15 以下的管道一般采用不锈钢无缝管。

油系统、压气系统管路采用无缝钢管或者不锈钢无缝管。

油、水、气管件的耐压试验:所有油、水、气管路及附件在安装完成后均应进行耐压和严密性试验,耐压试验压力为 1.5 倍额定工作压力,保持 10 min 无渗漏及裂纹等异常现象发生。

(七)通风空调

1. 空气调节系统

空调机组设备的种类很多,大致可分为整体式空调器(窗式空调器、冷风机、恒温恒湿空调器、除湿机)和冷源集中而可分散安装的风机——盘管空调器。

2. 通风机

通风机按气体进入叶轮后的流动方向可分为离心式风机、轴流式风机、混流式(又称斜流式)风机和贯流式(又称横流式)风机等类型;按使用材质可分为铁壳风机、铝风机、不锈钢风机、玻璃钢风机、塑料风机等类型;按加压的形式也可以分单级风机、双级风机或者多级加压风机等类型;按压力大小可分为低压风机、中压风机、高压风机;按用途可分为防烟通风机、排烟通风机、射流通风机、防腐通风机、防爆通风机等类型。

3. 风管

风管是通风空调系统的重要构件,是连接各种设备的管道。水利工程中常用的有镀锌钢板风管、不锈钢板风管、玻璃钢风管等。

(八)电气设备

水利工程电气设备主要分为一次设备和二次设备。

1. 一次设备

直接生产和分配电能的设备称为一次设备,包括发电机、变压器、断路器、隔离开关、电压互感器、电流互感器、避雷器、电抗器、熔断器、自动空气开关、接触器、厂用电系统设备、接地系统等。

1)一次设备的分类

(1)按工作性质分类。

①进行生产和能量转换的设备,包括发电机、变压器、电动机等。

②对电路进行接通或断开的设备,包括各种断路器、隔离开关、自动空气开关、接触器等。

③限制过电流的设备,包括限制故障电流的电抗器、限制启动电流的启动补偿器、小容量电路进行过载或短路保护的熔断器、补偿小电流接地系统接地时电容电流的消弧线圈等。

④防止过电压的设备,如限制雷电和操作过电压的避雷器。

⑤对一次设备工作参数进行测量的设备,包括电压互感器、电流互感器。

(2)按配电装置类型分类。

①发电机电压设备,指发电机主母线引出口到主变压器低压套管间所布置的各种电气设备。电压等级通常为0.4~24 kV,且具有额定电流和短路开断电流大、动稳定和热稳定性要求高的共同特点,主要包括断路器(包括发电机专用断路器)、隔离开关、电流互感器、电压互感器、避雷器、发电机中性点接地用消弧线圈(接地变压器或接地电阻)、发电机停机用的电制动装置和大电流母线等。

②升压变电站设备,指从主变压器到输电线路连接端之间(从主变压器低压套管起,到变电站最终出线构架的跳线止)电路中所连接的各种类型电器,主要包括主变压器、断路器、隔离开关、电流和电压互感器、避雷器、接地开关、并联和串联电抗器、变压器中性点接地装置和母线、架空导线、电力电缆及一次拉线和金具等。

③厂用电设备,包括从厂用变压器到辅助生产设备的各类电动机和电器,其电压等级高压为6 kV、10 kV或13.8 kV,低压为0.4 kV。其主要设备包括厂用变压器、高压开关柜、低压开关柜、动力配电箱、低压电器(磁力启动器、自动空气开关、闸刀开关、熔断器、控制器、接触器、电阻器、变阻器、调压器、电磁铁等)。

2)一次设备简介

(1)水轮发电机。详见本小节“(二)水轮发电机”部分。

(2)变压器。利用电磁感应原理将一种电压等级的交流电变为另一种电压等级交流电的设备称为变压器。主变压器是将水轮发电机发出的电能由低电压转化为高电压传输至电力系统的变电设备,采用高压输电可减少电力远距离输送的损耗。当机组停机时,主变压器也可作为电力系统与电站的联络设备,作为降压变压器使用,将系统的电能反供给电站的厂用负荷使用。

①变压器的分类。变压器按使用功能可分为升压、降压、配电、联络和厂用变压器等;按绕组结构分为双绕组、三绕组、多绕组和自耦变压器;按相数分为单相变压器和三相变压器;按铁芯结构分为芯式和壳式。冷却方式有自然冷却、强迫油循环风冷却、强迫油循环导向水冷却或空冷及强迫油循环集中冷却几种形式。

②变压器的主要部件。包括铁芯和绕组、油箱和底座、套管和引线、分接开关、散热器、保护和测量部件。

(3)变频启动装置。在抽水蓄能电站中,蓄能机组目前主要以静止变频器(static frequency converter,SFC)作为主要启动方式,并以同步对拖,即以一台机组为拖动机,另一台为被拖动机以组背靠背启动方式作为备用启动方案。

SFC 启动系统主回路一般连接到发电机的出口端,其回路包括进线电抗器、进线断路器、谐波滤波器、输入侧隔离变压器、静止变频器、输出侧升压变压器、多机切换开关、发电机侧隔离开关。

(4)断路器。能承载、关合和开断运行线路的正常工作电流,也能在规定时间内承载、关合和开断规定的异常电流(如短路电流)的开关设备,称为断路器,是电力系统中保护和操作的重要电气装置。

根据安装位置不同,断路器可分为户内式和户外式。

根据所使用的灭弧介质和绝缘介质的不同,断路器可分为油断路器(包括少油断路器和多油断路器)、真空断路器、六氟化硫(SF_6)断路器、高压空气断路器等。其中,多油断路器和高压空气断路器已逐步被淘汰。

发电机出口专用断路器分真空断路器和 SF_6 断路器两种。真空断路器体积较小,可装在开关柜里。而 SF_6 断路器体积较大,一般布置在机端主回路上。

一般来讲,根据目前断路器的技术水平,3~35 kV 系统采用真空或 SF_6 断路器,110 kV 及以上采用 SF_6 断路器。

(5)隔离开关。也称隔离刀闸,是一种在分闸位置时其触头之间有符合规定的绝缘距离和可见断口,在合闸位置时能承载正常工作电流及短路电流的开关设备。

隔离开关按其结构和刀闸的运行方式,可分为旋转式、伸缩式、折叠式和移动式;按安装位置可分为屋内式、屋外式;按极数可分为单极式和三极式;按操动机构可分为手动式、气动式、液压式、电动式;按绝缘支柱的数量可分为单柱式、双柱式、三柱式;按有无接地刀闸可分为无接地刀闸和有接地刀闸。

(6)电压互感器。电力系统中将一次侧交流高电压转换成可供测量、保护或控制等仪器仪表或继电保护装置使用的二次侧低电压的变压设备称为电压互感器。电压互感器和电流互感器是一次系统和二次系统间的联络元件,它可将量电仪表、继电器和自动调整器间接接入大电流、高电压装置。

(7)电流互感器。电力系统中将一次侧交流大电流转换成可供测量、保护或控制等仪器仪表或继电保护装置使用的二次侧小电流的变流设备称为电流互感器。

按原绕组的匝数划分，电流互感器可分为单匝式(芯柱式、母线型、电缆型、套管型)、复匝式(线圈形、线环形、“6”字形)；按绝缘介质可分为油浸式、环氧树脂浇筑式、干式、SF_6 气体绝缘式；按安装方法分为支持式和穿墙式。

(8)避雷器。是一种能释放过电压能量、限制过电压幅值的保护设备。电力系统遭雷击时，强大的雷电流会在电气设备上或输电线路上产生直击雷过电压或感应雷过电压，此时避雷器就起作用，从而保护了室内外电气设备，使其免受大气过电压的破坏。

另外，电力系统中的故障和操作导致的电磁振荡，会引起过渡过程过电压(称为操作过电压)，此时，避雷器也会动作，从而保护了设备。

(9)接地系统。是用来保护人身和设备安全的，可分为保护接地、工作接地、防雷接地和防静电接地四种。对水力发电工程而言，接地系统由两部分组成：一部分是用于直击雷电流扩散的“主接地”系统。它可将厂房顶部的避雷带或变电站避雷针上的直击雷电流迅速扩散到土壤或水中。主接地系统的安装要求较高。另一部分是“安全接地”，即把厂内、外所有设备的外壳和支架通过接地线互相连接，形成安全接地网。两部分接地网之间可互联，形成完整的接地系统。

(10)高压熔断器。利用串联于电路中的一个或多个熔体，在过负荷电流或短路电流的作用下，一定的持续时间内熔断以切断电路，保护电气设备的电器称为熔断器。

电压在 1 kV 以上的熔断器称为高压熔断器。高压熔断器分限流型和非限流型两种。

(11)电抗器。电力系统中作为限制短路电流、稳定电压、无功补偿和移相等使用的电感元件。可以装在线路上，也可以装在母线上。根据用途它可分为限流电抗器、并联电抗器、消弧线圈、中性点电抗器等。

(12)高频阻波器。在高频电力载波通信系统中要使用高频阻波器。此设备已逐步被淘汰，但在一些特殊系统中仍存在。

(13)母线。发电厂和变电站用来连接各种电气设备，汇集、传送和分配电能的金属导线称为母线。其类型有硬母线和软母线，硬母线又分为圆形母线、矩形母线、管形母线、槽形母线、共箱母线、离相封闭母线等类型。软母线和管形母线一般用在开关站，其他则一般用在发电机电压母线和电气主回路上。

(14)电气主接线。指在发电厂、变电所、电力系统中，为满足预定的功率传送和运行等要求而设计的，表明高压电气设备之间相互连接关系的传送电能的电路。电气主接线以电源进线和引出线为基本环节，以母线为中间环节构成电能输配电路。

(15)电缆。是外加绝缘层的导线，有的还带有金属外皮护套并加以接地。按用途划分，电缆可分为电力电缆、控制电缆、通信电缆、计算机屏蔽电缆等；按绝缘介质又可分为油浸纸绝缘电缆、挤包绝缘电缆两大类。

挤包绝缘电缆的绝缘介质主要为聚乙烯塑料，有交联聚乙烯(XLPE)和低密度聚乙烯(LDPE)两种。

(16)气体绝缘封闭式组合电气设备(GIS)。将开关站的电气元件组合在充有有压绝缘气体的密闭金属容器内的成套装置称为气体绝缘封闭式组合电气设备。组合的电气元件一般包括用相同绝缘气体做灭弧介质的断路器、隔离开关、电流互感器、电压互感器、接地开关、避雷器、母线、电缆终端和引线套管等。广泛使用的绝缘气体为六氟化硫（SF_6），根据灭弧性能和绝缘性能的要求，确定绝缘气体的压力。

整体设备基本上在制造厂装成，现场安装工作量很小。整套装置运行安全可靠，受环境的影响较小，多年才需检查一次。

2. 二次设备

1）二次设备的分类

对一次设备的工作进行测量、检查、控制、监视、保护及操作的设备称为二次设备，包括继电器、仪表、自动控制设备、各种保护屏（柜、盘）、直流系统设备、通信系统设备等。

（1）计算机监控系统。是利用计算机对生产过程进行实时监视和控制的系统。计算机监控系统应采用分层分布结构，分别设置。

①发电厂控制级。计算机监控系统中负责全厂集中监控的全厂控制级，其设备通常布置在中控室和计算机室。

②现地控制级。计算机监控系统中负责以机组、开关站、公用设备和厂用电等设备实施监控的控制级，其设备通常布置在被监控设备的近旁。

计算机监控系统网络的配置一般采用工业级以太网交换机构成的交换式以太网。

（2）继电保护系统。发电厂中的电力设备、联络线及短引线和近区及厂用线路，应安装短路故障和异常运行的保护装置。

短路故障的保护应有主保护和后备保护，必要时可增设辅助保护。

继电保护系统应优先选用具有成熟运行经验的数字式保护装置，应满足可靠性、选择性、灵敏性和速动性的要求。对仅配置一套主保护的设备，应采用主保护与后备保护相互独立的装置。

（3）直流电源系统。发电厂、变电站内应设置向控制负荷和动力负荷等供电的直流电源。直流电源由蓄电池组、充电设备、直流配电柜、馈电网络等直流设备组成，是给发电厂、变电站提供直流电源的系统。

（4）工业电视系统。指利用视频探测技术监视水力发电厂生产过程、设备运行场所及安全设防区域，实时显示，记录现场图像的系统。工业电视系统应由前端设备、传输设备、处理（控制）设备以及记录（显示）设备四个主要部分构成。

（5）自动化系统。一般分为水力发电厂自动化系统、泵站自动化系统和闸门自动化系统。

（6）通信系统。包括生产管理通信设备、生产调度通信设备等。

（7）水利工程信息化系统。应包括信息采集、数据传输、信息存储及综合应用等内容。

2）二次设备的安装和调试

二次设备安装归纳起来有立盘、配线、继电器和元器件的整定、调试。

（1）盘用基础槽钢埋设、二期混凝土浇筑、抹平。

（2）立盘（屏、柜）。垂直、水平、屏间的距离，边屏，基础接地等均应按相关规范和设计要求施工。

（3）盘上所有器具、元件、继电器全部由试验人员校验、整定及率定合格。主要包含各种继电器元件、信号灯、按钮、光字牌、电阻、熔丝、盘顶小母线等。

(4)端子排安装,应注意安装单位的编号和标志。

(5)将电缆头做好,注意芯线预留的长度要同盘顶一样高,对线及编号应按图纸配线,电缆与屏内设备连接必须通过端子排。

(6)按原理图对线、盘内少量改线(3~5级)器具或单元进行试验、调试、整个回路调试、整体调试。

二、金属结构设备类型及主要技术参数

金属结构主要包括起重设备、闸门、拦污栅、压力钢管。

(一)起重设备

起重设备是安装、运行和检修各种设备的起吊工具。主厂房内机电设备安装和检修时的起吊工作是由桥式、门式或半门式等起重机来完成的。各种启闭机用于闸门和拦污栅的启闭工作。

常用的启闭机有桥式起重机、门式起重机、闸门启闭机、液压启闭机、卷扬式启闭机、螺杆式启闭机等。

关于辅助生产车间的电动葫芦,猫头小车,手动电动单、双梁桥式起重机等设备,在初设阶段常漏项,须注意。

1. 桥式起重机

所谓桥式起重机,即它的外形像一座桥,故称为桥式起重机。在主厂房内的起重设备一般均采用桥式起重机。

桥式起重机大车架靠两端的两排轮子沿厂房牛腿大梁上的轨道来回移动,只能同厂房平行移动。

小车架上有起重设备,包括主钩和副钩。有些还有小电动葫芦(10 t左右的起重量),固定在桥式起重机大梁下面。桥式起重机的起重量是指主钩的起重量。

桥式起重机按其结构特点与操作方式的不同,分为三种形式,见表1-40。

表1-40　桥式起重机形式

形式	质量/t	跨度/m
电动单梁式	5~50	8~17
电动双梁桥式	10~450	10~25
电动双梁双小车式	(2×50)~(2×300)	14~25

1)桥式起重机的基本参数

(1)桥式起重机的起重量。其起重量应按最重起吊部件确定。一般情况下,按发电机的转子连轴再加平衡梁、起重吊具钢丝绳等总重来考虑桥式起重机的起重量。但有些工程采用扩大单元电气主接线时,还要考虑起吊主变压器这个因素。

(2)桥式起重机的台数。主厂房内安装1~4台水轮发电机组时,一般选用1台桥式起重机;主厂房内安装4台以上水轮发电机组时,一般选用2台桥式起重机。

(3)桥式起重机的跨度。桥式起重机大车端梁的车轮中心线的垂直距离,称为跨度。起重机跨度不符合标准尺寸时,可按每隔0.5 m选取。

(4)起升高度。吊钩上极限位置与下极限位置的距离称为起升高度。

(5)工作速度。

①起升速度。在提升电动机额定转速下,吊钩提升的速度称为起升速度。一般速度范围:主钩为0.5~1.5 m/min,副钩为2.0~7.5 m/min。当起升量大时,取小值;反之则取大值。

②运行速度。在电动机额定转速下,桥式起重机的大车架或小车架行走的速度,称为运行速度。一般范围:大车为20~25 m/min,小车为10~20 m/min。

(6)工作制。

$$\text{工作制}=\text{工作时间}/(\text{工作时间}+\text{间歇时间})\times 100\%$$

根据《起重机设计规范》(GB/T 3811—2008)的规定,按起重机的利用等级和荷载状态,起重机的工作级别分为A1~A8共8个等级。

轻级、中级:A1~A5,水力发电厂房桥机大多采用此等级。

重级、特重级:A6~A8,适用于冶金、港口等。

2)安装与荷载试验

(1)安装。桥式起重机是主厂房内机电设备安装的主要起重设备,所以大多数工程均是在机组安装前先把桥式起重机安装好。桥式起重机安装的主要工序是把两根大梁顺利吊装就位并与端梁连接好。安装方法有桅杆吊装法、两台大型吊车吊装法、吊环吊装法等。

(2)负荷试验。桥式起重机在安装、大修后在吊装发电机转子之前,按相关规范要求进行荷载试验。其目的是发现和检验桥式起重机的制造质量和安装质量,检查桥架的铆焊质量、主梁结构强度、电气部分的操作控制质量、提升机构可靠性等,发现问题及时处理。负荷试验前应先进行无负荷试车,荷载试验完全合格后,才允许吊装转子,避免吊装时发生事故。

试验内容及程序:准备→空载→静荷载→动荷载。

按顺序进行,后一个程序一定在前一个程序试验合格后再进行。静载试验的目的是检验启闭机各部件和金属结构的承载能力。动载试验的目的主要是检查机构和制动器的工作性能。

2. 闸门启闭机

闸门启闭机有很多形式,归纳起来有以下几种:

(1)按布置方式分为移动式和固定式。

(2)按传动方式分为螺杆式、液压式和钢丝绳卷扬式。

(3)按牵引方式分为索式(钢丝绳)、链式和杆式(轴杆、齿杆、活塞杆)。

各种启闭机综合分类如下所述。

1)固定式启闭机

其特点为一机只吊一扇闸门。一般由机械传动系统和现地电气控制系统组成,其中液压启闭机还包括液压控制系统。

(1)螺杆式启闭机。适用于小型及灌区工程的低水头、中小孔口的闸门。其速度慢,结构简单,既可手动,又可电动,一般启闭能力为 25 t 及以下。

(2)固定卷扬式启闭机。它是靠卷筒的转动,使吊具做垂直运动来开启或关闭闸门。它结构简单,使用方便,适用于平板闸门、人字门、弧形闸门的启闭。

(3)链式启闭机。它用链轮的转动,带动片式链做升降运动来启闭闸门,适用于大跨度较重的露顶式闸门或有特殊要求的网辊闸门的启闭。

(4)液压启闭机。依靠液压能的传递,做直线或摇摆运动来开启或关闭闸门,适用于平板闸门、弧形闸门、人字门等的启闭。

2)移动式启闭机(一机可吊多扇或多种闸门)

(1)门式起重机。是一机多用的移动式起重机。它可起吊多孔口、多道数、多品种的闸门和拦污栅。被起吊的闸门或拦污栅根据工作需要可方便地吊出门槽或栅槽外,放于坝顶进行检修。它起吊范围大,有大车运行和小车运行,甚至还有旋转运行。运行的轨道有直线式、弧形式、混合式。

根据水工建筑物的布置和对水工机械设备运行的要求,门式起重机可分为单向门式起重机和双向门式起重机。单向门式起重机是在门架上设置固定的起升机构,门式起重机的起吊范围是一条线;双向门式起重机是在门架上设置小车,门架和小车在互相垂直的方向运动(小车上设有起升机构)。

(2)台车式启闭机。该机型可吊多扇闸门,一个运动方向。将固定的卷扬式启闭机放于一个单向走行的台架上使用。

(3)滑车式启闭机。又称为葫芦,是由链轮或绳索滑轮及卷筒所组成的结构简单的一种起重机械,既可电动又可手动,常安装在工字梁上,适用于中小孔口的闸门。

3)转柱式起重机

转柱式起重机是固定旋转式起重机的一种,常与门式起重机配套使用,装在门式起重机门架的侧面,称为回转吊。其起重量一般较小,但灵活性很强,通常用于起吊拦污栅、污物、零星物品等。

4)闸门启闭机安装

(1)固定式。固定式启闭机的特点是一机只吊一个门。固定式启闭机主要包括固定卷扬式启闭机、液压式启闭机、螺杆式启闭机、链式启闭机、曲柄连杆式启闭机。

固定式启闭机的一般安装程序:①埋设基础螺栓及支撑垫板;②安装机架;③浇筑基础二期混凝土;④在机架上安装提升机构;⑤安装电气设备和保护元件;⑥连接闸门做启闭机操作试验,使各项技术参数和继电保护值达到设计要求。

(2)移动式。移动式启闭机是一机可吊多扇、多种闸门的启闭机。移动式启闭机主要包括门式起重机、台车式启闭机、滑车式启闭机。

移动式启闭机的一般安装程序:①轨道安装;②门架安装;③调试与负荷试验。

(二)闸门

闸门一般由活动部分(门叶)和固定部分(埋件)组成。活动部分指关闭或打开孔口的堵水装置;固定部分指埋设在建筑物结构内的构件,它把门叶所承受的荷载、门叶的自重传递给建筑物。

门叶由门叶结构、支撑行走部件(定轮、滑块)、止水装置等部件构成;埋件则分为支撑行走埋件(如主轨、反轨、侧轨等)、止水埋件和护衬埋件。

1. 闸门的分类

1)按用途分为工作闸门、事故闸门、检修闸门。

(1)工作闸门:可以动水开、闭的闸门。

(2)事故闸门:可以动水关闭、静水开启的闸门。

(3)检修闸门:只能在静水中开、闭的闸门。

2)按闸门在孔口中的位置分为露顶式闸门、潜孔式闸门。

3)按闸门的材质分为金属闸门、混凝土闸门。

4)按闸门构造特征分为平板闸门、弧形闸门。

(1)平板闸门。其按支撑形式分为定轮式和滑动式。

(2)弧形闸门(一般用作工作门)。其按主框架分为主横梁式和主纵梁式;按支臂结构分为斜支臂式和直支臂式。

(3)船闸闸门。分为单扇船闸闸门和双扇船闸闸门。单扇船闸闸门又称为人字门,其优点是所需启闭力小,可封闭孔口面积相当大;缺点是检修维护较困难,水头高时,不能在动水中操作,要使用充水廊道等操作。

(4)翻板闸门。广泛用于城市用水、景观建设及环境整治等。

(5)一体化智能闸门。集成了闸门及埋件、驱动装置、控制系统、传感器、太阳能供电系统和通信系统等,能够进行远程监测流量、闸门控制、闸门及启闭机状态参数以及远程视频监视。闸门及埋件一般采用铝合金材质,可布置在渠道上小闸孔口尺寸的部位。一体化智能闸门主要分为直升式和下卧式。

2. 闸门的安装

1)平板闸门安装

(1)门槽安装。在二期混凝土预留槽内安装门槽。其顺序为:底坎→主轨→反轨→侧轨→顶楣→顶楣上部轨道→锁锭梁轨道。大多数门槽往往不能一次安装到顶,而要随着建筑物升高而不断升高,此时,土建单位和安装单位应协商使用一套脚手架,既节约搭、拆的直线工期,又节约搭、拆费用。

孔口中心线和门槽中心线一定要测量准确无误,在门槽安装过程中一定要注意保护好。门槽所有构件安装均以它为准,调整构件相对尺寸、位置合格后,反复检查没有问题时,将构件和土建预留的钢筋头焊牢。一定要确保门槽浇筑二期混凝土时不位移、不变形。

(2)门叶安装。如门叶尺寸较小,则在工厂制成整体运至现场,经复测检查合格,装上止水橡皮等附件后,直接吊入门槽。如门叶尺寸较大,由工厂分节制造,运到工地后,再现场组装,然后吊入门槽。

(3)闸门启闭试验。闸门安装完毕后,需做全行程启闭试验,要求门叶启闭灵活,无卡阻现象,闸门关闭严密,漏水量不超过允许值。

2)弧形闸门安装

(1)门槽安装。弧形闸门门槽由于与门叶配合较紧密,故安装要求误差要小。安装前首先以孔口中心线和支铰中心的高程为准,定出各埋件的测量控制点。门槽部件安装以相应点为准,调整合格后进行加固,然后浇筑二期混凝土。

(2)门叶吊装。先做好吊装前的准备工作,再开始门叶吊装。吊装前先将侧轮装好,然后将门叶由底至顶逐块吊入门槽,再将分块门叶焊成整体,焊接时要对称、均匀、控制变形。门叶焊成整体后即可在迎水面上焊上护面板。待弧形门全部安装完成,并启闭数次后,处于自由状态时才能安装水封。

(3)支铰安装。基础板二期混凝土强度已达要求后,按图纸将支铰组成整体,整体吊装定位,紧固螺栓。

(4)支臂安装。支臂安装属关键工序,其质量直接影响门叶启闭是否灵活,双臂受力是否均衡。支臂制作时在与门叶连接端留出了余量,安装时根据实际需要进行修割,使支臂端面与门叶主梁后翼缘等于连接板厚度,然后插入连接板进行焊接。

3)铸铁闸门安装

铸铁闸门是一种直升直降式闸门,主要靠螺杆启闭机来开启和关闭。铸铁闸门的闸框和闸门是一个整体,必须整体安装。

铸铁闸门安装分为一期混凝土安装方式和二期混凝土安装方式,宜采用二期混凝土安装方式。二期混凝土安装方式:在一期混凝土中设置闸门安装槽口,槽口尺寸应满足闸门安装调整和二期混凝土浇筑要求;条状钢板在一期混凝土中埋设,埋设位置应与门框和导轨安装位置相对应,且与导轨等高;条状钢板锚筋应与一期混凝土中的钢筋连接牢固;闸门地脚螺栓应与条状钢板埋件焊接牢固。二期混凝土应采用膨胀混凝土,浇筑前应对结合面凿毛处理。采用一期混凝土安装方式时,混凝土浇筑前闸门地脚螺栓应与混凝土中的钢筋连接。

4)翻板闸门安装

翻板闸门能够实现自动控制水位,主要用于水库、河流、蓄水池等处拦截或排泄水流。最常用的翻板闸门是水力自控翻板闸门(简称翻板闸门),此类闸门是借助水力和闸门自重等条件,自主完成闸门的启门、全开、回关动作的闸门。

翻板闸门安装包括支墩、钢构件、支腿、面板、止水埋件等安装内容。支墩和止水埋件安装前,应对止水埋件进行复查。二期混凝土的结合面应凿毛,并清除预留槽中杂物。支墩和止水埋件应定位防止偏移,检查合格后宜立即浇筑二期混凝土。面板拼装完毕,安装止水橡胶的部位应找平抹浆,养护后方可安装止水橡胶。止水橡胶安装后应进行闭门自检,每扇闸门应人工启闭一次,门顶的迎水面应呈一条直线。闸门间隙应均匀,止水橡胶应不透光。分阶段安装的翻板闸门应对已安装闸门拉到全开锁定。

5)闸门埋件安装

埋件安装前,应对埋件各项尺寸进行复验,门槽中的模板等杂物及有油污的地方应清除干净。一、二期混凝土的结合面应凿毛,并冲洗干净。二期混凝土门槽的断面尺寸及预埋锚栓或锚板的位置应复验。埋件安装完并经检查合格后,应在5 d内浇筑二期混凝土,如过期或有碰撞,应予复测,复测合格,方可浇筑二期混凝土。二期混凝土一次浇筑高度不宜超过5 m,浇筑时,应注意防止撞击埋件和模板,并采取措施捣实混凝土,应防止二期混凝土离析、跑模和漏浆。埋件的二期混凝土强度达到70%以后方可拆模,拆模后应对埋件进行复测,并做好记录。同时检查混凝土尺寸,清除遗留的外露钢筋头和模板等杂物,以免影响闸门启闭。工程挡水前,应对全部检修门槽和共用门槽进行试槽。

6)闸门启闭试验

闸门安装好后,应在无水情况下做全行程启闭试验。试验前应检查挂钩脱钩是否灵活可靠,充水阀在行程范围内的升降是否自如,在最低位置时止水是否严密,同时还须清除门叶上和门槽内所有杂物并检查吊杆的连接情况。启闭时,应在橡胶水封处浇水润滑。有条件时,工作闸门应做动水启闭试验,事故闸门应做动水关闭试验。

3.防腐蚀

水工金属结构设备防腐蚀措施一般有涂料保护、金属热喷涂保护和牺牲阳极阴极保护等。

(三)拦污栅

拦污栅由栅体和栅槽组成。栅体用来拦截水中杂物,它可以固定在水工建筑物上,也可以为活动的结构,如同闸门门叶一样。栅槽则与平板闸门门槽结构一样。

拦污栅可分为以下几种形式:

1.固定式。它的支撑梁两端埋设在混凝土墩墙中,或用锚栓固定于混凝土墩墙中,但检修维护困难,留在最上面的杂物清理困难。此形式应用较为普遍。

2.活动式。设有支撑行走装置,可将拦污栅栅体提至栅槽外,便于维护检修和清理。此形式应用普遍。

3.回转式。它是一种自带清污设施的拦污栅,它既能拦污又能清污。此形式适于小流量的浅式进水口。

拦污栅安装:拦污栅栅体吊入栅槽后,应做升降试验,检查栅槽有无卡滞情况,检查栅体动作和各节的连接是否可靠。使用清污机清污的拦污栅,其栅体结构与栅槽埋件应满足清污机的运行要求。

(四)压力钢管

压力钢管从水库的进水口、压力前池或调压井将水流直接引入水轮机的蜗壳。

1.压力钢管的布置形式及组成部分

根据发电厂的形式不同,钢管的布置形式可分为露天式、隧洞(地下)式和坝内式。

1)露天式

露天式布置在地面,多为引水式地面厂房采用。钢管直接露在大气中,受气温变化影响大,钢管要在一定范围内伸缩移动,且径向也有小变化,因此支撑结构比较复杂,应采用伸缩节、摇摆支座等。

2)隧洞(地下)式

压力钢管布置在岩洞混凝土中,常为地面厂房或地下厂房采用。这种布置形式的钢管,因为受到空间的限制,安装困难。

3)坝内式

坝内式布置在坝体内,多为坝后式及坝内式厂房采用。钢管从进水口直接通入厂房。这种布置形式的钢管安装较方便,一般配合大坝混凝土升高进行安装,可以充分利用混凝土浇筑用起重机械安装。

根据钢管供水方式不同,可分为单独供水(一条钢管只供一台机组用水)和联合供水(一条钢管可供数台机组用水)。

压力钢管的主要构件有主管、岔管、渐变管、伸缩节、支撑座、支撑环、加劲环、灌浆补强板、丝堵、进人孔、钢管锚固装置等。

2. 压力钢管制作

1)制作前的组织工作

(1)人员组织及资料准备。钢管制作工序多,需要多工种配合,有铆工、焊工、起重工、探伤工、油漆工、电工和空压机工等。应组织人员学习有关规程、规范,熟悉图纸等。

(2)施工机械配备。

①用于瓦片加工的自动切割机、数控切割机、刨边机、卷板机等;②用于钢管组装的电焊机、空压机、液焊台车、探伤设备和除锈喷涂设备等;③用于吊装的起重设备,制作场地有龙门式起重机、门座式起重机、履带起重机、悬臂式扒杆等;车间内有桥式起重机等。它们应能满足钢管厂内的吊运任务,成节钢管出厂时的吊运、装车等。

(3)钢管厂的布置。由于钢管单件体积大、件数多,不宜长途运输,因此应在安装现场就近选择厂址制作钢管。钢管厂的布置应能保证钢管制作的各道工序开展流水作业。对圆平台用来组装管节,是钢管厂的主要作业场地。在对圆平台上,钢管由瓦片对成整圆、纵缝焊接、矫形、调圆、探伤、上支撑、装加劲环等。因此,对圆平台应有适当的数量。平台一般用型钢、轻轨、钢板、混凝土支墩搭成。

2)钢管制作材料的准备

(1)钢板。钢板应具有良好的机械性能(如强度、冲击韧性等)、可焊性、抗腐蚀性能及较低的时效敏感性。

(2)焊接不同钢板的配套电焊条型号不同,且需配套不同的焊丝和焊剂。

3)钢管制作

(1)瓦片制作。把钢板制成需要的弧形板,称为瓦片制作。①准备。钢板材质核对、测量尺寸、外观检查,必要时用超声波检查、矫正等。②划线。根据工艺设计图进行划线。③切割。将划好线的钢板切去多余部分,留下需要的部分。切割机械有半自动切割机、全自动切割机、数控切割机等。④卷板。常用的为三辊式或四辊对称式卷板机。卷板作业时,如为直管,则钢板中心对准上辊中心,钢板边缘平行下辊轴线,上下辊平行,弧度以上辊升降调节,用样板检查。如为锥管,则上辊根据锥度调成倾斜值,弧锥度用不同直径处的两块样板同时检查。

(2)单节组装。①对圆。在专用平台上将卷好的分块瓦片对成整圆。②调圆上加劲环。对圆焊接后的钢管,刚性很小,径向尺寸容易变动,上加劲环前一定要调成合格的圆度,合格后再上加劲环。

(3)大节组装。为提高工效和缩短工期,在起重和运输条件许可的情况下,钢管在厂内应尽量组装成大节。

4)压力钢管运输

从钢管厂至安装现场的运输,根据钢管的具体情况选择合适的运输方式。

3. 钢管安装

1)准备工作:

(1)支墩埋设。按照施工详图埋设支墩。支墩应有一定强度,因为钢管的重量通过支座(或加劲环)要传至支墩。

(2)加固件埋设。为防止浇筑混凝土过程中钢管位移,需在钢管周围岩石中或两侧混凝土墙上埋设锚筋,固定钢管,使钢管不能向任一方向移动。

(3)测量控制点设置。安装时需检查钢管中心和高程,每管节(或管段)的管口下中心都应设控制点。

(4)人员组织、施工机械设备配备。参加钢管安装的工种主要是起重工、铆工、焊工。人员多少应根据工程量、工期、工作面多少而定。施工机械有电焊机、空压机、起重机、卷扬机等。

2)吊装就位。

3)钢管的安装顺序及安装方法以钢管大节为宜,大节稳定性好,易于调整。

(1)钢管大节安装。钢管安装的要点是控制中心、高程和环缝间隙。

(2)弯管安装。弯管安装时特别要注意管口的中心与定位节重合不得扭转,中心对准后即可用千斤顶和拉紧器调整环缝间隙,随后便可开始由下中心分两个工作面进行压缝,压缝时注意钢板错牙和环缝间隙。

(3)凑合节安装。在环缝全部焊完后开始安装。凑合节大多数是安装在控制里程的部位,如斜管段和上弯的接头处,或伸缩节的旁边。

(4)灌浆孔堵头安装。隧洞式和坝内式压力钢管周围浇筑完混凝土后要进行灌浆。待灌浆结束后,即用丝堵将孔堵上,并予焊牢,以免产生渗漏现象。

4. 伸缩节、岔管、闷头的制作安装

1)伸缩节制作安装

(1)伸缩节的作用和种类。当气温变化或其他原因使钢管产生轴向或径向位移时,伸缩节能适应其变化而自由伸缩,从而使钢管的温度应力和其他应力得到补偿。根据其作用不同,伸缩节可分为两种:一种是单作用伸缩节,只允许轴向伸缩;另一种是双作用伸缩节,除可轴向伸缩外,还可以做微小的径向移动。

(2)伸缩节的组装。它由外套管、内套管、压环、数条止水盘根等组成。伸缩节组装的要点是控制弧度、圆度和周长。

(3)伸缩节的安装。与钢管定位节安装基本相同,还要注意以下几点:一是尽量减小压缝应力,防止变形;二是伸缩节就位时不能依靠已装管节顶内套,而应以支墩上的千斤顶顶住外套的加劲环,以防伸缩节间隙变动。

2)岔管制作安装

(1)岔管的作用和种类。岔管的作用是在联合供水方式布置的钢管中,将主管的水引向两个或两个以上的分支管。根据岔管结构形式的不同,可分为有梁岔管和无梁岔管两种;也可分为贴边岔管、三梁岔管、球形岔管、无梁岔管、月牙形内加强岔管。

(2)岔管制作。管壳制作与锥管制作基本相同,严格按图划线、切割。对肋板制作,由于肋板厚度较大,注意焊接变形,要采取预热和焊后缓冷措施;对导流板制作,下料后在卷板机上稍加弯卷,安装时按实际情况逐段调整弧度。

(3)岔管组装。先将肋板水平置于钢板平台上,两面划出与管壳相贯线,然后在肋板水平放置情况下,将管壳与肋板进行预装,检验实际组合线是否与相贯线重合,检查合格后再进行正式组装。

(4)岔管安装。现场安装时先装岔管,后装支管。先设置岔管三个管口中心高程的控制点,再进行安装、调整。

3)闷头制作安装

(1)闷头的作用。其作用是在水压试验时,封闭钢管两端;在某种情况下,当一台机组运行时,封闭需要堵塞的其他支管的下游管口。

(2)闷头的形式。有平板形、锥管形、椭圆形和球形。

(3)闷头的制作安装。常用球形闷头大多数是焊接构件,由多块瓜瓣形瓦片和小段锥管组成。制作时先组装锥管,再在锥管口上由两端开始向中间安装瓜瓣。注意控制弓形高,最后在中间凑合节焊接时先焊瓦片的纵缝,后焊球壳和锥管间的环缝,制作好的闷头垂直吊运至管口位置对好环缝,修好间隙即可进行焊接。

5. 焊缝质量检查

1)外观检查用肉眼、放大镜和样板检查。

2)钢管焊缝内部缺陷检查,主要有以下几种方法:

(1)煤油渗透检查、着色渗透检验、磁粉检验。

(2)在焊缝上钻孔属有损探伤,数量受限制。

(3)γ射线探伤。只在丁字接头或厚板对接缝处拍片,拍片数量有限,且片子清晰度不高。

(4)X射线探伤。增加了底片清晰度,减少了辐射对人的影响,但X射线机笨重,环缝还要用γ射线探伤。

(5)超声波探伤仪。国产超声波探伤仪已达到先进、轻便、灵敏、质量比较可靠的地步。使用它既方便简单,费用又低。实际工作中使用较多。薄钢板的探伤,用X射线机机会多。

6. 压力钢管焊后消除应力热处理

当制作钢管的钢板很厚、拘束度很大和在焊接过程中由于钢管各部位冷却速度不同而造成钢板收缩不均匀,从而产生很大的残余应力时,对现场焊接大直径钢管应做局部热处理(也称焊接后退火或焊后消应)。高强钢的钢管或岔管不宜做焊后消应热处理。

第六节 水利工程常用施工机械类型及应用

在水利工程施工中合理选用施工机械,对于提高施工效率,缩短施工工期,保证施工质量、施工安全,降低工程造价都非常重要。工程造价管理人员应了解和熟悉各类常用施工机械的性能和用途,正确选用计价定额,合理确定工程造价,以提高工程管理效益。

一、施工机械选择的原则

1. 考虑工程规模,满足工程的施工条件和施工强度要求,选择安全可靠、生产率高、技术性能先进、节能环保和易于检修保养、保证工程施工质量的施工机械设备。

2. 选用适应性、经济性合理、市场上保有率较高、类型比较单一和通用的施工机械设备,各部位之间的施工机械设备宜相互协调、互为利用。

3. 对大型工程或有特殊要求的工程,施工机械设备选型应通过专题论证。

二、施工机械的分类

根据水利工程的施工特点,将常用水利工程施工机械分为土石方施工机械、混凝土施工机械、运输施工机械、起重施工机械、钻孔灌浆施工机械、其他施工机械等。

(一)土石方施工机械

土石方工程施工机械常用的有挖掘机、推土机、装载机、铲运机、压实机械、装卸机械等。

1. 挖掘机

挖掘机有柴油驱动和电力驱动两类。其机械构造分为工作、回转、行走三部分。常见的工作装置有正铲、反铲、拉铲(索铲)、抓铲四种,有机械传动和液压传动两种传动方式,有履带式和轮胎式两种行走方式。

1)正铲挖掘机。正铲挖掘机的挖装特点是前进向上,强制切土。其挖掘力大,生产率高。

2)反铲挖掘机。反铲挖掘机的挖装特点是后退向下,强制切土。

3)拉铲挖掘机。拉铲挖掘机的土斗是用钢丝绳悬挂在挖机长臂上,挖土时土斗在自重作用下落到地面并切入土中,特点是后退向下,自重切土。适用于开挖大型基坑及水下挖土。

4)抓铲挖掘机。抓铲挖掘机也称抓斗挖掘机,是在挖掘机臂端用钢丝绳吊装一个抓斗,特点是直上直下、自重切土。其挖掘力较小,用于开挖窄而深的独立基坑和基槽、沉井,适用于水下挖土,也是地下连续墙施工挖土的专用机械。

2. 推土机

推土机是进行挖掘、运输和集料的土石方机械,用于土方推运、清理表土、场地平整等。推土机由拖拉机和推土铲刀组成,其铲刀的操纵机构有钢索式和液压式两种。钢索式推土机铲刀借本身自重切入土中,在坚硬土中切土深度较小;液压式推土机用液压操纵,能使铲刀强制切入土中,切土深度较大,同时液压式推土机铲刀还可以调整角度,具有更大的灵活性。

推土机能单独进行挖土、运土和卸土工作,具有操纵灵活、运转方便、所需工作面面积较小等特点,适用于场地清理、土石方平整、开挖深度不大的基坑以及回填作业等。推土机的经济运距为30~60 m,一般不宜超过100 m。

3. 装载机

装载机是以铲装和短距离转运土方、石渣等松散物料为主的机械。目前,装载机有机械传动和液压传动两种传动方式,有履带式和轮胎式两种行走方式。

履带式装载机的牵引性、通过性和稳定性比轮胎式好,铲取原状土和砂砾的速度较快,挖掘能力强,操作简便,适用于松散式沼泽地带;轮胎式装载机具有行走速度快、机动性好、可在短距离工作场地自铲自运的优点,适用于道路工程、码头、港口等地。

4. 铲运机

铲运机综合了挖运铲填作业,是一种能独立完成铲运卸土、砂砾石和松散石渣及填筑、平整的土石方机械。按行走机构不同可分为拖式和自行式两种。铲运机对行驶的道路要求不高,操纵灵活,生产率较高,适用于运距为600~1 500 m、坡度在20°以内的大面积场地平整,大型基坑、沟槽的土方开挖,路基和堤坝的填筑等,不适用于砾石层、冻土及沼泽地区。

5. 压实机械

压实机械主要用于对土石坝、河堤、围堰、建筑物基础和路基的土壤、堆石、砾石、石渣等进行压实,也可用于碾压干硬性混凝土坝、干硬性混凝土道路和道路的沥青铺装层。

压实机械分类如下:

1)静作用碾压实机械。静作用碾压实机械是利用碾轮的重力作用,使被压层产生永久变形而密实,其碾轮分为光碾、槽碾、羊足碾和轮胎碾等。光碾压路机压实的表面平整光滑,使用最广;槽碾、羊足碾压实机单位压力较大,压实层厚,适用于堤坝的压实;轮胎式压路机压实过程有揉搓作用,使压实层均匀密实,且不伤路面,适用于道路、广场等垫层的压实。

2)冲击式压实机械。依靠机械的冲击力压实土壤,可分为利用二冲程内燃机原理工作的火力夯、利用离心力原理工作的蛙夯和利用连杆结构及弹簧工作的快速冲击夯等。其特点是夯实厚度较大,适用于狭小面积及基坑的夯实。

3)振动碾压机械。利用机械激振力使材料颗粒在共振中重新排列而密实,如板式振动压实机。其特点是振动频率高,对黏结性低的松散土石(如砂土、碎石等)压实效果较好。

4)组合式碾压机械。有碾压和振动作用的振动压路机、碾压和冲击作用的冲击式压路机等。

6. 装卸机械

装卸机械是用铲斗将土石方装入运输设备或直接进行短距离运输的设备。主要有装岩机、耙式装载机。

1)装岩机。装岩机主要用于隧洞石方开挖,将岩石直接装进矿车,也可用于地面装载松散物料。

2)耙式装载机。耙式装载机可分为蟹爪式装载机、立爪式装载机、顶耙式装载机等,主要用于隧洞掘进中配合矿车或箕斗进行装岩,同时也可以进行掘进工序的平行作业,提高掘进速度。

(二)混凝土施工机械

1.混凝土拌制机械

混凝土搅拌机是把水泥、砂石骨料和水混合并拌制成混凝土混合料的机械,主要由拌筒、加料和卸料机构、供水系统、原动机、传动机构、机架和支撑装置等组成。按其工作性质可分为间歇式(分批式)和连续式;按搅拌原理可分为自落式和强制式;按安装方式可分为固定式和移动式;按出料方式可分为倾翻式和非倾翻式;按拌筒结构形式可分为犁式、鼓筒式、双锥式、圆盘立轴式和圆槽卧轴式等。随着混凝土材料和施工工艺的发展,又相继出现了许多新型结构的混凝土搅拌机,如蒸汽加热式搅拌机、超临界转速搅拌机、声波搅拌机、无搅拌叶片的摇摆盘式搅拌机和二次搅拌的混凝土搅拌机等。

混凝土搅拌楼(又称为拌和楼)是一种生产新鲜混凝土的大型机械设备,它能将组成混凝土的组合材料(水泥、砂、骨料、外加剂以及掺合料),按一定的配合比,周期地和自动地搅拌成塑性和流态的混凝土,在大、中型水利水电工程中得到广泛使用。混凝土搅拌楼按其布置形式可分为单阶式(垂直式)和双阶式(水平式);按操作方式可分为手动操作、半自动操作和全自动操作;按称量方式可分为单独称量、累计称量和组合称量;按装备的混凝土搅拌机可分为倾翻自落式和强制式。

混凝土搅拌楼自上而下一般分为进料层、储料层、配料层、搅拌层及出料层。

混凝土搅拌楼主要由搅拌主机、物料称量系统、物料输送系统、物料储存系统和控制系统等五大系统和其他附属设施组成。与混凝土搅拌站相比,混凝土搅拌楼的骨料计量减少了四个中间环节,并且是垂直下料计量,节约了计量时间,因此大大提高了生产效率。在同型号的情况下,搅拌楼生产效率比搅拌站生产效率提高1/3。

1)搅拌主机

搅拌主机按搅拌方式可分为强制式搅拌机和自落式搅拌机。强制式搅拌机是目前国内外搅拌站使用的主流搅拌机,它可以搅拌流动性、半干硬性和干硬性等多种混凝土。自落式搅拌机主要搅拌流动性混凝土,目前在搅拌楼中很少使用。强制式搅拌机按结构形式可分为单卧轴搅拌机和双卧轴搅拌机,其中以双卧轴搅拌机的综合使用性能最好。

2)物料称量系统

物料称量系统是影响混凝土质量和混凝土生产成本的关键部件,主要分为骨料称量、粉料称量和液体称量三部分。一般情况下,20 m^3/h以下的搅拌站采用叠加称量方式,即骨料(砂、石)用一把秤,水泥和粉煤灰用一把秤,水和液体外加剂分别称量,然后将液体外加剂投放到水称斗内预先混合。而在50 m^3/h以上的搅拌站中,多采用各种物料独立称量的方式,所有称量都采用电子秤及微机控制,骨料称量精度≤2%,水泥、粉料、水及外加剂的称量精度均≤1%。

3)物料输送系统

物料输送系统由三个部分组成,分别为骨料输送、粉料输送、液体输送。

(1)骨料输送。其有料斗输送和皮带输送两种方式。料斗输送的优点是占地面积小、结构简单。皮带输送的优点是输送距离大、效率高、故障率低。

(2)粉料输送。混凝土可用的粉料主要是水泥、粉煤灰和矿粉。目前,普遍采用的粉料输送方式是螺旋输送机输送,大型搅拌楼有采用气动输送和刮板输送的。螺旋输送机输送的优点是结构简单、成本低、使用可靠。

(3)液体输送。液体输送主要指水和液体外加剂的输送,分别由水泵输送。

4)物料储存系统

混凝土可用的物料储存方式基本相同。骨料一般露天堆放(也有城市大型商品混凝土搅拌站用封闭料仓);粉料用全封闭钢结构筒仓储存;外加剂用钢结构容器储存。

5)控制系统

控制系统是整套设备的中枢神经。控制系统根据用户的不同要求和搅拌楼的大小而有不同的功能,一般情况下施工现场可用的小型搅拌站控制系统简单一些,而大型搅拌楼的控制系统相对复杂一些。

6)外配套设备

外配套设备包括水路、气路、料仓等。

2. 混凝土运输设备

混凝土搅拌车是用来运送半成品混凝土的专用卡车,卡车上都装置圆形搅拌筒以运载半成品混凝土。在运输过程中搅拌车会始终保持搅拌筒转动,以保证所运载的混凝土不会凝固。卸载完混凝土后,通常都会用水冲洗搅拌筒内部,防止残留混凝土硬化。混凝土搅拌车由汽车底盘、搅拌筒、传动系统、供水装置、全功率取力器、搅拌筒前后支架、减速机、液压传动系统、进出料系统、操纵机构等部分组成。

混凝土输送泵是一种利用压力将混凝土沿管道连续输送至浇筑部位的机械,由泵体和输送管组成。按结构形式分为活塞式、挤压式、水压隔膜式。活塞式混凝土输送泵有液压传动式和机械传动式两种。液压传动式混凝土输送泵由料斗、液压缸和活塞、混凝土缸、分配阀、Y 形管、冲洗设备、液压系统和动力系统等组成。液压系统通过压力推动活塞往复运动,活塞后移时吸料,前推时经过 Y 形管将混凝土缸中的混凝土压入输送管。挤压式混凝土输送泵有转子式双滚轮型、直管式三滚轮型和带式双槽型三种。转子式双滚轮型混凝土输送泵由料斗、泵体、挤压胶管、真空系统和动力系统等组成。泵体内的转子架上装有两个行星滚轮,泵体内壁衬有橡胶垫板,垫板内装有挤压胶管。动力装置驱动行星滚轮回转,碾压挤压胶管,将管内的混凝土挤入输送管排出。真空系统使泵体内保持一定的真空度,促使挤压胶管碾压后立即恢复原状,并使料斗中的混凝土更快被吸入挤压胶管内。

混凝土泵车是利用压力将混凝土沿管道连续输送的机械,由泵体和输送管组成,按结构形式分为活塞式、挤压式、水压隔膜式。泵体装在汽车底盘上,再装备可伸缩或屈折的布料杆,就组成泵车。泵车是在载重汽车底盘上进行改造而成的,它在底盘上安装有运动和动力传动装置、泵送和搅拌装置、布料装置以及其他一些辅助装置。混凝土泵车的动力通过动力分动箱将发动机的动力传送给液压泵组或者后桥,液压泵推动活塞带动混凝土泵工作,然后利用泵车上的布料杆和输送管,将混凝土输送到一定的高度和距离。

3. 混凝土的振捣设备

混凝土振捣器是一种借助动力通过一定装置作为振动源,使它产生一定的振动频率,并把这种振动传给混凝土,使混凝土得以振动捣实的机械。

混凝土振捣器类型很多,常用的有插入式振捣器、平板式振捣器、变频式振捣器等。

4. 其他混凝土施工机械

混凝土喷射机是利用压缩空气将混凝土沿管道连续输送，并喷射到施工面上的机械，分干式喷射机和湿式喷射机两类。干式喷射机由气力输送干拌和料，在喷嘴处与压力水混合后喷出，后者由气力或混凝土泵输送混凝土混合物经喷嘴喷出，广泛用于地下工程、井巷、隧道、涵洞等的衬砌施工。

模板作业是影响施工进度和混凝土施工成本的主要因素。钢模台车是一种为提高隧道衬砌表面光洁度和衬砌速度，并降低劳动强度而设计、制造的专用设备。采用钢模台车浇筑混凝土工效比传统模板高30%，装模、脱模速度快2~3倍，所用的人力是过去的1/5。按钢模板与台车组合方式，钢模台车通常分为平移式钢模台车和穿行式钢模台车。

（三）运输施工机械

1. 载重汽车

载重汽车是用于运载货物的一种汽车，由发动机、底盘、车身和电气系统四部分组成。载重汽车按其载重量的大小一般可分为轻型车（<4.5 t）、中型车（4.5~12 t）、重型车（>12 t）；按动力燃料不同可分为汽油车、柴油车、煤气车、电动车，水利工程中常用的为汽油车和柴油车。载重汽车的主要优点是启动迅速、机动灵活、路面适应能力强，常用于建筑材料、设备、施工机械等运输。

2. 自卸汽车

与普通载重汽车相比，自卸汽车装有举升机构和金属车厢，利用举升机构的顶推作用使车厢后倾或侧倾，自动卸载车厢内的物料，机动灵活，生产率高，广泛用于水利工程施工的土石方、砂石料等运输，是主要的施工机械。

自卸汽车按总质量不同可分为轻型车（<10 t）、重型车（10~30 t）、超重型车（>30 t）；按车厢倾卸方向不同可分为后倾卸式、侧倾卸式、三面倾卸式、底卸式等；按动力燃料不同可分为汽油车、柴油车等。轻型、重型自卸汽车一般用汽油，超重型自卸汽车一般用柴油。自卸汽车车厢的举升机构可分为手动式、机械式和液压式。

水利工程施工时，应根据施工场地、施工道路、工期、运输距离、物料种类、气候等因素综合考虑，选择与装载机械相配套吨位的自卸汽车，以提高施工效率。

3. 矿车

矿车是矿山中输送煤、矿石和废石等散状物料的窄轨铁路搬运车辆，一般需用机车或绞车牵引。水利工程中，矿车主要用于隧洞开挖过程中的石渣运输等工作。

矿车按结构和卸载方式不同分为固定式矿车、翻斗式矿车、单侧曲轨侧卸式矿车、底（侧）卸式矿车和梭式矿车五大类。我国于20世纪70年代发展了斗式转载列车，由斗车、升降台和一列矿车组成。

4. 螺旋输送机

螺旋输送机是一种不带挠性牵引构件的连续输送设备，它利用旋转的螺旋将被输送的物料沿固定的机壳内推移而进行输送工作。螺旋输送机在输送形式上分为有轴螺旋输送机和无轴螺旋输送机两种，在外形上分为U形螺旋输送机和管式螺旋输送机。

有轴螺旋输送机适用于无黏性的干粉物料和小颗粒物料，而无轴螺旋输送机则适合有黏性的和易缠绕的物料。螺旋输送机一般由输送机主体、进出料口及驱动装置三大部分组成。

螺旋输送机允许稍微倾斜使用,最大倾角不得超过 20°,但管形螺旋输送机,不但可以水平输送,还可以倾斜输送或垂直提升,目前在国内外混凝土搅拌楼上,常用管形螺旋输送机输送水泥、粉煤灰和片冰等散装物料。

螺旋输送机的优点:结构比较简单和维护方便,横断面的外形尺寸不大,便于在若干个位置上进行中间卸载,具有良好的密封性。其缺点是单位动力消耗高,在移动过程中使物料有严重的粉碎,对螺旋和机壳有强烈磨损。

5. 胶带输送机

胶带输送机是以胶带作为牵引机构和承载机构的连续型动作设备,又称皮带机或皮带。常用的胶带输送机可分为普通帆布芯胶带输送机、钢绳芯高强度胶带输送机、全防爆下运胶带输送机、难燃型胶带输送机、双速双运胶带输送机、可逆移动式胶带输送机和耐寒胶带输送机等。胶带输送机由加料斗、给料机、传动滚筒、张紧装置、上下托辊、卸料器(中途卸料装置)、张紧滚筒、主动滚筒、卸料槽和胶带等部分构成。

胶带输送机适用于输送粉状、粒状和小块状的低磨琢性物料及袋装物输送堆积密度料,如煤、碎石、砂、水泥、化肥和粮食等。被送物料温度应小于 60 ℃。其机长及装配形式可根据用户要求确定,传动可用电滚筒,也可用带驱动架的驱动装置。

(四)起重施工机械

起重施工机械是一种能对重物同时完成垂直升降和水平移动的机械,可单一地进行重复周期的工作。起重机的种类很多,水利工程中以缆索起重机、卷扬机、轮式起重机、履带式起重机、门座式起重机、塔式起重机等为主要施工机械。

在工程施工中,必须综合考虑工程量、施工期、建筑物高度、作业半径、单件最大重量及地形、环境等方面的因素,结合起重机械本身的结构、性能及特点,进行比较和选择适合施工需要的起重机械。

1. 缆索起重机

缆索起重机(简称缆机)是一种以柔性钢索作为大跨距支撑构件,兼有垂直运输和水平运输功能的特种起重机械。缆机在水利工程混凝土大坝施工中常被用作主要的施工设备。此外,在渡槽架设、桥梁建筑、码头施工、森林工业、堆料场装卸、码头搬运等方面也有广泛的用途,还可配用抓斗进行水下开挖。

大中型水利工程浇筑大坝混凝土所用的缆机,一般具有以下特点:跨距较大,采用密闭索作主索;工作速度高,采用直流拖动;满载工作频繁。常见的缆索起重机分为以下四种基本类型。

1)固定式缆机

这种缆机主索两端的支点固定不动,其工作的覆盖范围只有一条直线,在大坝施工中,一般只能用于辅助工作,如吊运器材、安装设备、转料及局部浇筑混凝土等,近年来还用于碾压混凝土筑坝。此外,国内外在山区桥梁施工中使用固定式缆机的也很多。固定式缆机由于支撑主索的支架不带运行机构,其机房可设置于地面上,因此构造最简单,造价低廉,基础及安装工作量也最少,在工地还可以灵活调度,迅速搬迁,用来解决某些临时吊运工作的需要。

2)摆塔式缆机

这种机型是为了扩大固定式缆机的覆盖范围所做的改进形式,其支撑主索的桅杆式高塔根部铰支于地面的球铰支撑座上,顶部后侧用固定纤索拉住,而左右两侧通过绞车用活动纤索牵拉,绞车将左右活动纤索同时收放,便可使桅杆塔向两侧摆动。一般多为两岸桅杆塔同步摆动,覆盖范围为狭长矩形,可称为双摆塔式。也可一岸为摆动桅杆塔,另一岸为固定支架,其覆盖范围为狭长梯形,可称为单摆塔式。

摆塔式缆机适用于坝体为狭长条形的大坝施工,有时可以几台并列布置。也有的工程用在工程后期浇筑坝体上部较窄的部位,也可用来浇筑溢洪道,国外也广泛用于桥梁等施工。这种机型在构造复杂程度、造价、基础及安装工作量等方面仅略次于固定式缆机。

3)平移式缆机

这是各种缆机中应用较广的一种典型构造形式,通常所说的缆机就是指这种机型。其支撑主索的两支架均带有运行机构,可在河道两岸平行敷设的两组轨道上同步移动,一岸带有工作绞车、电气设备及机房等支架,另一岸的支架称为尾塔或副塔。平移式缆机的覆盖面为矩形,只要加长两岸轨道的长度,便可增大矩形覆盖面的宽度,扩大工作范围,因而可适用于多种坝型;并可根据工程规模,在同组轨道上布置若干台,一般为 3~4 台。与辐射式缆机相比,平移式缆机的轨道可较接近岸边布置,从而采用较小的主索跨度。但平移式缆机在各种缆机中基础准备的工程量最大,当两岸地形条件不利时,较难经济地布置。其机房必须设置在移动支架上,构造比较复杂,比其他机型造价要昂贵得多。

4)辐射式缆机

这种机型可以说一半是固定式,一半是平移式。在一岸设有固定支架,而另一岸设有大致上以固定支架为圆心的弧形轨道上行驶的移动支架。其机房(包括绞车及电气设备等)一般设置在固定支架附近的地面上,各工作索则通过导向滑轮引向固定支架顶部,因此习惯上也称固定支架为主塔而移动支架为副塔。在构造上主塔和固定式缆机支架的不同在于主塔顶部设有可摆动的设施,而副塔和移动式缆机的不同在于副塔的运行台车具有能在弧形轨道上运行的构造。

辐射式缆机的覆盖范围为一扇形面,特别适用于拱坝及狭长条形坝型的施工。为了增加覆盖范围,也为了便于相邻两机能同时浇筑坝肩部位,在相同条件下,辐射式缆机往往要比平移式缆机采用较大的跨距。与平移式缆机相比,辐射式缆机具有布置灵活性大、基础工程量小、造价低、安装及管理方便等优点,故在选用机型时应优先予以考虑。

2. 卷扬机

卷扬机是一种简单的起重机械。按传动装置的种类可分为摩擦传动卷扬机、齿轮传动卷扬机、蜗杆传动卷扬机等;按卷筒的数量可分为单筒卷扬机、双筒卷扬机等。

卷扬机可用人力、电力、内燃机以及空压机等动力驱动,以电力驱动的卷扬机最为普遍。电动卷扬机常用的有单筒和双筒两种。

单筒卷扬机又有快速和慢速之分。快速单筒卷扬机的牵引速度为 20~50 m/min ,牵引能力为 10~50 kN,主要用于提升或拖曳重物;慢速单筒卷扬机的牵引速度为 7~13 m/min,牵引能力为 30~200 kN,主要用于建筑工程中的安装工作。

双筒卷扬机牵引速度为 25~50 m/min,牵引能力为 20~50 kN,用于提升物件和在双线轨道上来回拖曳斗车或其他施工设备。

3. 轮式起重机

汽车起重机和轮胎式起重机统称轮式起重机,是指起重工作装置安装在轮胎底盘上的自行的回转式起重机械,两者在结构、性能和用途方面有很多相同之处。只是汽车起重机采用通用载重汽车底盘或专用汽车底盘,而轮胎式起重机则采用特制的轮胎底盘。汽车式起重机行驶速度高,大多在 60 km/h 以上,可迅速转移作业场地,行驶性能符合公路法规的要求,作业时必须伸出外伸支腿,一般不能吊重行走。轮胎式起重机能在坚实平坦的地面吊重行走,一般行驶速度不高。近年来出现了能高速行驶、全轮驱动、全轮转向的全路面越野轮胎式起重机,是集汽车式起重机和轮胎式起重机的优点于一体的新机种。

4. 履带式起重机

履带式起重机属于全回转动臂式起重机,是一种适用范围广、使用较普遍的起重机械,其行走轮在自带的无端循环履带链板上行走。按传动系统不同可分为单轴绞车和双轴绞车两种;按驱动方式不同可分为电力驱动、内燃机驱动、电动液压驱动及内燃机液压驱动四种。

履带式起重机主要用于水工建筑物底层混凝土和辅助工程混凝土的浇筑,以及大型设备的拆装,其次还适用于各种不同结构件与设备的装卸工作。

履带式起重机的履带与地面接触面积大,平均接地比压小,故可在松软、泥泞的路面上行走,适用于在地面情况恶劣的场所进行装卸和安装作业,但长距离转移时应使用平板车装运。

5. 门座式起重机

门座式起重机是一种全回转动臂起重机,具有一个能沿轨道行走的刚性门座,门座下可通行运输车辆。

门座式起重机的起重臂有象鼻式和直臂式两种。象鼻式臂杆的特点是变幅时吊具和重物做水平移动,工作平稳,能耗低;直臂式起重机在变幅时,吊具和重物的运动轨迹呈曲线状态,为保证变幅时吊具和重物做近似水平移动,在起重钢丝绳的缠绕系统中必须加装均衡滑轮组。

水利工程施工中,门座式起重机常用于大坝混凝土吊运浇筑,能起吊 6 m^3 混凝土吊罐,起升高度达 70 m,适用于混凝土用量大、浇筑强度高的大坝及水闸等混凝土工程。

6. 塔式起重机

塔式起重机也称塔机、塔吊,是一种本身能自升竖立的全回转臂式起重机。它具有高而竖立的钢架塔身,起重臂设置于塔架的顶部。

塔式起重机与其他起重机相比,它的特点是由于起重臂在塔架的顶部,增大了起重机有效工作范围;机动性好,吊装灵活,具有较大的作业半径,主要用于高度较高、覆盖面积较大的建筑物混凝土及钢筋、模板等建筑材料的吊运工作。

塔式起重机的形式很多,按有无行走机构可分为固定式和移动式;按塔身结构不同可分为固定长度和可变长度两种;按变幅方式不同可分为动臂式和定臂式两种。

(五)钻孔灌浆施工机械

1. 钻机

钻机主要用于基础处理中的灌浆孔、减压井、灌浆质量检查孔、排水孔、混凝土防渗墙造孔、灌注桩造孔等的钻进。

1)钻机的分类

钻机按其钻进方法不同可分为冲击式、回转式和冲击回转式三种。

(1)冲击式钻机。利用钻具提升后自由下落的重力作用冲击孔底,使岩石及土层破碎而进行钻进。钻进过程中一边冲击钻进,一边出渣。这类钻机的钻头多为十字形,不能取出完整的岩芯,适用于在中硬和坚硬的岩层中钻凿与地面垂直的孔,以及钻凿水工建筑物的防渗墙造孔,不适用于钻凿斜孔。冲击式钻机包括冲击钻、冲击反循环钻、风钻、潜孔钻等。

(2)回转式钻机。利用钻具的重量和钻头的回转切削作用,一面回转,一面下压,以切削、克入、挤压和研磨岩石的作用使岩石破碎。这类钻机的钻进速度较快,适用于各种硬度的岩石,可钻斜孔、深孔,并可取出完整的岩芯,因而在基础处理中得到广泛应用。回转式钻机包括地质钻机、回旋钻机等。

(3)冲击回转式钻机。这种钻机同时具有冲击式钻机和回转式钻机的性能,冲击钻进与回转切削交替进行,将岩石破碎,如旋挖钻机。

2)地质钻机

地质钻机是主要用于岩芯勘探的钻机。按勘探类型不同可分为岩芯钻机、水源钻机和探矿钻机三类。

岩芯钻机是水利水电工程施工常用的地质钻机,主要用于地质勘探、工程(帷幕灌浆、固结灌浆等)钻孔。其典型机型如下:

(1)TXJ-1600型。用ϕ 50钻杆时,最大钻进深度为1 600 m;用ϕ 60钻杆时,最大钻进深度为1 200 m,开孔直径为146 mm。其主要用于钻凿垂直的和倾斜45°以内的地质勘探孔和工程钻孔。其结构特点是:钻机采用机械传动,结构简单,便于维修和操作。钻机配有水刹车装置,能控制下钻速度,减少卷筒、闸带等零部件的磨损,消除升降系统的冲击力,保证下钻安全。

(2)THJ-2600型。用ϕ 60钻杆时,最大钻进深度为2 600 m;用ϕ 73钻杆时,最大钻进深度为2 000 m。适用于钻凿地质勘探孔和工程的深孔钻孔工程,实用性、操作性和通用性强。其结构特点是:钻机部分采用了TSJ-2000E型水源钻机组件。其提升能力大、立轴通径大、转速范围广、重心低、传动平稳、坚固耐用,钻机布局合理,可满足金刚石钻进、硬质合金钻进及绳索取芯钻进的工艺要求。钻机可配备电动机或柴油机,供用户根据作业环境或条件进行选择。

3)旋挖钻机

旋挖钻机是一种适用于建筑基础工程中成孔作业的施工机械,广泛用于水利水电、市政建设、公路桥梁等基础施工工程,可配合不同钻具,适用于干式(短螺旋)、湿式(回转斗)及岩层(岩心钻)的成孔作业。

旋挖钻机是一种冲击回转式综合性钻机,具有成孔速度快、污染少、机动性强等特点。

短螺旋钻头可进行干挖作业,也可以用回转钻头在泥浆护壁的情况下进行湿挖作业。旋挖钻机还可以配合冲锤钻碎坚硬地层后进行挖孔作业。常见的旋挖钻头有螺旋钻头、旋挖斗、筒式取芯钻头、扩底钻头、冲击钻头、冲抓锥钻头和液压抓斗等。旋挖钻机钻孔直径为 600~4 000 mm,最大钻孔深度可达 110 m。

旋挖钻机成孔工艺:首先通过底部带有活门的桶式钻头回转破碎岩土,并直接将其装入钻头内,然后再由钻孔机提升装置和伸缩式钻杆将钻头提至孔外卸土,这样循环往复不断地取土卸土,直至钻至设计深度。对黏结性好的岩土层可采用干式或清水钻进工艺,不需要泥浆护壁。而对于松散易坍塌地层,或有地下水分布及孔壁不稳定时,必须采用静态泥浆护壁钻进工艺,向孔内投入护壁泥浆或稳定液进行护壁。

2. 基础灌浆机械

基础灌浆就是把一种既有流动性又有胶凝性的浆液或化学溶液,按规定的浓度通过机械和特设的钻孔用压力送到基础岩石或砂砾石层中。基础灌浆主要分为固结灌浆、帷幕灌浆、接触灌浆、混凝土补强灌浆等。

灌浆机械主要是灌浆泵。水泥灌浆泵一般以泥浆泵或砂浆泵代替;化学灌浆多采用 DST 型计量柱塞泵,也可用泥浆泵代替,但需在缸体内表面等处涂抹环氧树脂以防腐蚀。

1)灌浆泵是一种新型的集搅拌系统和灌浆系统于一体,全部系统采用液压传动,动力来源于封闭式电机带动液压泵的机械,按性能分为以下三个系统:

(1)液压系统。封闭式笼型三相异步电机和连续工作制、防止大于或等于 1 mm 的固体进入及防溅水的电机,通过弹性联轴器与双联叶片泵连接,经过油路连接油箱、控制阀、减压阀和进出油滤油器各执行元件。液压泵输出两路,一路通过换向阀控制驱动液压马达搅拌,另一路通过流量调速阀和液动换向阀控制驱动泥浆泵打浆。

(2)打浆系统。液压缸采用液动控制自动换向阀实现换向,由液压缸杆带动泥浆泵活塞实现往复运动和开关单向阀完成一次吸、压打浆过程,泥浆泵依靠被送物料自身润滑。通过手动流量控制调速阀,实现液压缸和泥浆泵活塞由低压启动到最大设计速度的往复无级变速。

(3)搅拌系统。手动控制换向阀,使两个液压马达换向及停止搅拌,液压马达可无级变速,两个立式搅拌器连续交替地向泥浆泵加料斗内装料和卸料,以保证泥浆泵的连续压浆。

2)泥浆泵是指在钻探过程中向钻孔里输送泥浆或水等冲洗液的机械。泥浆泵是钻探设备的重要组成部分。在常用的正循环钻探中,它将地表冲洗介质(清水)、泥浆或聚合物冲洗液在一定的压力下,经过高压软管、水龙头及钻杆柱中心孔直送到钻头的底端,以达到冷却钻头、将切削下来的岩屑清除并输送到地表的目的。

常用的泥浆泵分为活塞式和柱塞式两种,由动力机带动泵的曲轴回转,曲轴通过十字头再带动活塞或柱塞在泵缸中做往复运动。在吸入和排出阀的交替作用下,实现压送与循环冲洗液的目的。

3)灰浆搅拌机由搅拌筒、搅拌轴、传动装置和底架等组成。搅拌轴水平安置在槽形搅拌筒内,在轴的径向臂架上装有几组搅拌叶片,随着轴的转动,搅拌筒里的混合料在搅拌叶片的作用下被强行搅拌。

4)灌浆记录仪。用来记录每个孔段灌浆过程中每一时刻的灌浆压力、注浆率、浆液相对密度(或水灰比)等重要数据。

3. 钻孔机械

钻孔机械是用来在岩体上钻凿一定孔径、方向和深度的爆破用炮孔的机械化工具。根据其凿岩方式和用途不同一般可分为凿岩机、凿岩台车、潜孔钻、牙轮钻等;根据所采用的动力不同可分为风动式、液压式、内燃式和电动式;按凿岩造孔方式不同可分为冲击式、回转式和冲击回转式;按行走方式不同可分为履带式、轮胎式、自行式和拖式。钻孔设备的选用主要取决于岩石的性质、工程量、剥离厚度以及施工工期等因素。

1)凿岩机

凿岩机是用来直接开采石料的工具。它在岩层上钻凿出炮眼,以便放入炸药去炸开岩石,从而完成开采石料或其他石方工程。此外,凿岩机也可改作破坏器,用来破碎混凝土之类的坚硬物体。

凿岩机按其动力来源不同可分为风动凿岩机、电动凿岩机、液压凿岩机和内燃凿岩机四类。风动凿岩机以压缩空气驱使活塞在气缸中向前冲击,使钢钎凿击岩石,应用最广;电动凿岩机由电动机通过曲柄连杆机构带动锤头冲击钢钎凿击岩石;液压凿岩机依靠液压通过惰性气体和冲击体冲击钢钎凿击岩石;内燃凿岩机利用内燃机原理,通过汽油的燃爆力驱使活塞冲击钢钎凿击岩石。

凿岩机是按冲击破碎原理进行工作的。工作时活塞做高频往复运动,不断地冲击钎尾。在冲击力的作用下,呈尖楔状的钎头将岩石压碎并凿入一定的深度,形成一道凹痕。活塞退回后,钎子转过一定角度,活塞向前运动,再次冲击钎尾时,又形成一道新的凹痕。两道凹痕之间的扇形岩块被钎头上产生的水平分力剪碎。活塞不断地冲击钎尾,并从钎子的中心孔连续地输入压缩空气或压力水,将岩渣排至孔外,即形成一定深度的圆形钻孔。

石方开挖工程常用的凿岩机有风钻、液压履带钻等。

(1)风钻。

风钻也称风动凿岩机,是一种常用的钻机,是以压缩空气为动力的冲击式钻孔机械,多用于建筑工地、混凝土、岩石等的打孔工作。

风钻一般分为手持式风钻和气腿式风钻两种。手持式风钻重量较轻,功率小,依靠人力推进,能钻水平、垂直向下或倾斜向下的炮孔,适用于5 m以内的浅孔凿岩,钻孔直径一般为38~42 mm。气腿式风钻带有起支撑和推进作用的气腿,适用于钻凿水平、倾斜向下和稍倾斜向上的炮孔,有效钻孔深度可达5 m。

风钻具有启动灵活、气水联动、节能高效、可靠性好、易操作、易维修等优点。

(2)液压履带钻。

液压履带钻指具有履带行走机构的全液压凿岩钻孔机械,是液压凿岩机的定型产品,液压履带钻机由主机、液压站、操作台、履带四大部分组成,并用超高压液压胶管相互连接,以便主机可以灵活移动。其钻孔孔径为35~125 mm,钻孔深度可达30 m,适用于较大规模的石方开挖钻孔作业。其凿岩钻孔作业时除清洗钻孔用高压空气或水外,其余全部为液压操作。液压履带钻与风钻相比,有动力消耗小、凿岩速度高、噪声低、可改善工作条件等优点。

液压履带钻的特点是:①钻架可以摆动、伸缩、回转,有适应作业环境的机动性,能缩短作业准备时间;②工作油缸前端装有双向液压锁定装置,可保证安全、稳定;③履带行走机构采用单独的液压驱动装置,并配有液压千斤顶支撑装置,可以原地转向,能适应不平整地面作业;④配有液压安全和自动监控系统,如弹力吸振器、引力吸尘器、液压报警装置、自动刹车装置等;⑤配有钻杆接卸装置,备有 5~7 根钻杆,可用手柄操作迅速完成钻杆的连接、拆卸、对中、进出钻架等动作,既节约时间,又减少体力劳动。

2)凿岩台车

凿岩台车(也称钻孔台车)是一种隧道及地下工程采用钻爆法施工的凿岩设备。它能移动并支持多台凿岩机同时进行钻眼作业。其工作机构主要由推进器、钻臂、回转机构、平移机构组成。

凿岩台车可分为掘进台车(多臂钻车)、露天凿岩台车和井下凿岩台车三大类。

掘进台车主要用于隧洞和采矿、巷道掘进、钻凿炮孔,一般由台车底盘、钻臂、推进器、液压设备和凿岩机等部件组成。掘进台车的底盘按行走装置不同可分为轮胎式、轨道式和履带式三种;按凿岩台车所配的钻臂不同可分为轻型、中型和重型三种;按钻臂的数量不同可分为单臂、两臂、三臂、四臂等类型。

露天凿岩台车是一种效率较高的露天钻孔设备,主要用于露天石方开挖和露天矿的开采,由台车底盘、钻臂、推进器、凿岩机和液压式气动操纵系统等组成。露天凿岩台车的底盘按行走方式不同可分为拖式和自行式两种。

井下凿岩台车主要用于井下无底柱分段崩落法采矿,有扇形台车和环形台车两种。

3)潜孔钻

潜孔钻是工程爆破前用于在岩石进行钻孔(在钻好的孔内装炸药)的设备,有液压、内燃和电动三种机型。潜孔钻也属于风动凿岩机,但它在穿孔过程中风动冲击器跟随钻头一起潜入孔中,适用于穿凿 4 m 以上深度的炮孔、大中型石方的爆破,以及中硬以上岩石的凿岩。

潜孔钻钻孔孔径一般为 80~250 mm,根据钻孔孔径的不同可分为轻型潜孔钻机(孔径为 80~100 mm)、中型潜孔钻机(孔径为 130~180 mm)和重型潜孔钻机(孔径为 180~250 mm)。

(六)顶管施工设备

顶管法施工就是在工作坑内借助于顶进设备产生的顶力,克服管道与周围土壤的摩擦力,将管道按设计的坡度顶入土中,并将土方运走。一节管子完成顶入土层之后,再下第二节管子继续顶进。其原理是借助于主顶油缸及管道间、中继间等推力,把工具管或掘进机从工作坑内穿过土层一直推进到接收坑内并吊起。管道紧随工具管或掘进机后埋设在两坑之间。

顶管机是顶管法地下管道埋设施工的专用机械。顶管机主要由旋转挖掘系统、主顶液压推进系统、泥土输送系统、注浆系统、测量设备、地面吊装设备和电气系统等组成。泥水平衡式顶管机还设有泥水处理装置。其中,旋转挖掘系统(俗称“机头”)主要由前钢壳、后钢壳、切削机构、切削刀盘、刀盘减速器、送排泥浆机构、液压动力装置、纠偏液压缸、防水圈、切削刀头、刀盘旋转轴、电气系统、自动控制系统以及附属装置等组成。其钢壳承受外部土压和水压,保护内部设备和操作人员的安全,便于在开挖面进行连续切削、衬砌和推进等作业。另外,主顶液压推进系统由主顶液压泵、主顶液压缸、油管和操作台四部分组成,是旋转挖掘系统和所施工管道的顶推动力装置。

按照挖土方式和平衡土体方式的不同,掘进机分为手工挖土掘进机、挤压掘进机、气压平衡掘进机、泥水平衡掘进机、土压平衡掘进机。无刀盘的泥水平衡顶管机又称工具管,是顶管施工的关键设备,安装在管道最前端,外形与管道相似,结构为三段双铰管。工具管的主要作用是破土、定向、纠偏、防止塌方、出泥等。

(七)水平定向钻

非开挖管道定向穿越设备系统一般由各种规格的钻机系统、动力系统、泥浆系统、控向系统、钻具及辅助机具组成,现将它们的结构及功能介绍如下。

1. 钻机系统

钻机是穿越设备钻进作业及回拖作业的主体,由钻机主机、转盘(类似于石油钻井的顶驱系统)和行程驱动系统等组成。钻机主机放置在钻机架上,用以完成钻进作业和回拖作业。转盘装在钻机主机上,并连接钻杆,通过改变转盘转向和输出转速及扭矩大小,达到不同作业状态的要求。行程驱动系统是推动钻杆进入地层和为钻头提供顶进力。根据钻进地层的类型,选择定向钻机的能力可有很大不同。通常,均质黏土地层最容易钻进;砂土层要难一些,尤其是其位于地下水位之下或没有自稳能力时;砾石层中钻进会加速钻头的磨损。不带冲击作用或动力钻具的标准型钻机,一般不适用钻进岩石或坚硬夹层,因为一旦遇到此类障碍物,钻头会无法进尺或偏离设计轨迹,需要采用专用的特殊钻头。

钻机的主要功能是为钻杆提供足够大的扭矩和推拉力,以实现导向钻进、扩孔和回拖管道。与之相匹配的辅助功能为:钻机的钻机架与水平面之间的夹角可调,以满足不同入土角的要求。钻机入土角的大小,也是衡量钻机性能的主要指标,与钻机的总体布置及结构设计有关,将直接影响到成孔轨迹设计。

钻机包括钻机底座、机架、动力机构等。

2. 动力系统

动力系统由液压动力源和发电机组成。液压动力源是为钻机系统提供高压液压油作为钻机的动力,发电机为配套的电气设备及施工现场照明提供电力。

小型定向钻的动力设备,可放置在底盘上,大型定向钻尚需配置附属的动力装置,一般选择柴油机作为动力的来源。通过柴油机驱动液压泵为钻机提供动力,并为井场提供动力电源与照明电源。

3. 泥浆系统

泥浆系统是由泥浆配制混合搅拌罐、泥浆泵及泥浆管汇组成泥浆供给系统和回收管汇及废弃泥浆回收处理设备(固控设备)系统,以及两个系统相连接的循环管汇所组成的,为钻机系统提供适合钻进工况的泥浆。

泥浆配制设备和泥浆回收净化设备是钻机施工系统的重要组成部分。泥浆的配制是将水、膨润土、泥浆处理剂等按一定比例通过砂泵加入混合仓,这种混合仓通常使用的是机械式搅拌罐或水力涡旋搅拌装置。由于水力涡旋混浆装置的泥浆水化性能较好,目前定向钻主要采用的是此种装置。泥浆在充分搅拌的条件下水化形成性能稳定的水化泥浆,由泥浆泵将泥浆通过中空钻杆输送至孔底钻头或泥浆马达以拖动钻头,转动切削岩层,形成导向孔。泥浆经钻杆输送至已成孔的环形空间内,并与孔中钻屑混合,形成泥浆在孔内的环形空间流动。

在导向孔钻进、扩孔或回拖时,它能使挟带的岩屑处于悬浮状态,随泥浆的流动挟出进入泥浆沉沙池中。导向孔施工完成后,泥浆可保持孔壁的稳定,以便于扩孔。当管段回拖时,起到润滑的作用,保证管段顺利回拖。管道定向穿越时由于成孔较大,需要大量的泥浆,考虑到降低施工成本的要求与环境保护的要求,目前采用固控设备回收和净化泥浆,经再生处理后可反复循环使用,既节省资源又实现环保。

定向钻管道穿越的泥浆回收净化处理设备由固控系统、快速制浆系统、泥浆储备系统、电控系统及相应的附件组成。

4. 控向系统

控向系统是通过计算机监测和控制钻头在地下的具体位置及其他参数,引导钻头正确钻进的方向性工具,由于有该系统的控制,钻头才能按设计曲线钻进。现经常采用的有手提无线式和有线式两种形式的控向系统。

1)无线导向设备

一般中小型水平定向钻机常用此导向技术。无线导向系统一般包括传感器、接收器和远程显示器三部分。

2)地磁有线导向设备

一般大中型水平定向钻机常用此导向技术,有线导向系统一般由探测器、接口单元、计算机、打印机和钻机控制台组成。此类导向系统适用于长距离或深地层的穿越,缺点是在每根钻头安装时都需要进行线控电缆接线;优点是操作者可以从计算机上直观了解钻头所处的位置。探测器由一个传感器组成。接口单元包括有线导向系统电源控制电路、解调电路和接口电路。计算机是一个手提电脑,带有并行接口和串行接口。钻机控制台包括两个 LCD 显示器、驱动电路和控制电路。打印机为普通打印机。

3)GST 型的新型导向仪

荷兰 Drill Gui de 公司应用美国与欧洲的最新技术开发出一种名为 GST 型的新型导向仪,其采用高精度陀螺作为传感器,有线传送信息,不怕磁干扰,也不用在钻孔轨迹地面设置人工磁场电流栅格,可用于地磁异常地区和不允许人到达地方(如水面、河底、湿地保护区等)的穿越工程施工。这种新型 GST 型导向仪采用了高精度陀螺传感器(±0.004°),可相对地球的真北方向进行准确测量,而不会受到自然的或人为的磁异常干扰。GST 型导向仪是目前用于水平定向钻进精度最高的导向仪,也是唯一一种专门为水平定向钻进设计开发的陀螺式导向仪。由于其传感器非常稳定,随钻中几乎是连续不断地与地面通信,所以 GST 型导向仪可在钻进中为地面操作人员提供实时的、高精度的钻孔方位角和倾角参数,有利于在需要时进行及时的纠斜操作。该导向仪的软件还可与设计钻孔轨迹匹配,及时给出导向仪测出的实际轨迹与设计轨迹之间的偏差,使定向钻作业能更精确地按照设计轨迹钻进。

5. 钻具及辅助机具

钻具及辅助机具是钻机钻进中钻孔和扩孔时所使用的各种机具。钻具主要有适合各种地质的钻杆、钻头、动力钻具、扩孔器及切割刀等机具。辅助机具包括卡环、液压吊臂、旋转活接头、各种管径的拖拉头和出土端专用的上卸扣钳。

第七节　水利工程施工技术

一、概述

水利工程施工,是通过工程施工实践实现规划设计方案,使工程完建并投入运用,理论结合实际,因时因地分析工程问题和解决问题。在施工过程中,按照工程招标投标文件的技术要求,既要实现规划设计方案,又要根据国家法律法规、行业的规程规范和施工条件,运用水利工程施工技术和组织管理科学,使工程得以安全、优质、高效地建成和投产。

施工的主要任务可归纳如下:依据设计、合同任务、法律法规和有关部门的要求,根据工程所在地区的自然条件,当地社会经济状况和环境约束,资金、设备、材料和人力等资源的供应情况以及工程特点,编制切实可行的施工组织设计。按照施工组织设计,做好施工准备,加强施工管理,有计划地组织施工,保证施工质量,合理使用建设资金,多快好省地全面完成施工任务。在工程建设前期工作和施工过程中开展观测、试验和计算等研究工作,解决工程建设技术与组织管理的关键问题,促进水利工程建设科学技术的发展。

根据国内外水利工程建设的实践,水利工程施工的特点突出反映在水流控制上。工程建设常在河流上进行,受水文、气象、地形、地质等因素影响很大,不可避免地要控制水流,进行施工导流,以保证工程施工的顺利进行。在冬季、夏季或冰冻、降雪、雨天施工时,必须采取相应的措施,避免气候影响,保证施工质量和施工进度。

二、施工导流

水利水电工程施工中的施工导流广义上可以概括为:采取“导、截、拦、蓄、泄”等工程措施来解决施工和水流蓄泄之间的矛盾,控制水流对水工建筑物施工的不利影响,把河水流量全部或部分导向下游或拦蓄起来,以保证水工建筑物干地施工,在施工期不影响或尽可能少影响水资源的综合利用。

(一)施工导流方式与泄水建筑物

施工导流的基本方式大体可分为两类:一类是全段围堰法导流;另一类是分段围堰法导流。

1. 全段围堰法导流

全段围堰法导流就是在河床主体工程的上、下游各建一道断流围堰,使河水经河床以外的临时泄水道或永久泄水建筑物下泄。主体工程建成或接近建成时,再将临时泄水道封堵。

采用这种导流方式,当在大湖泊出口处修建闸坝时,可以只修筑上游围堰,将施工期间的全部来水拦蓄于湖泊中。全段围堰法导流泄水道类型通常有以下几种。

1)隧洞导流

隧洞导流是在河岸山体中开挖隧洞,在基坑上下游修筑围堰,河水经由隧洞下泄的导流方法。一般在山区河流、河谷狭窄、两岸地形陡峻、山岩坚实的地段,采用隧洞导流较为普遍。

2)明渠导流

明渠导流是在河岸上开挖渠道,在基坑上下游修筑围堰,河水经渠道下泄的导流方法。明渠导流一般适用于岸坡平缓的平原河道。

3)涵管导流

涵管导流一般在修筑土坝、堆石坝工程中采用。

2. 分段围堰法导流

分段围堰法也称分期围堰法,就是用围堰将河床中的水工建筑物分段、分期围护起来进行施工的方法。所谓分段,就是在空间上用围堰将建筑物分为若干施工段进行施工;所谓分期,就是在时间上将导流分为若干时期。

分段围堰法导流一般适用于河床宽、流量大、施工期较长的工程,尤其适用于通航河流和冰凌严重的河流。这种导流方法的导流费用较低,国内外大中型水利工程施工普遍采用。分段围堰法导流前期都利用束窄的原河道导流,后期要通过事先修建的泄水道导流。

(二)围堰工程

围堰是导流工程中的临时挡水建筑物,用来围护施工基坑,保证水工建筑物能在干地施工。在导流任务完成以后,如果围堰对永久建筑物的运行有妨碍或未计划作为永久建筑物的一部分,应予拆除。

1. 围堰分类

1)按其所使用的材料可以分为土石围堰、混凝土围堰、钢板桩格型围堰、草土围堰、袋装土围堰等。

2)按围堰与水流方向的相对位置可以分为横向围堰和纵向围堰。

3)按导流期间基坑淹没条件可以分为过水围堰和不过水围堰。过水围堰除需要满足一般围堰的基本要求外,还要满足堰顶过水的专门要求。

2. 围堰的基本形式及构造

1)土石围堰

不过水土石围堰是水利工程中应用最广泛的一种围堰形式。它能充分利用当地材料或废弃的土石方,构造简单,施工方便,可以在动水、深水中的岩基上或有覆盖层的河床上修建。但其工程量大,堰身沉陷变形也较大。

过水土石围堰的下游坡面及堰脚应采取可靠的加固保护措施。目前采用的措施有大块石护面、钢筋石笼护面、加筋护面及混凝土板护面等,较普遍的是混凝土板护面。

2)混凝土围堰

混凝土围堰的抗冲与防渗能力强,挡水水头高,底宽小,易于与永久建筑物相连接,必要时还可以过水,因此大中型水利工程应用比较广泛。

3)钢板桩格型围堰

钢板桩格型围堰按挡水高度不同,其平面形式有圆筒形格体、扇形格体及花瓣形格体,应用较多的是圆筒形格体。

4)草土围堰

草土围堰是一种草土混合结构,多用捆草法修建。草土围堰的断面一般为矩形或边坡很陡的梯形,坡比为1∶0.2~1∶0.3,是在施工中自然形成的边坡。

5)袋装土围堰

袋装土围堰是一种将黏土、砂装入编织袋或麻袋内堆筑成的临时挡水围堰,适用于流量小、水深浅、施工时间短的河道整治工程等小型建筑物(如挡土墙、涵闸等)施工。

围堰是临时建筑物,导流任务完成以后,应按设计要求进行拆除,以免影响永久建筑物运行。

(三)基坑排水

基坑排水按排水时间及性质分为以下几种。

1. 基坑开挖前的初期排水

基坑开挖前的初期排水包括基坑积水、基坑积水排除过程中围堰和基坑的渗水、降水的排除。

2. 基坑开挖及建筑物施工过程中的经常性排水

基坑开挖及建筑物施工过程中的经常性排水包括围堰和基坑的渗水、降水、基岩冲洗及混凝土养护用废水的排除等。

3. 人工降低地下水位

1)基本做法

在基坑周围钻设一些井管,地下水渗入井管后随即被抽走,使地下水位线降至开挖基坑底面以下。其目的是保持基坑开挖始终在干地施工,避免不断修建排水沟、集水井、水泵站等对正常开挖的影响。人工降低地下水位后,地下水渗透压力减小,可避免发生边坡脱滑、坑底隆起等事故,保证开挖工作顺利开展。

2)人工降低地下水位的方法

人工降低地下水位的方法按排水工作原理来分有管井法和井点法两种。管井法是纯重力作用排水,井点法还附有真空或电渗排水的作用。

(1)管井法降低地下水位。

采用管井法降低地下水位时,在基坑周围布置一系列管井,管井中放入水泵的吸水管,地下水在重力作用下流入管井中被水泵抽走。

用管井法降低地下水位,先设置管井,管井通常由下沉钢井管形成,在缺乏钢管时也可用预制混凝土管代替。

(2)井点法降低地下水位。

井点法把井管和水泵的吸水管合二为一,简化了井的构造,便于施工。井点法降低地下水位的设备,根据其降深能力分为轻型井点(浅井点)和深井点等。轻型井点是由井管、集水总管、普通离心式水泵、真空泵和集水箱等设备所组成的排水系统。

(四)拦洪度汛

水利水电枢纽施工过程中,为保证工程安全度汛与施工进度的要求,中后期的施工导流往往需要由坝体挡水或拦洪。坝体拦洪度汛是整个工程施工进度中的一个控制性环节,坝身应在汛期前浇筑到拦洪高程以上。

根据施工进度安排,则必须采取一定措施,确保安全度汛。

1. 混凝土坝的拦洪度汛措施。混凝土坝一般允许过水,若坝身在汛前无法浇筑到拦洪高程,为避免坝身过水时造成停工,可以在坝面上预留缺口度汛,待洪水过后水位回落,再封堵缺口,全面上升坝体。

2. 土坝、堆石坝的拦洪度汛措施。土坝、堆石坝一般不允许过水,若坝身在汛前无法填筑到拦洪高程,一般可以考虑降低溢洪道高程、设置临时溢洪道、用临时断面挡水,或经过论证采用临时坝面保护措施过水。

(五)封堵蓄水

在施工后期大坝、水闸、溢洪道等永久建筑物已完工并验收合格,可根据发电、灌溉及航运等综合要求,对导流临时泄水建筑物(导流隧洞、底孔等)进行封堵,水库开始蓄水试运行。

三、土石方开挖

(一)土方开挖

1. 土方开挖工程分类

1)从开挖方式上可分为人工开挖、机械开挖、爆破开挖、水力开挖等。

2)从建筑用途上可分为边坡开挖、基坑开挖、沟槽开挖、料场开挖等。

2. 土方开挖一般要求

1)土方开挖施工之前,根据水文、地质、气象条件和勘察资料,制订切实可行的施工方案,采用配套施工机械分区、分段、分层开挖。

2)严格按照设计图纸和相关施工规范施工,确保施工质量。

3)做好测量、放线、计量等工作,确保设计的开挖轮廓尺寸准确。

4)对开挖区域内妨碍施工的建筑物及障碍物进行处置。

5)做好开挖区内地表水和地下水的截排措施,以免影响正常开挖。

6)开挖应自上而下进行,严禁自下而上开挖。

7)尽量利用开挖土料,减少渣场占地。

8)合理确定开挖边坡坡度,制订合理的边坡支护方案,确保施工安全。

3. 机械开挖土方

1)土方开挖机械选择

常用的土方挖装机械有推土机、挖掘机、装载机、铲运机等。

常用的土方运输机械有自卸汽车、机动翻斗车、拖拉机、卷扬机等。

土方开挖施工机械应根据工程规模、工期要求、地质情况以及施工现场条件等来选定,常用的土方机械性能及其适用范围见表 1-41。

表 1-41　常用的土方机械性能及其适用范围

机械名称、特性			作业特点	辅助机械	适用范围
挖运机械	推土机	操作灵活，回转方便，工作面小，可挖土、运土，应用广泛	(1)平整、堆集； (2)运距 100 m 内的推土； (3)浅基坑开挖； (4)铲运机助铲	土方运输需配备装运设备； 推挖Ⅲ～Ⅳ类土，应用松土器预先翻松，有的Ⅴ类土也可用裂土器裂松	(1)Ⅰ～Ⅲ类土； (2)场地平整，堆料平整； (3)短距离挖填，回填基坑(槽)、管沟并压实； (4)配合装载机进行集中土方、清理场地、修路开道等工作
	铲运机	操作灵活，能独立完成铲、运、卸、填筑、压实等工序，行驶速度快，生产效率高	(1)大面积平整； (2)开挖大型基坑、沟渠； (3)土方挖运； (4)填筑路基、堤坝	开挖Ⅲ、Ⅳ类土宜先用松土器预先翻松 20~40 cm； 自行式铲运机适合于较长距离挖运	(1)开挖含水率 25%以下的Ⅰ～Ⅲ类土，土层内不含有卵砾和碎石； (2)大面积开挖、运输； (3)运距 1 500 m 内的土方挖运、铺填(自行式)
挖装机械	正铲挖掘机	装车轻便、灵活，回转速度快，移位方便，适应能力强，能挖掘坚硬土层，易控制开挖尺寸，工作效率高	(1)开挖停机面以上的土方； (2)工作面应在 2.0 m 以上，开挖高度超过挖土机挖掘高度时，可采取分层开挖，装车外运	土方外运应配备自卸汽车，工作面应有推土机配合清表、平场等	(1)开挖Ⅰ～Ⅳ类土和经爆破后的岩石与冻土碎块； (2)独立基坑、边坡开挖
	反铲挖掘机	除具有正铲挖掘机的性能外，还有较强的爬坡和自救能力	(1)开挖停机面以下的土方； (2)最大挖土深度和经济合理深度随机型而异； (3)可装车和两边甩土、堆放； (4)较大、较深基坑可用多层接力挖土	土方外运应配备自卸汽车	(1)Ⅰ～Ⅳ类土开挖； (2)管沟和基槽开挖； (3)边坡开挖及坡面修整； (4)部分水下开挖
	装载机	操作灵活，回转移位方便、快速，可装卸土方和散料，行驶速度快、效率高	(1)短距离内自铲自运； (2)开挖停机面以上土方； (3)轮胎式只能装松散土方，履带式可装较密实土方	土方外运需配备自卸汽车，作业面需用推土机配合	(1)土方装运； (2)履带式改换挖斗时，可用于土方开挖； (3)地面平整和场地清理等工作

2)机械开挖土方作业方法

(1)推土机。

推土机开挖的基本作业是铲土、运土、卸土三个工作行程和空载回驶行程。常用的作业方法如下:

①槽形推土法。推土机多次重复在一条作业线上切土和推土,使地面逐渐形成一条浅槽,再反复在沟槽中进行推土,以减少土从铲刀两侧漏散,可提高10%~30%的工作效率。

②下坡推土法。推土机顺着下坡方向切土与推土,借机械向下的重力作用切土,增大切土深度和运土数量,可提高30%~40%的工作效率,但坡度不宜超过15°,避免后退时爬坡困难。

③并列推土法。用2~3台推土机并列作业,以减少土体漏失量。铲刀相距15~30 cm,平均运距不宜超过50~70 m,也不宜小于20 m。

④分段铲土集中推送法。在硬质土中,切土深度不大,将铲下的土分堆集中,然后整批推送到卸土区。堆积距离不宜大于30 m,堆土高度以2 m内为宜。

⑤斜角推土法。将铲刀斜装在支架上或水平放置,并与前进方向成一倾斜角度进行推土。

(2)挖掘机。

①正铲挖掘机。正铲挖掘机开挖方式有以下两种:

a.正向开挖、侧向装土法。正铲向前进方向挖土,汽车位于正铲的侧向装车,铲臂卸土回转角度小于90°,装车方便,循环时间短,生产效率高。

b.正向开挖、后方装土法。开挖工作面较大,但铲臂卸土回转角度大、生产效率低。

②反铲挖掘机。主要用于开挖停机面以下的基坑(槽)或管沟及含水率大的软土等。反铲挖掘机开挖方法一般有以下三种:

a.端向开挖法。反铲停于沟端,后退挖土,同时往沟一侧弃土或装车运走。

b.侧向开挖法。反铲停于沟侧沿沟边开挖,铲臂回转角度小,能将土弃于距沟边较远的地方,但挖土宽度比挖掘半径小,边坡不好控制,同时机身靠沟边停放,稳定性较差。

c.多层接力开挖法。用两台或多台挖掘机设在不同作业高度上同时挖土,边挖土边将土传递到上层,再由地表挖掘机或装载机装车外运。

(3)装载机。

土方工程主要使用轮胎装载机,它具有操作轻便、灵活,转运方便、快速及维修较容易等特点。适用于装卸松散土料,也可用于较软土体的表层剥离、地面平整、场地清理和土方运送等工作。装载机一般与推土机配合作业,即由推土机松土、集土,装载机装运。

(4)铲运机。

铲运机的基本作业是铲土、运土、卸土三个工作行程和一个空载回驶行程。根据施工场地的不同,常用的开行路线有以下几种:

①椭圆形开行路线。从挖方到填方按椭圆形路线回转,适合于长度在100 m内的基坑开挖、场地平整等工程使用。

②"8"字形开行路线。即装土、运土和卸土时按"8"字形运行,此法可减少转弯次数

和空车行驶距离，提高工作效率，同时可避免机械行驶时单侧磨损。

③大环形开行路线。指从挖方到填方均按封闭的环形路线回转。当挖土和填土交替，而刚好填土区在挖土区的两端头时，则可采用大环形路线。

④连续式开行路线。指铲运机在同一直线段连续地进行铲土和卸土作业。此法可消除跑空车现象，减少转弯次数，提高生产效率，同时还可使整个填方面积得到均匀压实。适合于大面积场地整平，以及填方和挖方轮次交替出现的地段采用。

为了提高铲运机的生产效率，通常采用以下几种方法：

①下坡铲土法。铲运机顺地势下坡铲土，借机械下行自重产生的附加牵引力来增加切土深度和充盈数量，最大坡度不应超过 20°，铲土厚度以 20 cm 为宜。

②沟槽铲土法。在较坚硬的地段挖土时，采取预留土埂间隔铲土。土埂两边沟槽深度以不大于 0.3 m，宽度略大于铲斗宽度 10~20 cm 为宜。作业时土埂与沟槽交替开挖。

③助铲法。在坚硬的土体中使用自行式铲运机，另配 1 台推土机松土或在铲运机的后拖杆上进行顶推协助铲土，可缩短铲土时间。每 3~4 台铲运机配置 1 台推土机助铲，可提高 30%左右的工作效率。

4. 人工开挖土方

在不具备采用机械开挖的条件下或在机械设备不足的情况下，可采用人工开挖。

处于河床或地下水位以下的建筑物基础开挖，应特别注意做好排水工作。施工时应先开挖排水沟，再分层下挖。临近设计高程时，应留出 0.2~0.3 m 的保护层暂不开挖，待上部结构施工时再予以挖除。

对于呈线状布置的工程（如溢洪道、渠道），宜采用分段施工的平行流水作业组织方式进行开挖。分段的长度可按一个工作小组在一个工作班内能完成的挖方量来考虑。

当开挖坚实黏性土和冻土时，可采用爆破松土与人工、推土机、装载机等开挖方式配合来提高开挖效率。

人工开挖可全面逐层下降，也可分区呈台阶状下挖。分区台阶状下挖方式有利于布置出土坡道，组织施工也较方便。

5. 土质边坡开挖

在进行土质边坡开挖时，应根据边坡的用途以及土的种类、物理力学性质、水文地质条件等，合理地确定边坡坡度、支护措施及施工方案。

1）边坡坡度选定

对于重要的土方开挖边坡，应专门进行边坡稳定设计。对于中小型临时边坡，坡度可根据经验确定或参考表 1-42 选用。

表 1-42 中小型土质边坡容许坡度值

土的种类	土料性质	容许坡度值	
		坡高<5 m	坡高 5~10 m
碎石土	密实	1:0.35~1:0.50	1:0.50~1:0.75
	中密	1:0.50~1:0.75	1:0.75~1:1.00
	稍密	1:0.75~1:1.00	1:1.00~1:1.25

续表 1-42

土的种类	土料性质		容许坡度值	
			坡高<5 m	坡高 5~10 m
粉土	饱和度 $Sr \leqslant 0.5$		1:1.00~1:1.25	1:1.25~1:1.50
黏性土	坚硬		1:0.75~1:1.00	1:1.00~1:1.25
	硬塑		1:1.00~1:1.25	1:1.25~1:1.50
黄土	按地质年代划分	次生黄土 Q_4	1:0.50~1:0.75	1:0.75~1:1.00
		马兰黄土 Q_3	1:0.30~1:0.50	1:0.50~1:0.75
		离石黄土 Q_2	1:0.20~1:0.30	1:0.30~1:0.50
		午城黄土 Q_1	1:0.10~1:0.20	1:0.20~1:0.30

注:应结合工程所在地的水文、气象、施工方法等条件具体选定。

2)边坡开挖

(1)边坡开挖应采取自上而下、分区、分段、分层的方法依次进行,不允许先下后上切脚开挖。

(2)对于不稳定边坡的开挖,尽量避免采取爆破方式施工(冻土除外),边坡加固应及时进行。永久性高边坡加固,应按设计要求进行。

(3)坡面开挖时应根据土质情况,间隔一定的高度设置永久性戗台。戗台宽度视用途而定,台面横向应为反向排水坡,同时在坡脚设置护脚和排水沟。

(4)应严格控制施工过程质量,避免超挖、欠挖或倒坡。

(5)采用机械开挖时,应留有距设计坡面不小于 20 cm 的保护层,最后用人工进行坡面修整。

3)边坡支护

受施工条件等因素的制约,施工中经常会遇到不稳定边坡,应采取适当措施加以支护,以保证施工安全。支护主要有锚固、护面和支挡几种形式。其中,护面又有喷护混凝土、块石(或混凝土块)砌护、三合土挡护等方法,支挡又有扶壁、支墩、挡土墙(板、桩)等形式。合理的支护设计就是根据边坡稳定计算结果,设计合理的支撑结构,同时要特别注意对地表水、地下水的处理。

6. 坑槽开挖

1)施工前做好地面外围截、排水设施,防止地表水流入基坑而冲刷边坡。

2)基坑开挖前,首先根据地质和水文情况,确定坑槽边坡坡度(直立或放坡),然后进行测量放线。

3)当水文地质状况良好且开挖深度在 1~2 m(因土质不同而异)时,可直立开挖而不加支护。当开挖深度较大,但不大于 5 m 时,应视水文地质情况进行放坡开挖,在不加支护的情况下,其放坡坡度不应大于表 1-43 所规定的值。

表 1-43 窄槽式管沟放坡开挖不加支撑时的容许坡度

序号	土质种类	容许坡度		
		基坑顶无荷载	基坑顶有静载	基坑顶有动载
1	砂类土	1:1.00	1:1.25	1:1.50
2	碎石类土	1:0.75	1:1.00	1:1.25
3	黏性土	1:0.50	1:0.75	1:1.10
4	砂黏土	1:0.33	1:0.50	1:0.75
5	黏土夹杂有石块	1:0.25	1:0.33	1:0.67
6	老黄土	1:0.10	1:0.25	1:0.33

当基坑较深、水文地质情况较为复杂,且放坡开挖又受到周围环境限制时,应专门进行支护设计,及时进行支护。

(1)较浅的坑槽最好一次开挖成形,如用反铲开挖,应在底部预留不小于 30 cm 的保护层,人工进行清理。对于较深基坑,一次开挖无法到位时,应自上而下分层开挖。

(2)对地下水较为丰富的坑槽开挖,应在坑槽外围设置临时排水沟和集水井,将基坑水位降低至坑槽以下再开挖。

(3)对于开挖较深的坑槽,如施工期较长,或坑壁边坡土质较差,应采取护面或支挡措施。

(4)如因施工需要须拆除临时支护,应分批依次、自下而上逐层拆除,拆除一层回填一层。

(二)石方爆破开挖

爆破是利用炸药的爆炸能量对周围岩石、混凝土或土等介质进行破碎、抛掷或压缩,以达到预定的开挖、填筑或处理等工程目的的技术。在水利工程施工中,爆破技术广泛用于水工建筑物基础、地下厂房与各类隧洞的开挖,料场开采、围堰(岩坎)拆除以及定向爆破筑坝等,特别是石方开挖工程常采用爆破方式开挖。

按照药室的形状不同,工程爆破的基本方法主要可分为钻孔爆破和洞室爆破两大类。爆破方法的选用取决于工程规模、开挖强度和施工条件。另外,在岩体的开挖轮廓线上,为了获得平整的轮廓面、控制超欠挖和减少爆破对保留岩体的损伤,通常采用预裂爆破或光面爆破等轮廓爆破技术。

1. 钻孔爆破

根据孔径的大小和钻孔的深度,钻孔爆破又分浅孔爆破和深孔爆破。前者孔径小于 75 mm,孔深小于 5 m;后者孔径大于 75 mm,孔深超过 5 m。浅孔爆破有利于控制开挖面的形状和规格,使用的钻孔机具较简单,操作方便;缺点是效率较低,无法适应大规模爆破的需要。浅孔爆破大量应用于地下工程开挖、露天工程的中小型料场开挖、水工建筑物基础分层开挖以及城市建筑物的控制爆破。深孔爆破则恰好弥补了前者的缺点,适用于料场和基坑的大规模、高强度开挖。

无论是浅孔爆破还是深孔爆破,施工中工作面需要形成台阶状以合理布置炮孔,充分利用天然临空面或创造更多的临空面,这样不仅有利于提高爆破效果,降低成本,也便于组织钻孔、装药、爆破和出渣的平行流水作业,避免干扰,加快进度。布孔时宜使炮孔与岩石层面和节理面正交,不宜穿过与地面贯穿的裂缝,以防止爆生气体从裂缝中逸出,影响爆破效果。深孔爆破布孔还应考虑不同性能挖掘机对掌子面的要求。

2. 洞室爆破

洞室爆破又称大爆破,其药室是专门开挖的洞室。药室用平洞或竖井相连,装药后按要求将平洞或竖井堵塞。洞室爆破大体上可分为松动爆破、抛掷爆破和定向爆破。定向爆破是抛掷爆破的一种特殊形式,它不仅要求岩土破碎、松动,而且应抛掷堆积成具有一定形状和尺寸的堆积体。

洞室爆破具有下列特点:一次爆落方量大,有利于加快施工进度;需要的凿岩机械设备简单;节省劳动力,爆破效率高;导洞、药室的开挖受气候影响小,但开挖条件差;爆破后块度不均,大块率高;爆破震动、空气冲击波等爆破公害严重。

洞室爆破适用于下列条件:挖方量大而集中,并需在短期内发挥效益的工程;山势陡峻,不利于钻孔爆破安全施工的场合。

在水利水电工程施工中,当地质、地形条件满足要求时,洞室爆破可用于定向爆破筑坝、面板堆石坝次堆料区料场开挖以及定向爆破截流。

3. 预裂爆破和光面爆破

为保证保留岩体按设计轮廓面成形并防止围岩破坏,需采用预裂爆破和光面爆破等轮廓控制爆破技术。所谓预裂爆破,就是首先起爆布置在设计轮廓线上的预裂爆破孔药包,形成一条沿设计轮廓线贯穿的裂缝,再在该人工裂缝的屏蔽下进行主体开挖部位的爆破,保证保留岩体免遭破坏;光面爆破则是先爆除主体开挖部位的岩体,再起爆布置在设计轮廓线上的周边孔药包,将光爆层炸除,形成一个平整的开挖面。

预裂爆破和光面爆破在水利水电工程岩体开挖中获得了广泛应用。对坝基和边坡开挖时,选用预裂爆破和光面爆破的开挖效果差别不大;对地下洞室开挖时,光面爆破用得更多;而对高地应力区的地下洞室或者强约束条件下的岩体开挖时,光面爆破的效果更好。

四、基础处理工程

(一)基础防渗墙工程

防渗墙是一种修建在松散透水地层或土石坝(堰)中起防渗作用的地下连续墙。防渗墙技术因其结构可靠、防渗效果好、适应各类地层条件、施工简便以及造价低等优点,在国内外得到了广泛的应用。近年来,防渗墙已成为我国水利水电工程土石坝、土石围堰防渗处理的首选方案。

1. 防渗墙的类型

1)按墙体结构形式分类:槽孔(板)型防渗墙和桩柱型防渗墙,以槽孔(板)型防渗墙使用最多。

2)按防渗墙垂直立面布置形式分类:封闭式防渗墙与悬挂式防渗墙。

3)按墙体材料分类:普通混凝土防渗墙、黏土混凝土防渗墙、塑性混凝土防渗墙等。

4）按成槽方法分类：用钻挖成槽法、射水成槽法、液压抓斗成槽法、液压铣槽机成槽法和锯槽机成槽法等修建的防渗墙。

2. 施工方法、程序及工艺

水利水电工程中的混凝土防渗墙以槽孔型为主，各种类型的防渗墙的施工程序与工艺基本类似。

1）造孔前的准备

根据防渗墙的设计要求和槽孔长度的划分，做好槽孔的测量定位工作，布置和修筑好施工平台和导向槽。导向槽沿防渗墙轴线设在槽孔上方，用以控制造孔的方向，支撑上部孔壁。它对于保证造孔质量、预防塌孔事故有很大的作用。导向槽安设好后，在槽侧铺设造孔钻机的轨道、安装钻机、修筑运输道路、架设动力和照明路线以及供水供浆管路，做好排水排浆系统，并向槽内充灌固壁泥浆，开始造孔成槽。

2）泥浆固壁

泥浆固壁是在松散透水的地层和坝（堰）体内造孔成墙，是维持槽孔孔壁稳定的最好方法，是防渗墙施工的关键。泥浆的制浆材料主要有膨润土、黏土、水以及改善泥浆性能的掺合料（如加重剂、增黏剂、分散剂和堵漏剂等）。其性能指标应根据地层特性、造孔方法和泥浆用途等，通过试验选定。制浆材料通过搅拌机进行拌制，经筛网过滤后，存入专用储浆池备用。

3）造孔成槽

用于防渗墙开挖槽孔的机具主要有冲击钻机、回转钻机、液压抓斗机、铣槽机、锯槽机等。它们的工作原理、使用地层条件及工作效率有一定的差别。对于复杂的地层，一般要多种机具配合使用。进行造孔挖槽时，为了提高工效，通常要先划分槽段，然后在一个槽段内划分主孔和副孔，采用钻劈、钻抓或分层钻进等方法成槽。

（1）钻劈法。又称“主孔钻进，副孔劈打”法，是利用冲击钻机的钻头自重，首先钻凿主孔，当主孔钻到一定深度后，便为劈打副孔创造了临空面。使用冲击钻劈打副孔产生的碎渣，可以利用泵吸设备将泥浆连同碎渣一起吸出槽外，也可以用抽砂筒及接砂斗出渣，钻进与出渣间歇性交叉作业。钻劈法一般要求主孔先导 8～12 m，适用于砂砾石等地层。

（2）钻抓法。又称“主孔钻进，副孔抓取”法，是先用冲击钻机或回转钻机钻凿主孔，然后用抓斗抓挖副孔，副孔的宽度要小于抓斗的有效作用宽度。这种方法可以充分发挥两种机具的优势，抓斗的效率高，而钻机可钻进不同深度地层。具体施工时，可以两钻一抓，也可三钻两抓、四钻三抓形成不同长度的槽孔。钻抓法主要适合于粒径较小的松散软弱地层。

（3）分层钻进法。常采用回转钻机造孔，分层成槽时，槽孔两端应优先钻进导向孔。分层钻进法是利用钻具的质量和钻头的回转切削作用，按一定程序分层下挖，用砂石泵经空心钻杆将土渣连同泥浆排出槽外，同时不断地补充新鲜泥浆，维持泥浆液面的稳定。分层钻进法能使碎渣从排渣管内顺利通过，适用于均质细颗粒的地层。

（4）铣削法。采用液压双轮铣槽机，先从槽段一端开始铣削，然后逐层下挖成槽。液压双轮铣槽机是目前比较先进的一种防渗墙施工机械，由两组相向旋转的铣切刀轮对地层进行切削，这样可抵消地层的反作用力，保持设备的稳定。切削下来的碎屑集中在中心,由离心泥浆泵通过管道排出到地面。

铣削法多用于砾石以下细颗粒松散地层和软弱岩层,其施工效率高、成槽质量好,但成本较高。另外,铣削法在挖孔成槽施工时,如遇到孤石或硬岩石,可用重凿冲砸或钻孔爆破等方法进行处理。

4)清孔换浆

清孔换浆需经终孔验收合格后进行。清孔换浆的目的是在混凝土浇筑前,对留在孔底的沉渣进行清除,换上新鲜泥浆,以保证混凝土和不透水地层连接的质量。清孔换浆的方法主要采用泵吸法或气举法,前者适用于槽深小于 50 m 的工况,后者适用于槽深在 100 m 以上的工况。清孔换浆以后一般要求在 4 h 内开始浇筑混凝土。如果不能按时浇筑,应采取措施防止落淤,否则在浇筑前要重新清孔换浆。

5)混凝土墙体浇筑

与一般混凝土浇筑不同,地下混凝土防渗墙的浇筑是在泥浆液面下进行的。泥浆下浇筑混凝土要求:①不允许泥浆与混凝土掺混形成泥浆夹层;②确保混凝土与基础以及一、二期混凝土之间的结合;③连续浇筑,一气呵成。

泥浆下浇筑混凝土常用直升导管法。槽孔浇筑应严格遵循先深后浅的顺序,即从最深的导管开始,由深到浅依次浇筑,待全槽混凝土面浇平以后,再全槽均衡上升。每条导管开始浇筑时,先放入导注塞,并在导管中灌入适量的水泥砂浆,再灌入混凝土,将导注塞压到导管底部,使管内泥浆挤出管外;然后将导管稍微上提,使导注塞浮出,再一举将导管底端被泄出的砂浆和混凝土埋住,保证后续浇筑的混凝土不至于与泥浆掺混。在浇筑过程中,应保证连续浇筑混凝土,一气呵成;保持导管埋入混凝土的深度不小于 1 m 且不超过 6 m,以防泥浆掺混和埋管;维持全槽混凝土面均衡上升,上升速度不应小于 2 m/h,高差控制在 0.5 m 以内。浇筑过程中应注意观测,做好混凝土面上升的记录,防止堵管、埋管、导管漏浆和泥浆掺混等情况发生。在槽孔混凝土的浇筑过程中,必须保持均衡、连续、有节奏地施工,直到全槽成墙。

3. 防渗墙的质量检查

混凝土防渗墙的质量检查应按规范及设计要求进行,主要有以下三个方面:

1)槽孔检查,包括几何尺寸和位置、钻孔偏斜度、入岩深度等。

2)清孔检查,包括槽段接头、孔底淤积厚度、清孔质量等。

3)混凝土质量检查,包括原材料、新拌料的性能以及混凝土硬化后的物理力学性能等。

墙体的质量检测主要通过钻孔取芯与压水试验、超声波及地震透射层析成像(CT)技术等方法全面检查墙体的质量。

(二)混凝土灌注桩

灌注桩是一种直接在桩位用机械或人工方法就地成孔后,在孔内下设钢筋笼和浇筑混凝土所形成的桩基础。灌注桩的分类如下。

1. 按桩的受力情况分类

1)摩擦型桩。桩的承载力以侧摩擦阻力为主,摩擦型桩又可分为摩擦桩和端承摩擦桩。

2）端承型桩。桩的承载力以桩端阻力为主，端承型桩又可分为端承桩和摩擦端承桩。

2. 按功能分类

1）承受轴向压力的桩。

2）承受轴向拔力的桩。

3）承受水平荷载的桩。

3. 按成孔方法分类

灌注桩通常使用机械成孔，当地下水位较低、涌水量较小时，桩径较大的灌注桩也可采用人工挖孔。按机械成孔方法不同可分为挤土成孔灌注桩（沉管灌注桩）和钻孔成孔灌注桩（包括少量挤土的成孔方法）两大类。

水利工程钻孔成孔灌注桩的常用钻孔机械有冲击钻机、回旋钻机和旋挖钻机等。

（三）灌浆工程

1. 灌浆分类

1）按灌浆材料分类

灌浆工程按灌浆材料不同主要分为水泥灌浆、黏土灌浆和化学灌浆等。水泥灌浆是指以水泥浆液为灌注材料的灌浆，通常包括水泥黏土灌浆、水泥粉煤灰灌浆、水泥水玻璃灌浆等。黏土灌浆是指以黏土浆液为灌注材料的灌浆。化学灌浆是一种以高分子有机化合物为主体材料的灌浆方法。

2）按灌浆作用分类

灌浆工程按灌浆作用分为帷幕灌浆、固结灌浆、接触灌浆、接缝灌浆、回填灌浆等。

（1）帷幕灌浆。用浆液灌入岩体或土层的裂隙、孔隙，形成防水帷幕，以减小渗流量或降低扬压力。

（2）固结灌浆。用浆液灌入岩体裂隙或破碎带，以提高岩体的整体性和抗变形能力。

（3）接触灌浆。通过浆液灌入混凝土与基岩或混凝土与钢板之间的缝隙，以增加接触面的结合能力。

（4）接缝灌浆。通过埋设管路或其他方式将浆液灌入混凝土坝体的接缝，以改善传力条件，增强坝体整体性。

（5）回填灌浆。用浆液填充混凝土与隧洞顶拱围岩或混凝土与钢板之间的空隙和孔洞，以增强围岩或结构的密实性。

岩基灌浆时，一般先进行固结灌浆，再进行帷幕灌浆，可以抑制帷幕灌浆时地表抬动和冒浆。

3）按灌浆地层分类

灌浆工程按灌浆地层可分为岩石地层灌浆、砂砾石地层灌浆、土层灌浆等。

4）按灌浆压力分类

灌浆工程按灌浆压力可分为常压灌浆和高压灌浆。灌浆压力在 3 MPa 以上的灌浆为高压灌浆。

2. 岩石基础灌浆

岩石基础灌浆包括帷幕灌浆和岩基固结灌浆。

1) 灌浆方式

灌浆方式有纯压式和循环式两种。

(1)纯压式。纯压式灌浆是指浆液注入孔段内和岩体裂隙中,不再返回的灌浆方式。这种方式设备简单、操作方便,但浆液流动速度较慢,容易沉淀及堵塞岩层缝隙和管路,多用于吸浆量大,并有大裂隙存在和孔深不超过 15 m 的情况。

(2)循环式。循环式灌浆是指浆液通过射浆管注入孔段内,部分浆液渗入岩体裂隙中,部分浆液通过回浆管返回,保持孔段内的浆液呈循环流动状态的灌浆方式。这种方式一方面可使浆液保持流动状态,防止水泥沉淀,灌浆效果好;另一方面可以根据进浆和回浆液比例的差值,判断岩层吸收水泥浆的情况。

2) 灌浆方法

灌浆方法按同一钻孔内的钻灌顺序分为全孔一次灌浆法和分段钻灌法。分段钻灌法又可分为自下而上分段灌浆法、自上而下分段灌浆法、综合灌浆法和孔口封闭灌浆法。

(1)全孔一次灌浆法。全孔一次灌浆法是将孔一次钻完,全孔段一次灌浆。这种方法施工简便,多用于孔深不超过 6 m 的浅孔,以及地质条件比较好、基岩比较完整的情况。

(2)自下而上分段灌浆法。自下而上分段灌浆法是将灌浆孔一次钻进到底,然后从孔底往上,逐段安装灌浆塞进行灌浆,直到灌至孔口的灌浆方法。其适用于岩石坚硬完整,钻孔时不会发生掉块卡钻、灌浆时不会发生绕塞返浆的地层。

(3)自上而下分段灌浆法。自上而下分段灌浆法是从上向下逐段进行钻孔,逐段安装灌浆塞进行灌浆,直到灌至孔底的灌浆方法。此法灌浆压力较大,因而质量好、事故少,但钻灌机械移动频繁,影响进度,多用于岩层破碎、竖向节理裂隙发育的地层。

(4)综合灌浆法。综合灌浆法是在钻孔的某些段采用自上而下分段灌浆,另一些段采用自下而上分段灌浆的方法。

(5)孔口封闭灌浆法。孔口封闭灌浆法是在钻孔的孔口安装孔口管,自上而下分段钻孔和灌浆,且各段灌浆时都在孔口安装孔口封闭器进行灌浆的方法。

灌浆孔的基岩段长小于 6 m 时,可采用全孔一次灌浆法;灌浆孔的基岩段长大于 6 m 时,可采用自下而上分段灌浆法、自上而下分段灌浆法、综合灌浆法或孔口封闭灌浆法。

3) 帷幕灌浆工艺流程

岩石基础帷幕灌浆的施工工艺主要包括:钻孔,钻孔冲洗、孔壁冲洗、裂隙冲洗和压水试验,灌浆和灌浆的质量检查等。

(1)钻孔。帷幕灌浆宜采用回转式钻机配金刚石钻头或硬质合金钻头钻进。

钻孔质量要求如下:

①钻孔位置与设计位置的偏差不得大于 10 cm。

②孔深应符合设计规定。

③灌浆孔宜选用较小的孔径,钻孔孔壁应平直完整。

④钻孔必须保证孔向准确,钻机安装必须平正稳固,钻孔宜埋设孔口管,钻机立轴和孔口管的方向必须与设计孔向一致,钻进应采用较长的粗径钻具并适当地控制钻进压力。

(2)钻孔冲洗、孔壁冲洗、裂隙冲洗和压水试验。灌浆孔(段)在灌浆前应进行钻孔冲洗,孔内沉积厚度不得超过 20 cm。同时在灌浆前宜采用压力水进行孔底、孔壁、岩层裂隙冲洗，将残存在孔底、黏滞在孔壁的岩粉铁屑以及岩层裂隙中的充填物冲洗出来，直至回水清净。冲洗压力可为灌浆压力的80%，该值若大于1 MPa，采用1 MPa。

冲洗时，可将冲洗管插入孔内，用阻塞器将孔口堵紧，用压力水冲洗、压力水和压缩空气轮换冲洗或压力水和压缩空气混合冲洗。

（3）灌浆方式和灌浆方法。

①灌浆方式。帷幕灌浆应优先采用循环式，射浆管与孔底距离不得大于50 cm。

②灌浆方法。帷幕灌浆必须按分序加密的原则进行。

由三排孔组成的帷幕，应先进行边排孔的灌浆，然后进行中排孔的灌浆，边排孔宜分为三序施工，中排孔可分为二序或三序施工；由两排孔组成的帷幕，宜先进行下游排孔的灌浆，然后进行上游排孔的灌浆，每排孔宜分为三序施工；单排帷幕灌浆孔应分为三序施工。

（4）灌浆压力和浆液变换。

①灌浆压力。宜通过灌浆试验确定，也可通过公式计算或根据经验先行拟订，而后在灌浆施工过程中调整确定。灌浆应尽快达到设计压力，但注入率大时应分级升压。

②浆液变换。当灌浆压力保持不变，注入率持续减小，或当注入率不变而压力持续升高时，不得改变水灰比；当某一比级浆液的注入量已达300 L以上或灌注时间已达1 h，而灌浆压力和注入率均无改变或改变不显著时，应将浆液浓度提高一级；当注入率大于30 L/min时，可根据具体情况将浆液越级变浓。

灌注细水泥浆液可采用水灰比为2∶1、1∶1、0.6∶1三个比级，或1∶1、0.8∶1、0.6∶1三个比级。

（5）灌浆结束标准和封孔方法。采用自上而下分段灌浆法时，在规定的压力下，当注入率不大于0.4 L/min时，继续灌注60 min后可结束灌浆；或不大于1 L/min时，继续灌注90 min后可结束灌浆。采用自下而上分段灌浆法时，继续灌注的时间可相应地减少为30 min和60 min。采用孔口封闭灌浆法时，灌浆结束应同时满足两个条件：在设计压力下，注入率不大于1 L/min时，延续灌注时间不少于90 min；灌浆全过程中，在设计压力下的灌浆时间不少于120 min。

采用自上而下分段灌浆法时，灌浆孔封孔应采用分段压力灌浆封孔法；采用自下而上分段灌浆法时，应采用置换和压力灌浆封孔法或压力灌浆封孔法。

（6）特殊情况处理。灌浆过程中如发现冒浆、漏浆，应根据具体情况采用嵌缝、表面封堵、降低压力、加浓浆液、限流、限量、间歇灌浆等方法进行处理。发生串浆时，如串浆孔具备灌浆条件，可以同时进行灌浆，应一泵灌一孔，否则应将串浆孔用塞塞住，待灌浆孔灌浆结束后，再对串浆孔进行扫孔、冲洗，而后继续钻进和灌浆。

灌浆工作必须连续进行，若因故中断，应及早恢复灌浆；否则应立即冲洗钻孔，而后恢复灌浆。若无法冲洗或冲洗无效，则应进行扫孔，而后恢复灌浆。恢复灌浆时，应使用开始灌浆时比级的水泥浆进行灌注。如注入率与中断前相近，即可改用中断前比级的水泥浆继续灌注；如注入率较中断前减少较多，则浆液应逐级加浓继续灌注。恢复灌浆后，如注入率较中断前减少很多，在短时间内应停止吸浆，并采取补救措施。

（7）工程质量检查。灌浆质量检查应以检查孔压水试验成果为主，结合对竣工资料和测试成果的分析,综合评定。灌浆检查孔应在下述部位布置:①帷幕中心线上;②岩石破碎、断层、大孔隙等地质条件复杂的部位;③钻孔偏斜过大、灌浆情况不正常以及经资料分析认为对帷幕灌浆质量有影响的部位。

灌浆检查孔的数量不少于灌浆孔总数的 10%。一个坝段或一个单元工程内,至少应布置一个检查孔;检查孔压水试验应在该部位灌浆结束 14 d 后进行;同时应自上而下分段卡塞进行压水试验,试验采用五点法或单点法。

检查孔压水试验结束后,应按技术要求进行灌浆和封孔;检查孔应采取岩芯,计算获得率并加以描述。

帷幕灌浆一般安排在水库蓄水前完成,这样有利于保证灌浆的质量。由于帷幕灌浆的工程量较大,与坝体施工时间有矛盾时,通常安排在坝体基础灌浆廊道内进行。

4)固结灌浆施工工艺及技术要求

(1)施工工艺。固结灌浆方式有纯压式和循环式两种,灌浆施工工艺与帷幕灌浆基本相同。

(2)技术要求。灌浆孔的施工按分序加密的原则进行,可分为二序施工或三序施工。每个孔采取自上而下分段钻进、分段灌浆或钻进终孔后进行灌浆的方式。

灌浆孔基岩段长小于 6 m 时,可全孔一次灌浆。当地质条件不良或有特殊要求时,可分段灌浆。灌浆压力大于 3 MPa 的工程,灌浆孔应分段灌浆。

灌浆孔应采用压力水进行裂隙冲洗,直至回水清净。冲洗压力可为灌浆压力的 80%,该值若大于 1 MPa,采用 1 MPa。

灌浆孔灌浆前的压水试验应在裂隙冲洗后进行,采用单点法。试验孔数不宜少于总孔数的 5%。

在规定的压力下,当注入率不大于 0.4 L/min 时,继续灌注 30 min 后可结束灌浆。

固结灌浆质量压水试验检查、岩体波速检查、静弹性模量检查应分别在灌浆结束 3~7 d、14 d、28 d 后进行。

灌浆质量压水试验检查,孔段合格率应在 80%以上,不合格孔段的透水率值应不超过设计规定值的 50%,且不应集中。

灌浆孔封孔应采用机械压浆封孔法或压力灌浆封孔法。

固结灌浆宜在一定厚度的坝体基层混凝土上进行,这样可以防止基岩表面冒浆,并采用较大的灌浆压力,提高灌浆效果,同时也可以兼顾坝体与基岩的接触灌浆。如果基岩比较坚硬、完整,为了加快施工速度,也可直接在基岩表面进行无混凝土压重的固结灌浆。在基层混凝土上进行钻孔灌浆时,必须在相应部位混凝土的强度达到 50%设计强度后方可开始;或者先在岩基上钻孔,预埋灌浆管,待混凝土浇筑到一定厚度后再灌浆。

同一地段的基岩灌浆必须按先固结灌浆后帷幕灌浆的顺序进行。

3. 水工隧洞灌浆

水工隧洞灌浆包括回填灌浆、固结灌浆、接触灌浆。

同一部位的灌浆一般先回填灌浆,后接触灌浆,最后固结灌浆。回填灌浆与固结灌浆均按分序加密的原则进行。当隧洞具有 10°以上坡度时,灌浆应从最低一端开始。

水工隧洞灌浆孔大多为浅孔,并在衬砌时预留灌浆孔(管)(砌石衬砌的隧洞除外),

故多采用手风钻钻孔。

隧洞回填灌浆的浆液较浓,水灰比可分为1∶1、0.8∶1、0.6∶1、0.5∶1四个比级,采用纯压式灌浆。隧洞固结灌浆的浆液水灰比与岩基灌浆相同,灌浆方法与岩基浅孔固结灌浆类似。

隧洞回填灌浆与固结灌浆的检查孔数量均不应少于基本孔的5%。回填灌浆检查孔的合格标准是:在设计规定的压力下起始10 min内,灌入孔内的水灰比为2∶1的浆液不超过10 L。固结灌浆检查孔则仍用压水试验所求得的单位吸水率TF值来检查。

4. 混凝土坝接缝灌浆

混凝土坝接缝灌浆的目的是加强坝体混凝土与坝基或岸肩之间的结合能力,提高坝体的抗滑稳定性。一般通过混凝土钻孔压浆或预先在接触面上埋设灌浆盒及相应的管道系统进行灌浆,也可结合固结灌浆进行。

接触灌浆应安排在坝体混凝土温度稳定以后进行,以防止混凝土收缩产生拉裂。

5. 砂砾石层钻孔灌浆

在砂砾石层中进行钻孔灌浆施工的特点如下:①砂砾石层是松散体,在钻孔和灌浆的全过程中需有固壁措施,否则孔壁会垮塌;②钻孔孔壁不光滑、不坚固,不能直接在孔壁下灌浆塞;③砂砾石层孔隙大,吸浆量大。由于砂砾石层钻孔灌浆具备以上特点,所以不能采用岩基灌浆中常用的钻孔灌浆方法。一般采用循环钻灌浆法、预埋花管法、套管灌浆法、打管灌浆法。砂砾石帷幕灌浆大多采用前两种方法。砂砾石层的灌浆吸浆量大,一般以使用水泥黏土浆为宜。水泥黏土浆的稳定性与可灌性指标均比纯水泥浆好,费用也更低。以下是在砂砾层钻孔灌浆的两种常用方法。

1)循环钻灌浆法

循环钻灌浆法的施工程序是先挖一个深约1 m的浅坑,再钻孔口管段,将孔口管下入孔内,把麻绳绕在浅坑底处的孔口管(防浆环)上,以防止灌浆时浆液沿孔口管外壁上窜,然后用混凝土或砂浆回填浅坑,待凝结后再对孔口管下部灌注水泥浆,形成密实的防止冒浆的装盖板,再采用稀泥浆(或黏土水泥浆)固壁钻进,每钻完一个段长(一般为1~2 m)即可进行灌浆,不必待凝,自上而下逐段钻灌。这种方法适用于上部有相当厚度覆盖层的砂砾石层。

2)预埋花管法

预埋花管法的施工程序是采用泥浆固壁,钻机一直钻至设计深度,清孔后立即灌注具有特定性能的水泥黏土浆(填料),填料灌满至孔口后下入花管(指沿管长每隔33~50 cm钻有4个一圈射浆孔的钢管,射浆孔的外面用弹性良好的橡皮箍箍紧)。填料凝固后,在花管与孔壁间形成有一定强度的“夹圈”,可防止灌浆时浆液沿管壁上窜。这样就可在花管内下入双塞式灌浆塞至所需灌浆段,通过压力作用压开橡皮箍(开环)后,就可进行灌浆。如采用护壁套管钻进,则施工程序改为先下花管后下填料。预埋花管法适用于任何砂砾石层,灌浆压力大,灌浆质量好,重要的帷幕灌浆工程常采用此法。但其缺点是花管被埋进填料难以拔出,钢材耗用量大。

6. 土坝劈裂灌浆

土坝劈裂灌浆是利用水力劈裂原理,对存在隐患或质量不良的土坝,在坝轴线上钻孔、加压灌注泥浆形成新的防渗墙体的加固方法。坝体沿坝轴线劈裂灌浆后，在泥浆自重和浆、坝互压的作用下，固结而成为与坝体牢固结合的防渗墙体，堵截渗漏；与劈裂缝贯通的原有裂隙及孔洞在灌浆中得到填充，可提高坝体的整体性；通过浆、坝互压和干松土体的湿陷作用，部分坝体得到压密，可改善坝体的应力状态，提高其变形稳定性。对于位于河槽段的均质土坝或黏土心墙坝，其横断面基本对称，当上游水位较低时，荷载也基本对称，施以灌浆压力，土体就会沿纵断面开裂。如能维持该压力，裂缝就会由于其尖端的拉应力集中作用而不断延伸，从而形成一个相当大的劈裂缝。劈裂灌浆施工的基本要求是：土坝分段，区别对待；单排布孔，分序钻灌；孔底注浆，全孔灌注；综合控制，少灌多复。

7. 化学灌浆

化学灌浆是一种以高分子有机化合物为主体材料的灌浆方法。

1) 化学浆液的特点

(1) 化学灌浆浆液的黏度低、流动性好、可灌性好，宽度小于 0.1 mm 的缝隙也能灌入。

(2) 浆液的聚合时间可以人为地、比较准确地控制，通过调节配比来改变聚合时间，以适应不同工程、不同情况的需要。

(3) 浆液聚合后形成的聚合体的渗透系数小，一般为 $1\times10^{-10}\sim1\times10^{-8}$ cm/s，防渗效果好。

(4) 形成的聚合体强度高，与岩石或混凝土的黏结强度高。

(5) 形成的聚合体能抗酸、抗碱，也能抗水生物、微生物的侵蚀，因而稳定性及耐久性均较好。

(6) 有一定的毒性。

2) 化学浆液类型

化学浆液主要有水玻璃类、丙烯酰胺类(丙凝)、丙烯酸盐类、聚氨酯类、环氧树脂类、甲基丙烯酸酯类(甲凝)等类型。

3) 化学灌浆施工

(1) 灌浆工序。化学灌浆的工序依次是：钻孔及压水试验→钻孔及裂缝的处理(包括排渣及裂缝干燥处理)→埋设注浆嘴和回浆嘴→封闭、注水和灌浆。

(2) 灌浆方法。按浆液的混合方式分单液法灌浆和双液法灌浆两种。单液法灌浆是在灌浆前将浆液的各组成部分先混合均匀，一次配成，再经过气压或泵压压到孔段内。这种方法的浆液配比较准确，施工较简单。但由于已配好的余浆不久就会聚合，因此很难在灌浆过程中通过调整浆液的比例来利用余浆。双液法灌浆是将预先配制的两种浆液分盛在各自的容器内，不混合，然后用气压或泵压按规定比例送浆，使两种浆液灌在孔口附近的混合器中混合后送到孔段内。两种浆液混合后即起化学作用，通过聚合，浆液即固化成聚合体。这种方法在灌浆施工过程中，可根据实际情况调整两种浆液用量的比例，适应性强。

(3) 压送浆液的方式。化学灌浆一般都采用纯压式灌浆。化学灌浆压送浆液的方式有两种：一是气压法(用压缩空气压送浆液)；二是泵压法(用灌浆泵压送浆液)。气压法一般压力较低,但压力稳定,在渗漏性较小、孔较浅时,适用于单液法灌浆。泵压法一般多采用比例泵进行灌浆,比例泵就是由两个排浆量能任意调整,使之按规定的比例进行压浆的活塞泵所构成的化学灌浆泵,也可用两台同型的灌浆泵加以组装。

五、土石坝填筑

(一)土石坝筑坝材料及其要求

在选坝阶段应从空间与时间、质与量等方面进行全面规划。料场土料的储量一般要求是设计工程量的1.5~2.0倍,并要求提供备用料场,黏性土料采用钻探或坑探取样,砾类土采用坑探取样,布孔间距50~100 m。防渗料的勘探要仔细按深度查明天然含水率,堆石料的勘探可以采用钻探及洞探。

1.防渗料

防渗料最基本的要求如下:

1)防渗性。渗透系数不大于1×10^{-5} cm/s。

2)施工性。土料的天然含水率与最优含水率相差不大,无影响压实的超径材料,压实后的坝面有较高的承载力。

2.坝壳料

工程实施中,堆石、砂砾石及风化料等均可作为坝壳料。

1)堆石料。按其形式可分为抛填石料、分层碾压石料、手工干砌石、机械干砌石等;按其材料及来源可分为采石场爆破石料、冲积漂卵石、石渣料等。堆石料是最好的筑坝材料,现广泛用于高土石坝的坝壳料。

2)砂砾石。碾压砂砾石压缩性低,抗剪强度高,但易冲蚀、易管涌。

3)风化料。属于抗压强度小于30 MPa的软岩类,容易湿陷。

3.反滤料

反滤料一般要满足坚固度要求,应尽量避免用纯砂做反滤料。

(二)料场规划的原则

料场的合理规划与使用关系到坝体的施工质量、工程的生态环境、工期和工程投资,施工前应从空间、时间、质与量等方面进行全面规划。

1.空间规划

空间规划是指对料场位置、高程的恰当选择,合理布置。

土石料的上坝运距应尽可能短,高程上有利于重车下坡,减少运输机械功率的消耗;坝的上下游、左右岸最好都选有料场,这样有利于上下游、左右岸同时供料,减少施工干扰,保证坝体均衡上升;同时,料场的位置应有利于布置开采设备、交通及排水设施;对石料场还应考虑与重要建筑物、构筑物、机械设备等保持足够的防爆、防震安全距离。

2.时间规划

时间规划应考虑施工强度和坝体填筑部位的变化。

在用料规划上应力求做到上坝强度高时用近料场,强度低时用远料场,使运输任务更加均衡;应先用近料场和上游易淹的料场,后用远料场和下游不易淹的料场;旱季用含水率高的料场,雨季用含水率低的料场;在料场使用规划中,还应保留一部分近料场供合龙段填筑和拦洪度汛高峰强度时使用。

3. 质与量的规划

质与量的规划应对料场地质成因、产状、埋深、储量以及各种物理力学指标进行全面勘探和试验。不仅应使料场的总储量满足坝体总方量的要求,而且应满足施工各个阶段最大上坝强度的要求。做到料尽其用,充分利用永久建筑物和临时建筑物基础开挖渣料。

料场规划还应考虑主要料场和备用料场,主要料场应具备质好、量大、运距近等优势,并有利于常年开采;备用料场通常在淹没区以外,作为主要料场的备用料场。

为了充分合理地利用建筑物开挖料,需进行料场优化,通常应进行填挖料土石方平衡计算。

(三)土石料开挖运输方案

坝料的开挖与运输是保证上坝强度的重要因素之一。

开挖运输方案主要根据坝体结构布置特点、坝料性质、填筑强度、料场特性、运距远近、可供选择的机械设备型号等多种因素,综合分析比较确定。

土石坝施工设备的选型对坝的施工进度、施工质量以及经济效益有重大影响。

设备选型的基本原则如下:

1. 所选机械的技术性能应能适应工作的要求和施工场地特征,应保证施工质量,能充分发挥机械效率,生产能力满足整个施工过程的需要。

2. 所选施工机械应技术先进、生产效率高;操作灵活,机动性好,安全可靠,结构简单,易于检修保养。

3. 类型应较单一,通用性好。

4. 工艺流程中各工序所用机械应配套,各类设备应能充分发挥效率,特别应注意充分发挥主导机械的效率。

5. 设备购置费和运行费用应较低,易于获得零配件,便于维修、保养、管理和调度,经济效果好。对于关键的、数量少且不能替代的设备,应使用新设备,以保证施工质量,避免在生产中影响进度。

宁夏土石坝施工主要采用挖掘机开挖、装车,自卸汽车运输直接上坝。自卸汽车转弯半径小,爬坡能力较强,机动灵活,可运输各种坝料,运输能力强,能直接铺料,设备通用,管理方便,设备易于获得。

在施工布置上,挖掘机一般都采用立面开挖,汽车运输道路可布置成循环路线,装料时停在挖掘机一侧的同一平面上,即汽车鱼贯式装料与行驶。

(四)填筑

1. 上料填筑

当基础开挖和基础处理基本完成后,就可进行坝体的铺筑、压实施工。土石坝坝面作业施工程序包括铺料、平仓、洒水、刨毛、压实、清理坝面、接缝处理、质检等工作。

1)铺料

铺料分为卸料与平料两道工序。铺料方法的选择主要考虑以下两点:一是坝面应平整、铺料层应均匀,不得超厚;二是对已压实合格土料不过压,防止产生剪力破坏。

土料铺筑应沿坝轴线方向进行,采用自卸汽车卸料,推土机平料宜增加平地机平整工序,便于控制铺土厚度和坝面平整度。推土机平料过程中,应采用仪器或钢钎及时检查铺层厚度,发现超厚部位应立即进行处理。土料与岸坡、反滤料等交界处应辅以人工仔细平整。铺料方法有以下几种:

(1)进占法铺料。汽车在已平整好的松土层上行驶、卸料,用推土机向前进占平料。这种方法铺料不会影响洒水、刨毛作业。

(2)后退法铺料。汽车在已压实合格的坝面上行驶并卸料。这种方法卸料方便,但容易对已压实土料产生过压,砾质土、掺和土、风化料铺料时可以选用。

2)土料压实

(1)土料压实机械。

土料压实机械分为静压碾压机械、振动碾压机械、夯击机械三种基本类型。其中,静压碾压机械有羊脚碾、轮胎碾等,羊脚碾在压实过程中,对表层土有翻松作用,无须刨毛就可以保证土料层间良好的结合,压实效果好;振动碾压机械有振动平碾、凸块振动碾等;夯击机械有夯板、强夯机等。

静压碾压的作用力是静压力,其大小不随作用时间而变化。振动碾压的作用力为周期性的重复动力,其大小随时间呈周期性变化,振动周期的长短随振动频率的大小变化而变化。夯击的作用力为瞬时动力,有瞬时脉冲作用,其大小随时间和落高而变化。振动碾压与静压碾压相比,具有质量轻、体积小、碾压遍数少、深度大、效率高的优点。

目前,国内常用的压实机械及其适用范围如下:

①凸块振动碾。质量一般为10~20 t,适用于黏性土料、砾质土及软弱风化土石混合料的压实,压实功能大,厚度达30~40 cm,一般碾压4~8遍可达设计要求,生产效率高。压实后表层有8~10 cm的松土层,填土表面不需刨毛处理。凸块振动碾因其良好的压实性能,成为防渗土料的主要压实机具,国内外广泛采用。

②轮胎碾。质量一般为18~50 t,适用于黏性土、砾质土、砂、砂砾石,含水率范围偏于上限的土料的压实,铺层厚度较大(20~50 cm),碾压遍数较少,生产效率高,适用于高强度施工。不会产生松土层,对雨季施工有利,但压实后填土层面需洒水湿润并刨毛处理,对偏湿土料较适用。

(2)土料压实方法。

①碾压机械压实方法已趋标准化,即均采用进退错距法。进退错距法压实是指沿着长度方向前进压实、后退压实一个压实宽度,压实一定遍数之后,再压实下一个压实宽度,第二个压实宽度应与第一个压实宽度有一定的重叠量。进退错距法碾压与铺土、质检等工序分段作业容易协调,便于组织平行流水作业。碾压遍数较少时也可采用一次压够遍数、再错车的方法。

②碾压方向。碾压应沿坝轴方向进行。在特殊部位,如防渗体截水槽内或与岸坡结合处,应用专用设备在划定范围沿接坡方向碾压。

③分段碾压碾迹搭接宽度。垂直碾压方向搭接宽度应为 0.3~0.5m,顺碾压方向搭接宽度应为 1.0~1.5 m。

④碾压行车速度。一般取 2~3 km/h,不得超过 4 km/h。

2. 坝壳料填筑

土石坝坝壳料按其材料分为堆石、风化料、砂砾(卵)石三类。不同材料由于其强度、级配、湿陷程度不同,施工采用的机械及工艺也不尽相同。

1)坝壳料铺填方法

坝壳料铺填方法分为进占法、后退法、混合法三种。

(1)进占法铺料。汽车在已平整好的松石料层上行驶、卸料,用推土机向前进占平料。此方法推土机平料容易控制层厚,坝面平整,石料容易分离,表层细粒多,下部大块石多,有利于减少施工机械磨损,堆石料铺填厚度为 1.0 m。堆石料一般应用进占法铺料,堆石强度为 60~80 MPa 的中等硬度岩石,施工可操作性好。对于特硬岩(强度大于 200 MPa),由于岩块边棱锋利,施工机械的轮胎、链轨节等易损坏,同时因硬岩堆石料往往级配不良,表面不平整影响振动碾压实质量,因此施工中要采取一定的措施,如在铺层表面增铺薄薄的一层细料,以改善平整度。

(2)后退法铺料。汽车在已压实合格的坝面上行驶并卸料。此方法可改善石料分离,推土机控制不便,多用于砂砾石和软岩的铺填;铺填厚度一般小于 1.0 m。级配较好的石料(如强度在 30 MPa 以下的软岩堆石料、砂砾(卵)石料等)宜用后退法铺料,以减少分离,有利于提高密度。

(3)混合法铺料。即结合进占法和后退法混合铺料。此方法适用铺料层厚度大(1.0~2.0m)的堆石料,可改善分离,减少推土机平整工作量。

不管用哪种铺料方法,卸料时都要控制好料堆分布密度,使其摊铺后厚度符合设计要求,不应铺料过厚而导致难以处理,特别是后退法铺料时更应注意。

2)坝壳料压实

坝壳透水料和半透水料的主要压实机械有振动平碾、轮胎碾等。振动平碾适用于堆石与含有漂石的砂卵石、砂砾石和砾质土的压实。振动平碾压实功能大,碾压遍数少(4~8 遍),压实效果好,生产效率高,应优先选用。轮胎碾可用于压实砂、砂砾料、砾质土。

坝壳料碾压一般要求如下:

(1)除坝面特殊部位外,碾压方向应沿轴线方向进行,一般均采用进退错距法作业。在碾压遍数较少时,也可一次压够后再错车。

(2)要严格控制铺料厚度、碾压遍数、加水量等施工主要参数,还应控制振动平碾的行驶速度,保证振动频率、振幅等参数符合规定要求。此外,振动平碾应定期检测和维修,始终保持正常工作状态。

(3)分段碾压时,相邻两段交接带的碾迹应彼此搭接,垂直碾压方向搭接宽度应不小于 0.3 m,顺碾压方向搭接宽度应不小于 1.0 m。

3. 坝面施工流水作业

1)坝面作业工作面狭窄、工种多、工序多、机械设备多,施工时需有妥善的施工组织规划,为避免坝面施工中的干扰,延误施工进度,土石坝坝面作业宜采用流水作业施工。

2)流水作业施工组织应先按施工工序数目对坝面分段,然后组织相应的专业施工队依次进入各工段施工。

对同一工段而言,各专业施工队按工序依次连续施工;对各专业施工队而言,他们依次不停地在各工段完成固定的专业作业。

3)流水作业施工的优点是实现了施工专业化,有利于工人作业熟练程度的提高,从而有利于提高作业效率和工程施工质量。同时,各工段都有专业队施工,有固定的施工机具,从而保证施工过程人、机、地三不闲,避免施工干扰,有利于坝面作业迅速、优质、安全地进行。

六、混凝土施工

(一)骨料料场规划

砂石骨料是混凝土组成的基本材料,骨料料场规划是骨料生产系统的基础,砂石骨料的质量是料场选择的首要条件。骨料料场规划的原则如下:

1. 应满足水工混凝土对骨料的各项质量要求,其储量力求满足各设计级配的需求,并有必要的富余量。

2. 选用的料场特别是主要料场,应该场地开阔、高程适宜、储量大、质量好、开采季节长,主辅料场应能兼顾洪枯季节互为备用的要求。

3. 选用可采率高、天然级配与设计级配较为接近、人工骨料调整级配数量少的料场。

4. 料场附近应有足够的回车和堆料场地,且少占用农田。

5. 选择开采准备工作量小、施工简便的料场。

天然的骨料需要通过筛分分级,人工骨料需要通过破碎、筛分等生产流程进行加工。骨料开采量取决于混凝土中各种粒径砂石的需求量,据此来确定骨料加工的生产能力。为了适应混凝土生产的不均匀性,可利用堆场储备一定数量的骨料,以解决骨料的供求矛盾。骨料储量多少,主要取决于生产强度和管理水平,通常可按高峰时段月平均值的50%~80%考虑。汛期、冰冻期停采时,需按停采期骨料需用量增加20%的余度考虑。

(二)模板安装

模板安装是钢筋混凝土工程中的重要辅助作业。合理组织模板安装,对保证混凝土质量、加快施工进度意义重大。

1. 模板的作用

模板主要是对新浇筑塑性混凝土起成型和支撑作用,同时还具有保护和改善混凝土表面质量的作用。模板应符合下列规定:

1)能保证混凝土结构和构件各部分设计形状、尺寸和相互位置正确。

2)具有足够的强度、刚度和稳定性,能可靠地承受各项施工荷载,并保证变形在允许范围内。

3)面板板面平整、光洁,拼缝密合、不漏浆。

4)安装和拆卸方便、安全,能多次周转使用,尽量做到标准化、系列化。

2. 模板的基本类型

模板根据制作材料可分为木模板、钢模板、胶合板、预制混凝土模板等;根据安装性质和工作特征可分为固定式、拆移式和滑动式;根据模板面的形状可分为平面模板、曲面模板。

3. 模板的基本要求、选型和设计荷载

1)模板的基本要求

就成型而言,模板要拼装紧密准确、不漏浆、表面平整、不产生过大的变形;就支撑作用而言,模板要求强度足够、结构坚固、能支撑各种设计荷载;就保护作用而言,模板应有利于混凝土凝固、保温;就方便施工、节约投资而言,模板应结构简单,制作、安装、拆除方便,尽量标准化、系列化,以提高周转率,减少工料消耗,降低成本。

2)模板的选型

模板应结合建筑物的构造、形状、荷载等因素选型。如坝体混凝土应选悬臂组合钢模板,水闸混凝土应选普通标准钢模板,圆形涵管混凝土应选普通曲面钢模板。使用最多的是普通标准钢模板。

3)模板的设计荷载

模板及其支撑结构应具有足够的强度、刚度和稳定性,必须能承受施工中可能出现的最不利荷载组合,其结构变形应在允许范围内。

4. 模板的制作、安装和拆除

1)模板的制作

标准模板通常由专门的加工厂制作,采用机械化流水作业,以有利于提高模板的生产率和加工质量。

2)模板的安装

模板拼装、安装必须按设计图纸测量放样,支撑模板的立柱、围挡必须有足够强度,以防模板倾覆。

3)模板的拆除

拆除时间应根据设计要求、天气、温度、混凝土强度增长情况等确定。

(三)钢筋加工安装

1. 钢筋配料

1)配料依据

(1)设计图纸。

(2)浇筑部位的分层分块图。

(3)混凝土入仓方式。

(4)钢筋运输、安装方法和接头形式。

2)下料长度

钢筋下料长度的计算要考虑钢筋的焊接、绑扎需要的长度和因弯曲而延伸的长度。

2. 钢筋加工安装

钢筋加工一般要经过除锈、调直、切断、成型四道工序。当钢筋接头采用直螺纹或锥螺纹连接时,还要增加钢筋端头镦粗和螺纹加工工序。

钢筋的调直和清除污锈应符合下列要求:

1)钢筋的表面应洁净,使用前应将表面油渍、漆污、锈皮、鳞锈等清除干净。

2)钢筋应平直,无局部弯折,钢筋中心线同直线的偏差不应超过其全长的1%。成盘的钢筋或弯曲的钢筋均应矫直后再使用。

3)钢筋在调直机上调直后,其表面伤痕不得使钢筋截面面积减少5%以上。

4)如用冷拉方法调直钢筋,则其矫直冷拉率不得大于1%。

3. 钢筋连接

钢筋连接一般有绑扎、焊接及机械连接三种方式。

1)钢筋接头的一般要求

(1)钢筋接头应优先采用焊接和机械连接。

(2)对于直径小于或等于25 mm的非轴心受拉构件、非小偏心受拉构件、非承受振动荷载构件的接头,可采用绑扎接头。

(3)钢筋接头应分散布置,配置在“同一截面”(指两钢筋接头在500 mm以内,绑扎钢筋在搭接长度之内)的接头面积占受力钢筋总截面面积的允许百分率应符合下列规定:

①闪光对焊、熔槽焊、电渣压力焊、气压焊、窄间隙焊的接头在受弯构件的受拉区不超过50%;

②绑扎接头在构件的受拉区不超过25%,在受压区不超过50%;

③机械连接接头在受拉区不宜超过50%;

④机械连接接头应在受压区和装配式构件中钢筋受力较小部位;

⑤焊接与绑扎接头距离钢筋弯头起点应不小于10d(d为钢筋直径),并不得位于最大弯矩处。

2)钢筋的接头方式

在加工厂中,钢筋接头宜采用闪光对焊;钢筋交叉连接,宜采用接触点焊。在施工现场,钢筋接头可选择绑扎、手工电弧搭接焊、帮条焊、熔槽焊、窄间隙焊、气压焊、接触电渣焊,还可采用带肋钢筋套筒冷挤压连接、锥螺纹连接、镦粗直螺纹连接等方式。

(四)混凝土拌制

混凝土拌制是利用搅拌机(楼)将一定配合比的水泥、砂石骨料和水等拌制成混凝土混合物。

混凝土生产系统应根据浇筑强度确定生产规模,按用料分散或集中情况设搅拌站(楼)。混凝土用量小、浇筑强度低的小型工程,可采用搅拌机拌制;混凝土用量大、浇筑强度高的大中型工程,可采用搅拌站(楼)拌制。搅拌站(楼)的生产能力应满足混凝土浇筑强度和品种、质量的要求。

常用的搅拌机(楼)有:容量0.4 m^3或0.8 m^3的自落式搅拌机,容量0.5 m^3或0.75 m^3的强制式搅拌机;容量2×0.75 m^3或2×1.0 m^3的自落式搅拌站,容量1×1.5 m^3或1×2.0 m^3的强制式搅拌站;容量2×1.0 m^3的自落式搅拌楼,容量1×2.0 m^3的强制式搅拌楼。

(五)混凝土运输

混凝土运输是拌制与浇筑的中间环节,包括水平运输和垂直运输,从混凝土出机到浇筑仓前,主要完成水平运输,从浇筑仓前至仓内主要完成垂直运输。

1. 混凝土的水平运输设备

通常混凝土的水平运输分有轨运输和无轨运输两种。有轨运输需要专用运输线路，运行速度快，运输能力强，适用于混凝土工程量较大的工程。

无轨运输常用机动翻斗车、自卸汽车等。无轨运输混凝土的优点是机动灵活，能充分利用现有施工道路；缺点是运输效率略低，成本高。

2. 混凝土的垂直运输设备

混凝土的垂直运输设备主要有门式起重机、塔式起重机、卷扬式起重机、履带式起重机等。

3. 混凝土运输浇筑方案

宁夏中小型水利工程较多，混凝土水平运输基本上都采用无轨运输。常用机动翻斗车、自卸汽车等运送并卸入混凝土吊罐内，再由起重机将吊罐吊运入仓卸料。条件允许时，机动翻斗车、自卸汽车等可直接入仓卸料。部分工程受施工道路、场地、位置等的影响，可直接采用混凝土泵输送混凝土入仓。

混凝土运输浇筑方案的选择通常应考虑以下原则：

1)运输效率高，成本低，运输次数少，混凝土拌和物不易分离，可保证混凝土质量。

2)起重设备能够控制整个建筑物的浇筑部位。

3)主要设备型号单一，性能优良，配套设备能使主要设备的生产能力充分发挥。

4)在保证工程质量的前提下能满足高峰浇筑强度的要求。

5)除满足混凝土浇筑要求外，还能最大限度地承担模板、钢筋、金属结构及仓面的小型机具的吊运工作。

6)在工作范围内，设备利用率高，不压浇筑块或不因压块而延误浇筑工期。

(六)混凝土的浇筑和养护

为了避免不均匀沉降引起坝体开裂，常采用结构缝将坝体分段。为了控制温度裂缝和施工方便，用纵缝将坝段分成若干柱状块，在浇筑时又用临时的施工缝将柱状块分层，形成若干浇筑仓，又称浇筑块。保证每个浇筑仓的浇筑质量，从而保证坝体整体质量。

1. 混凝土浇筑工艺流程

1)浇筑前的准备作业

浇筑前的准备作业包括基础面处理、施工缝处理、立模、钢筋及预埋件安设等。

(1)基础面处理。

对于砂砾地基应清除表面杂物，整平建基面，再浇筑厚10~20 cm的低强度等级混凝土作垫层，以防漏浆。对于土基应先铺碎石，盖上湿砂，压实后，再浇筑混凝土。对于岩基，爆破后即应人工清除表面松软岩石、棱角和反坡，并用高压水枪冲洗；若粘有油污和杂物，可用金属丝刷刷洗，直至清洁干净为止，最后用高压风吹至岩面无积水，经质检合格后，才能开仓浇筑。

(2)施工缝处理。

施工缝指浇筑块间临时的水平和垂直结合缝，也是新老混凝土的结合面。在新混凝土浇筑前，应当采取适当的措施(如使用高压水枪、风砂枪、风镐、钢刷机和人工凿毛等)将已浇筑混凝土表面含游离石灰的水泥膜(乳皮)清除，并使表层石子半露，形成有利于层间结合的麻面。对纵缝表面可不凿毛,但应冲洗干净,以利于灌浆。采用高压水枪冲毛时,视气温高低可在浇筑后5~20 h进行;当用风砂枪冲毛时,一般应在浇筑后1~2 d进行。施工缝面凿毛或冲毛后,应用压力水冲洗干净,使其表面无渣、无尘,才能浇筑混凝土。

2)入仓铺料

(1)混凝土入仓铺料方法。

混凝土入仓铺料方法主要有平铺法、台阶法和斜层浇筑法,以平铺法最常用。

①平铺法。混凝土入仓铺料时,整个仓面铺满一层,振捣密实后再铺筑下一层的逐层铺筑方法称为平铺法。

②台阶法。混凝土入仓铺料时,从仓位短边一端向另一端铺料,边前进边加高,逐层向前推进,并形成明显的台阶,直至把整个仓位浇筑到收仓高程。

③斜层浇筑法。斜层浇筑法是在浇筑仓面从一端向另一端推进,推进中及时覆盖,以免发生冷缝。斜层坡度不超过10°,否则在平仓振捣时易使砂浆流动,骨料分离,下层已捣实的混凝土也可能产生错动。浇筑块高度一般控制在1.5 m左右,当浇筑块较薄,且对混凝土采取预冷措施时,斜层浇筑法是较常见的方法,因为这种方法在浇筑过程中混凝土冷量损失较小。

(2)分块尺寸和铺层厚度。

分块尺寸和铺层厚度受混凝土运输浇筑能力的限制。若分块尺寸和铺层厚度已定,要使层间不出现冷缝,应采取措施增加运输浇筑能力。若设备能力难以增加,则应考虑改变浇筑方法,将平铺法改为斜层浇筑法和台阶法,以避免出现冷缝。为避免砂浆流失、骨料分离,宜采用低坍落度混凝土。

(3)铺料允许间隔时间。

混凝土铺料允许间隔时间指混凝土自搅拌楼出机口到覆盖上层混凝土为止的时间,主要受混凝土初凝时间和混凝土温控要求的限制。

混凝土铺料层间间歇超过混凝土允许间隔时间会出现冷缝,使层间的抗渗、抗剪和抗拉能力明显降低。

3)平仓与振捣

卸入仓内成堆的混凝土料按规定要求均匀铺平,称为平仓。平仓可用插入式振捣器插入料堆顶部振动,使混凝土液化后自行摊平,也可用平仓振捣机进行平仓振捣。振捣应当在平仓后立即进行,混凝土振捣主要采用混凝土振捣器进行。振捣器按照振捣方式不同可分为插入式、外部式、表面式以及振动台式等。其中,外部式振捣器适用于尺寸小且钢筋密的结构,表面式振捣器适用于薄层混凝土振捣。水利水电工程大多使用插入式振捣器,插入式振捣器又可分为电动软轴式、电动硬轴式和风动式。混凝土是否振实根据以下现象判断:混凝土表层不再显著下沉、不再出现气泡,表面出现一层薄而均匀的水泥浆。过振的混凝土会出现骨料下沉、砂浆上翻的离析现象。

2. 混凝土养护

养护是保证混凝土强度增长且不发生开裂的必要措施。

混凝土浇筑完毕后,在一个相当长的时间内,应保持其适当的温度和足够的湿度,以造成混凝土良好的硬化条件。这样既可以防止其表面因干燥过快而产生干缩裂缝,又可促使其强度不断增长。

在常温下的养护方法:混凝土水平面可用水、湿麻袋、湿草袋、湿砂、锯末等覆盖;垂直面可进行人工洒水,或用带孔的水管定时洒水,以维持混凝土表面潮湿。近年来出现的喷膜养护法,是在混凝土初凝后,在混凝土表面喷 1~2 次养护剂,以形成一层薄膜,可阻止混凝土内部水分的蒸发,以达到养护的目的。

混凝土养护一般是从浇筑后 12~18 h 开始。养护时间的长短取决于当地气温、水泥品种和结构物的重要性。如用普通硅酸盐水泥、硅酸盐水泥拌制的混凝土,养护时间不少于 14 d;用大坝水泥、火山灰质硅酸盐水泥、矿渣硅酸盐水泥拌制的混凝土,养护时间不少于 21 d;重要部位和利用后期强度的混凝土,养护时间不少于 28 d。冬季和夏季施工的混凝土,养护时间按设计要求进行。冬季应采取保温措施,减少洒水次数,气温低于 5 ℃时,应停止洒水养护。

(七)混凝土的冬季施工

混凝土凝固过程与周围的温度和湿度有密切关系,低温时水化作用明显减缓,强度增长受阻。实践证明,当气温在-3 ℃以下时,混凝土易受早期冻害,其内部水分开始冻结成冰,使混凝土疏松,强度和防渗性能降低,甚至会丧失承载能力。因此,相关规范规定:当日平均气温连续 5 d 稳定在 5 ℃以下或最低气温连续 5 d 稳定在-3 ℃以下时,应按低温季节进行混凝土施工。

试验表明,塑性混凝土受冰冻影响,强度发展有如下变化规律:如果混凝土在浇筑后初凝前立即受冻,水泥的水化反应刚开始便停止;若在正温中融解并重新硬结,强度可继续增长并达到与未受冻的混凝土基本相同的强度,没有多少强度损失;如果混凝土是在浇筑完初凝后遭受冻结,混凝土的强度损失很大,并且冻结温度越高、强度损失越大。不少工程因偶然事故使混凝土受冻,甚至早期受冻,当恢复加热养护后强度继续增长,其 28 d 强度仍接近标准养护强度。

1. 混凝土允许受冻的标准

根据《水利水电工程施工组织设计规范》(SL 303—2017)的规定,混凝土允许受冻的成熟度应不小于 1 800 ℃ · h。所谓成熟度,是指混凝土养护温度与养护时间的乘积。

2. 混凝土冬季作业的措施

混凝土冬季作业通常采取如下措施:

1)施工组织上合理安排。将混凝土浇筑安排在有利的时期进行,保证混凝土的成熟度达到 1 800 ℃ · h 后再受冻。

2)调整配合比和掺外加剂。冬季作业中采用高热或快凝水泥(大体积混凝土除外),采用较低的水灰比,加速凝剂和塑化剂,加速凝固,增加发热量,以提高混凝土的早期强度。

3)原材料加热拌和。当气温在 3~5 ℃以下时可加热水拌和,但水温不宜高于 60 ℃,超过 60 ℃时应改变拌和加料顺序,将骨料与水先拌和,然后加水泥,否则会使混凝土产生假凝。若加热水尚不能满足要求,再加热干砂和石子。加热后的温度,砂子不能超过 60 ℃,石子不能高于 40 ℃。水泥只是在使用前 1~2 d 置于暖房内预热,升温不宜过高。骨料通常采用蒸汽加热。有用蒸汽管预热的,也有直接将蒸汽喷入料仓的骨料中。这时蒸汽所含水量应从拌和加水量中扣除。但在现场实施中难以控制,故一般不宜采用蒸汽直接预热骨料或水浸预热骨料。预热料仓与露天料堆预热相比,具有热量损耗小、防雨雪条件好、预热效果好的优点。但土建工程量较大,工期长,投资多。只有在最低月平均气温在-10 ℃以下的严寒地区,混凝土出机口温度要求高时才采用料仓预热方式。而最低月平均气温在-10 ℃以上的一般寒冷地区,采用露天料堆预热已能基本满足要求。

4)增加混凝土拌和时间。冬季作业混凝土的拌和时间一般应为常温的1.5倍。

5)减少拌和、运输、浇筑中的热量损失。应采取措施尽量缩短运输时间,减少转运次数。装料设备应加盖,侧壁应保温。配料、卸料、转运及皮带机廊道各处应增加保温措施。

3. 混凝土冬季养护方法

冬季混凝土可采用以下几种养护方法:

1)蓄热法。将浇筑好的混凝土在养护期间用保温材料加以覆盖,尽可能将混凝土内部水化热积蓄起来,保证混凝土在结硬过程中强度不断增长。常用的方法有铺膜养护、喷膜养护及采用锯末、稻草、芦席或保温模板养护。

蓄热法是一种简单而经济的方法,应优先采用,尤其对大体积混凝土更为有效。用蓄热法不合要求时,需增加其他养护措施。

2)暖棚法。对体积不大、施工集中的部位可搭建暖棚,棚内安设蒸气管路或暖气包加温,使棚内温度保持在20 ℃以上。搭建暖棚费用很高,包括采暖费,可使混凝土单价提高50%以上,故相关规范规定,只有"当日平均气温低于-10 ℃时",才必须在暖棚内浇筑。

3)电热法。在浇筑块内插上电极。利用交流电通电到混凝土内,以混凝土自身作为电阻,把电能转变成加热混凝土的热能。当采用外部加热时可用电炉或电热片,在混凝土表面铺一层被盐水浸泡的锯末,并在其中通电加热。因电热法耗电量大,故只有当电价低廉时在小构件混凝土冬季作业中使用。

4)蒸汽法。采用蒸汽养护,适宜的温度和湿度可使混凝土的强度迅速增长,甚至1~3 d后即可拆模。蒸汽养护成本较高,一般只适用于预制构件的养护。

(八)大体积混凝土的温度控制措施

1. 大体积混凝土温度变化的过程

大体积混凝土的温度变化过程可分为三个阶段:温升期、冷却期和稳定期。

2. 大体积混凝土的温度裂缝

大体积混凝土的温度变化必然引起温度变形,温度变形受到约束,势必产生温度应力,从而产生温度裂缝。大体积混凝土的温度裂缝有如下两种:①表面裂缝;②贯穿裂缝和深层裂缝。

3. 大体积混凝土温度控制的任务

首要任务是通过控制混凝土的搅拌出机温度来控制混凝土的入仓温度,再通过冷却来降低混凝土内部的水化热温升,使温度降到允许范围。次要任务是通过二期冷却,使坝体温度从最高温度降至接近稳定的温度,以便在达到灌浆温度后及时灌浆。

4. 温控措施

1)减少混凝土的发热量:

(1)减少单位混凝土的水泥用量。

(2)采用低发热量的水泥。

2)降低混凝土的入仓温度:

(1)合理安排浇筑时间。

(2)采用加冰或加冰水拌和。

(3)对骨料进行预冷(包括水冷、风冷、真空汽化冷却)。

3)加速混凝土散热:

(1)采用自然散热冷却降温。

(2)在混凝土内预埋水管通水冷却。

七、砌体工程

(一)砌石工程

1. 砌石分类及基本要求

砌石是用单个石块(或河卵石)经整理砌筑成一体的砌体。砌石分为干砌石和浆砌石两大类。干砌石依靠石块自身的重量和石块接触面间的摩擦力保持稳定;浆砌石是在石块空隙间填充水泥砂浆、混合水泥砂浆或细骨料混凝土等材料,依靠胶结材料的黏结力、摩擦力和石块本身重量保持稳定,也是一种圬工结构。宁夏在水利工程中用石料砌筑坝、水闸、涵洞、护岸、丁坝、挡土墙、渠道和隧洞等水工建筑物有悠久的历史。

浆砌石坝的石料,要求饱和极限抗压强度不低于 40 MPa,软化系数(饱和极限抗压强度与干极限抗压强度之比)不小于 0.7。

2. 干砌石

干砌石不用胶结材料,是依靠石块自身的重量及接触面间的摩擦力保持稳定的石料砌体。干砌石在水利工程中常用于挡墙、护坡、堤面、海漫等。干砌石建筑物的建基面需按设计要求的深度、宽度、长度、坡度开挖或填筑,经清理加固后再砌石。用于干砌的石块,长厚比不宜大于 3,中部厚度不小于 15 cm。风化石要剔除。运到现场的石料,要平整堆放,便于选用。干砌前,先清除石料表面的泥垢,敲去尖角薄棱。干砌时要求砌放平稳,砌缝密合,相互压紧,外形平整。石块间隙可用片石塞实捣紧,使每个石块保持稳定,相互结合成为整体。每层和层间的石块要求上下错缝,内外搭砌,不允许先砌两侧面,然后中间填心的砌筑方法。上下层的结合面不应加垫石;砌体的每层转角、交接和分段部位,宜采用较大的平整块石砌筑。干砌块石的墙体露出面,需设置长边垂直于砌面的块石,称丁石。丁石需均匀分布,当墙厚小于或等于 40 cm 时,丁石长度需相当于墙厚;墙厚大于 40 cm 时,要求内外两块丁石相互搭接,搭接长度不小于 15 cm,且其中一块长度不小于墙厚的 2/3。用料石砌挡时,每隔两层顺砌层上需丁砌一层;同一层采用丁顺组砌时,丁石间距不宜大于 2 m。干砌块石作基础时,一般为阶梯形砌筑,底层选用比较方整的大块石砌,上层块石至少压砌下层块石宽度的 1/3。在干砌石基础前后和挡墙后部的土石料要分层回填夯实。干砌石做成的斜面单层护坡护岸,要先按设计平整好坡面,按规定铺放碎石或细砾石垫层,然后自下而上整理砌筑。干砌石的排水涵洞、挡水坝,要选择质量合格的石料,严格按设计规格加工成型,然后依次砌筑,要求砌缝密合,接触面靠紧,使其受力均匀,保持建筑物稳定。为使干砌石建筑物外形平整,可用混凝土封顶或用水泥砂浆勾缝。

3. 浆砌石

砌筑前,需检查建筑物的地基。在岩基上浆砌,先把岩面清洗干净,铺水泥浆或混凝土后再安入石块。石料要逐个检查,不能使用风化、有裂缝夹泥的石块,石块表面附着的泥垢、青苔、油质等需清除,然后用清水冲洗,并敲除软弱边角。建筑要求平整、稳定、密实、错缝。石料必须保持湿润,砌面先铺砂浆,然后安入石块,石块底部的砂浆要保证饱满,同一层面应大致平衡升高。砌放的石块必须自身稳定,防止晃动。石料间的竖缝灌注砂浆,达到饱满密实。空隙较大,在灌注砂浆(或细石混凝土)时填塞片石,最小砌缝宽度不要大于 1.5 cm。上下层和同一层砌筑的石块,应错缝搭接;同一砌石层,每隔一定距离需砌置垂直砌面的丁石,丁石间距不大于 2 m。当墙厚小于或等于 40 cm 时,丁石长度相当于墙厚;墙厚大于 40 cm 时,可用两块丁石内外搭接,搭接长度不小于 15 cm,且其中一块长度不小于墙厚的 2/3。当砌石体内埋置钢筋或钢丝网时,需采用高标号水泥砂浆,缝宽不宜小于钢筋直径的 3~4 倍,层面保持平整干净。采用细骨料混凝土砌石,平缝要铺料均匀,分层整理砌筑。平缝宽度:一级配混凝土缝宽 4~6 cm;二级配混凝土缝宽 8~10 cm。竖缝比水平缝略宽。灌注的混凝土,需随灌随振捣,混凝土面需与周围的石块表面齐平,待振捣密实后混凝土面略有下降,要防止漏振和缝穴被大骨料架空。浆砌块石体一次可以连续砌筑两层。胶结材料终凝之前,砌面和砌体四周不允许扰动。使用水泥浆或混凝土混合砂浆连续砌筑时,在胶结材料终凝前,需将表面浮渣清除,并洗刷干净。若停砌时间较长,复工前需将表面凿毛,清除松动石块,湿润石面,先铺砂浆然后继续砌石。为保持砌石出露面整齐美观,对水平或垂直砌缝采取勾缝处理。砌体的外露面的胶结材料初凝后要注意养护。

(二)格宾施工

格宾施工内容主要包括格宾网垫护坡、格宾网箱基础、格宾垂直挡墙的施工。

1. 网垫施工

1)施工工序

格宾网垫应在坡面整修验收合格后进行铺设安装,其工序流程见图 1-5。

坡面开挖 → 坡面修整 → 网垫摆放 → 外形控制 → 分层填料 → 封盖绑扎

图 1-5　格宾网垫施工工序流程

2)网垫组装

首先在河道、沟道、渠道、水库、蓄水池、湖泊工程的坡面地基上,或坡面附近的场地上,将网垫半成品的隔片与网身调整成 90°;其次按规定的绑扎间距要求用绑扎丝绑扎,在设计坡面位置上组装成单个网垫,见图 1-6。绑扎时需在隔网与网身的四处交角各绑扎一道,在隔网与网身交接处,每间隔 15 cm 绑扎一道,每道缠绕 4 圈。

宁夏水利工程格宾在顺水流方向(B 向)的单个网垫宽度一般为 200 cm,按设计要求摆放到位后,将相邻网垫按规定的间距绑扎,集成满足设计要求的坡面格宾网垫。

3)网垫填料

为了保证施工质量,坡面网垫填料采用人工摆放、机械送料相结合的填料方式。网垫填料时,应由网垫下部向上部逐一向各网格内填料。填料粒径大小要均匀摆放,相互搭接平稳,以满足填充料密度要求。填料预留压缩变形高度一般取 3 cm(高出网垫)。网垫填

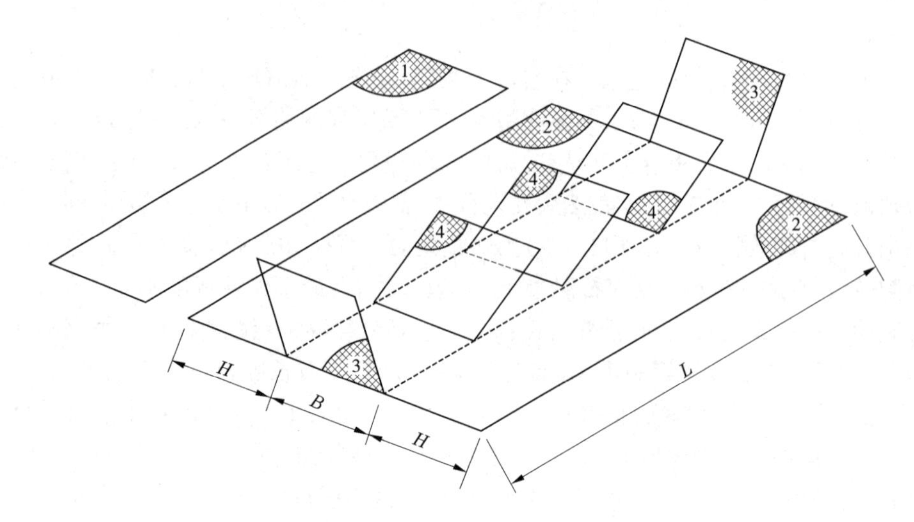

1—网盖;2—网身;3—端网;4—隔网;*L*—网箱长度;*B*—网箱宽度;*H*—网箱高度。

图 1-6 格宾网垫展开图

料施工质量控制的关键是格宾网垫填料后的变形与密实度的控制。

4)网垫封盖

当单个网垫填料完成后,即可将网盖与网垫、隔断网片、相邻网垫之间按间距 15~20 cm 的要求相互绑扎,见图 1-7。

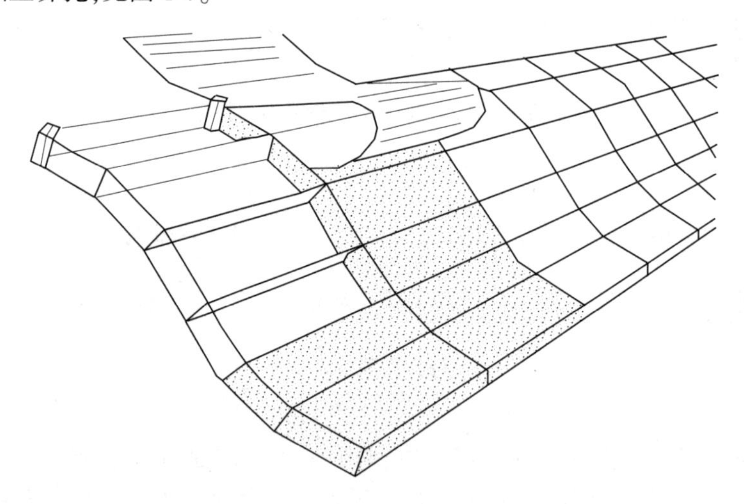

图 1-7 格宾网垫铺设示意

2. 网箱施工

1)施工工序

(1)格宾网箱主要用于护坡的基础部位,其施工前应结合不同水环境特点的河道、沟道、渠道、湖泊景观水道的水特点,提出围绕排水、基槽稳定为主的施工组织设计。

(2)在有导流的条件下,应将工程段落的水导流至其他沟道或上下游,以减少来水量,降低作业面水位。

(3)针对宁夏河道、沟道、渠道、湖泊景观水道基础施工排水、基槽稳定实际状况,基础网箱的施工分为干法施工和水下施工两种,其工序流程见图 1-8 和 1-9。

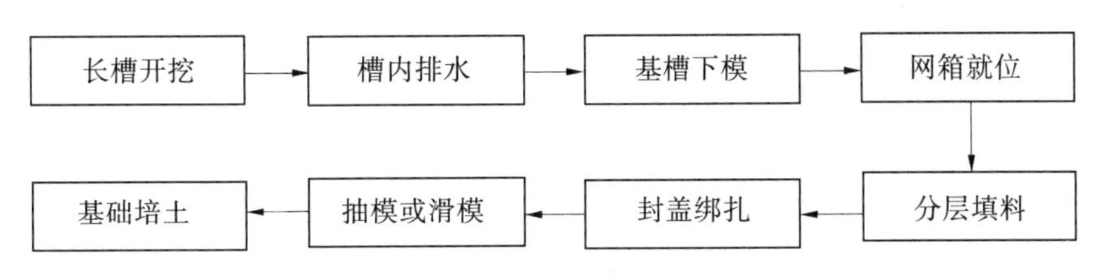

图 1-8　格宾网箱基础干法施工工序流程

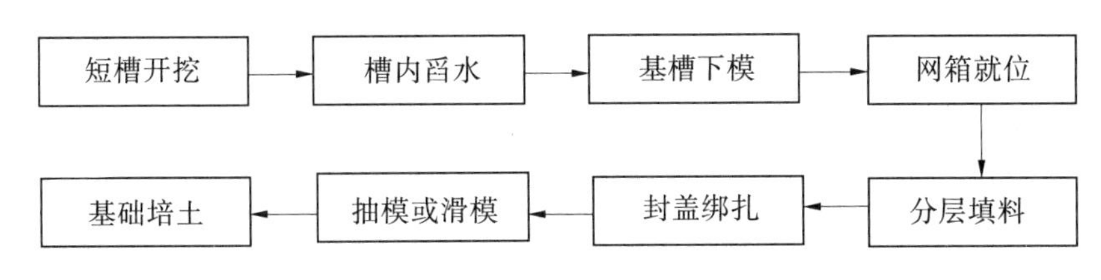

图 1-9　格宾网箱基础水下施工工序流程

2)网箱干法施工

干法施工是指通过排水措施后,基槽内积水深度小于 30 cm,且基槽稳定,没有明显流土、流沙现象。此时,基槽开挖一般采用"长槽"式,长度为 60~100 m。其工序见图 1-8,由此逐段推进。排水方法采用小型水泵。

3)网箱水下施工

水下施工是指场地排水困难,基槽内积水深度大,且基槽稳定性差,存在明显的流土、流沙现象,该施工场地主要分布在宁夏引黄自流灌区排水沟道。此时,基槽开挖一般采用"短槽"式,长度为 3~5 m。其工序见图 1-9,由此逐段推进。具体做法如下:

(1)基槽开挖,形成局部围堰。根据基础宽度和深度,采用与基础宽度相近的挖掘机铲斗,沿纵向预挖长 3 m 的基槽,形成局部围堰。基槽开挖弃土就近堆放于基槽临水侧,形成小围堰,并进行适当拍压密实,减少外水漏入基槽。在开挖基槽时及时控制基础高程。

(2)基槽舀水。基槽成型后,用挖掘机铲斗将已开挖的基槽内的积水快速舀出。

(3)基槽下模。快速将事先准备好的钢制滑模起吊至已开挖好基槽内,采取机械和人工相结合摆正滑模,再次确定高程。

(4)模内网箱就位。将绑扎好的 2 m×1 m×1 m(长×宽×高)的网箱摆放至滑模内。为了保证网箱在填充石料时不变形,用直径 3 cm 钢管横担于网箱上,沿中间位置,将网箱两侧撑开。

(5)网箱填料。用挖掘机向网箱内缓慢填充石料,待石料填满后封盖绑扎。

(6)撤模培土。上述工序完成后,用挖掘机继续向前开挖,至基槽高程合格后,将滑模撤走至开挖的基槽内,将已制作好的网箱石笼两侧再用挖掘机培土压实。

4)网箱组装

(1)单个网箱。

在网垫施工前,先要完成网垫基础网箱的施工。一般先在河道、沟道、渠道、水库、湖泊等网垫的基础槽内,或附近的场地上,将网箱半成品的隔片与网身调整成90°,之后按规定的绑扎间距用绑扎丝绑扎,组装成网箱。

(2)绑扎要求:

①隔网与网身的四处交角各绑扎一道;

②隔网与网身交接处,每间隔15 cm绑扎一道,每道缠绕4圈;

③网箱水平拉丝按照相关规定设置。

(3)网箱集成。

格宾在顺水流方向的单个网箱长度一般为100~200 cm、宽80~100 cm、埋深100~150 cm,在其按设计要求摆放到位后,要将相邻(上、下,左、右)网箱的边丝按规定的间距用绑扎丝绑扎,拼装成基础的连续网箱。

5)网箱填料

网箱填料除满足前述网垫填料的基本要求外,还应符合以下要求:

(1)应依次、均匀、分批向各网箱内填料,严禁将单个网箱一次性填满。

(2)对于高度不小于100 cm的网箱,要结合设置的水平拉丝,采用分层填料的方式填筑,避免网箱产生超规定的变形。

(3)为了使外露格宾网箱工程的外观平顺、美观,对有特殊要求的网箱,施工时应在有防变形支撑措施下对网箱填充石料。

6)网箱封盖

当单个网箱按照要求完成填料后,即可将网盖与网箱边丝、相邻(上、下,左、右)网箱之间的边丝按要求相互绑扎在一起,绑扎间距15~20 cm。

3. 挡墙施工

格宾挡墙施工除参照前述网垫、网箱施工要求外,还要按照格宾挡墙专项设计与施工要求进行。对于水景观要求较高的城市河道护岸挡墙的外露面,可以考虑采用无锈熔接网,但必须经充分论证后酌情选用。

4. 其他要求

(1)不得采用吊装格宾石笼就位的方式施工。

(2)不得在回填的冻土上施工格宾。

(3)不得采取格宾基础培土后清淤沟道的施工方法。

八、地下洞室工程施工

(一)地下洞室工程分类

地下洞室工程是把建筑物修建在地表以下一定深度处的工程。地下洞室工程施工直接受到工程地质、水文地质和施工条件的制约,因而往往是整个水利水电枢纽工程中控制施工进度的主要项目之一。

水利水电工程地下洞室主要有:引水隧洞、尾水隧洞、导流洞、泄洪洞、放空洞、排沙洞、调压井、地下主副厂房、主变压器室、尾水闸室、交通洞、排风洞(井)、出线洞(井)、排水洞和施工支洞等。

水利水电工程地下洞室的分类如下：

1. 按工作性质可分为过水和不过水两类。

2. 按结构特性可分为不衬砌结构、柔性支护结构（喷锚支护）、混凝土衬砌结构和钢衬结构等。

3. 按形状及布置形式可分为平洞、斜井、竖井、大型洞室等。

（二）钻爆法平洞开挖

1. 平洞分类

洞轴线与水平夹角小于或等于6°的隧洞称为平洞。平洞可按断面尺寸及用途分类。

1）按断面尺寸分类，见表1-44。

表1-44　平洞按断面尺寸分类

断面类型	断面面积 S /m^2	等效直径 D/m
小断面	$S\leqslant 20$	$D\leqslant 4.5$
中断面	$20<S\leqslant 50$	$4.5<D\leqslant 7.5$
大断面	$50<S\leqslant 120$	$7.5<D\leqslant 12$
特大断面	$S>120$	$D>12$

2）按用途分类：

（1）勘探洞。一般断面小，工程量小，不做永久支护。

（2）施工支洞。为进入主体工程而开挖，作为施工期的交通通道，必须做一次支护。

（3）主体洞。分过水洞与不过水洞两类。不过水洞有交通洞、出线洞、通风洞等，其断面大小与工程规模有关，必须做永久性支护，结构上仅考虑山岩压力；过水洞有导流洞、泄洪洞、尾水洞等，其断面一般比较大，结构上不仅要考虑山岩压力，还要考虑内水压力，要求表面光洁、糙率系数低。

2. 平洞开挖方法

根据地下洞室断面分类，结合施工机械和技术水平情况，平洞开挖可采用全断面开挖、先导洞后扩大开挖、台阶扩大开挖、分部分块开挖等方式进行施工。

1）全断面开挖方式。是采用机械化或半机械化进行全断面一次开挖成形的施工方法。

2）先导洞后扩大开挖方式。当地质条件较差（或地质情况不明）时，可先在洞室开挖一个或两个断面面积在10 m^2 左右的小导洞，以便了解和掌握地质情况，并可根据情况采用锚杆支护和预灌浆方法对围岩进行加固，保证隧洞扩大开挖时的施工安全。通常在导洞开通后，再进行扩大开挖。

3）台阶扩大开挖方式。这种方式是将洞室分成上、下两个台阶，一般采用钻车（或其他大型设备）进行上台阶全断面掘进，然后再进行下台阶扩大开挖（称为正台阶法），也可以采用反台阶法。台阶扩大开挖方式适用于大断面洞室的开挖。

4）分部分块开挖方式。在特大断面的洞室开挖中，可采用先拱后扩大、先导洞后顶拱扩大再中下部扩大、肋拱留柱扩大、中心导洞辐射孔等方式进行分部分块开挖。

3. 平洞钻孔爆破

钻孔爆破法一直是地下建筑物岩石开挖的主要施工方法。这种方法对岩层地质条件适应性强、开挖成本低,尤其适合岩石坚硬、长度相对短的洞室施工。

1)地下洞室岩石开挖爆破施工特点

与露天开挖爆破比较,地下洞室岩石开挖爆破施工主要有如下特点:

(1)因照明、通风、噪声及渗水等影响,钻爆作业条件差;钻爆工作与支护、出渣运输等工序交叉进行,施工场面受到限制,增加了施工难度。

(2)爆破自由面少,岩石的夹制作用大,增大了破碎岩石的难度,使岩石爆破的单位耗药量增多。

(3)爆破质量要求高。对洞室断面的轮廓形成一般均有严格的标准,要控制超挖,且不允许欠挖;必须防止飞石、空气冲击波对洞室内有关设施及结构的损坏;应尽量控制爆破对围岩及附近支护结构的扰动以及对质量的影响,确保洞室围岩的安全稳定。

2)钻孔爆破法施工工序

采用钻孔爆破法进行地下洞室的开挖,其施工工序包括钻孔、装药、堵塞、起爆、通风散烟及除尘、安全检查与处理、初期支护、出渣运输等,这通常称为地下洞室掘进的一次循环作业。如此周而复始、多次循环即可完成开挖。

(1)钻孔。钻孔是隧洞爆破开挖中的主要工序,其工作强度较大,耗时多,耗时占一次循环作业时间的25%~50%。目前,广泛采用的钻孔设备为凿岩机和钻孔台车。为保证爆破效果良好,施钻前应由专业人员标出掏槽孔、崩落孔和周边孔的设计位置,最好采用激光系统定位,严格按照标定的炮孔位置及设计钻孔深度、角度和孔径进行钻孔。国外在钻凿掏槽孔时,通常使用带轻便金属模板的掏槽钻孔夹具来保证其准确性。

(2)装药。装药前应对炮孔参数进行检查验收,测量炮孔位置、炮孔深度是否符合设计要求。然后清孔,可用风管通入孔底,利用风压将孔内的岩渣和水分吹出。

确认炮孔合格后,即可进行装药及起爆网路联线工作。严格按每孔设计装药量和装药结构进行装药,如炮孔中有水或潮湿,应采取防水措施或改用防水炸药。

(3)堵塞。炮孔装药后孔口必须进行堵塞,防止爆轰气流过早地从孔口冲出,提高爆炸能量利用率。

常用的堵塞材料有砂子、黏土、岩粉等,小直径炮孔则常用炮泥。堵塞时将炮泥段送入炮孔,用炮棍适当挤压、捣实。

(4)起爆。起爆前,要由专人核对装药、起爆炮孔数,并检查起爆网路、起爆电源开关及起爆主线。确认完成安全警戒工作后,方可发出起爆命令。起爆后检查、确认炮孔是否全部起爆,如发现盲炮,要采取安全防范措施。

(5)通风、散烟及除尘。目的是清除爆破产生的有害气体和粉尘,清新空气,改善洞内工作环境,这对长隧洞施工尤为重要。

洞内通风方式有自然通风和机械通风两种。自然通风只适用于长度不超过40 m的短洞,实际工程中多采用机械通风。

(6)安全检查与处理。在通风散烟后,应检查处理洞内危石,消除安全隐患。

(7)初期支护。发现围岩稳定性较差时,必须对暴露围岩进行临时支撑或支护,预防塌方或松动掉块,确保施工安全。

临时支撑的形式很多,有木支撑、钢支撑、预制混凝土支撑、喷混凝土和锚杆支护等,以喷混凝土和锚杆支护最常用。

(8)出渣运输。出渣是隧洞开挖中很重要的工序,耗时占一次循环时间的1/3~1/2,必须选择配套的挖装、运输机械,提高出渣速度。

3)周边孔光面爆破

采用钻孔爆破法开挖,洞室的轮廓控制主要取决于周边孔的布置及其爆破参数的选择,如控制不当会使洞壁起伏差异大,造成严重的超挖或欠挖;对无衬砌的过流隧洞,因糙率增大降低了泄流能力,对围岩的稳定也极为不利。因此,平洞开挖爆破,需采用光面爆破或预裂爆破技术,控制开挖轮廓。

光面爆破的运用不仅可以实现洞室断面轮廓成形及规整、减少围岩应力集中和局部落石现象、减少超挖和混凝土回填量,而且能够最大限度地减轻爆破对围岩的扰动和破坏,尽可能保存围岩自身原有的承载能力,改善支护结构的受力状况。光面爆破与锚喷支护相结合,能节省大量混凝土,降低工程造价,加快施工进度。

光面爆破效果的合格标准为:开挖轮廓成形规则,岩面平整;围岩壁上的半孔壁保存率不低于50%,且孔壁上无明显的爆破裂隙;超欠挖符合规定要求,围岩上无危石等。

4. 平洞装渣、运输

平洞装渣、运输方式应根据隧洞断面大小、长度、施工工期及施工设备性能等因素,经过技术经济比较后选定。平洞常用出渣方式及配套设备见表1-45。

表1-45　平洞常用出渣方式及配套设备

作业方式	装渣方式	运输方式	适用条件	特点
有轨作业	人工	斗车、人工推运或电瓶车牵引	小断面隧洞	污染小,速度慢
	装岩机、扒渣机	斗车、电瓶车牵引	中、小断面隧洞	污染小,速度快
无轨作业	人工	胶轮车、机动翻斗车	小断面、短隧洞	污染小,速度慢
	装岩机	机动翻斗车	小断面、短隧洞	机动灵活,污染大
	装载机、挖掘机	自卸汽车	大、特大断面隧洞	污染严重,速度快,机动灵活
	装岩机	自卸汽车	中断面隧洞	污染相对小,当平洞宽度大于装载宽度时,装载效率受到制约
无轨装渣、有轨运输	装载机、装岩机	梭车或大型矿车、电瓶车或柴油机车牵引	中断面隧洞	污染较小,速度快

(三)斜井、竖井开挖

水利水电工程洞轴线与水平夹角在6°~75°的隧洞称为斜井,洞轴线与水平夹角大于75°的隧洞称为竖井。竖井主要有引水竖井、调压井、闸门井、出线井、通风井及交通井等。

斜井、竖井的开挖方法分为全断面开挖法(正井法)和先导井后扩大开挖法(导井法)。其中,导井法分为导井开挖法和扩大开挖法。导井开挖法又分为正导井、反导井或正反导井结合法,深孔分段爆破法,吊罐法,爬罐法,反井钻机法。选择斜井、竖井施工方法时,需考虑围岩的类别、交通条件、断面尺寸、有无钢板衬砌等因素。常用的斜井、竖井开挖方法见表1-46。

表1-46　常用斜井、竖井开挖方法

方法			适用范围	施工程序	施工特点
全断面开挖法(正井法)			小断面浅井; 大断面竖井,下部无施工通道或下部虽有施工通道,但工期不能满足要求; 斜井倾角小于40°	开挖一段,支护一段	需要提升设备以解决人员、钻机及其他工具、材料、石渣的垂直运输问题; 安全问题突出
先导井后扩大开挖法	导井开挖法	正导井、反导井或正反导井结合法	适用于井深小于100 m的导井	提升架及卷扬设备安装→开挖	施工简易;正导井开挖需提升设备
		深孔分段爆破法	适用于井深30~70 m、下部有施工通道的导井	钻机自上而下一次钻孔,自下而上一次或分段爆破,石渣坠落至下部出渣	成本低,效率高; 爆破效果取决于钻孔精度
		吊罐法	适用于井深小于100 m的竖井	用钻机钻钢丝绳孔及辅助孔(孔径100 mm)→上部安装起吊设备→下放钢丝绳吊吊罐进行开挖作业	施工设备简易,成本低; 要求上、下联系可靠
		爬罐法	适用于竖井、倾角大于45°斜井的导井开挖	人工开挖一段导井→安装导轨→继续开挖	自下向上利用爬罐上升,向上式钻机钻孔,浅孔爆破,下部出渣,安全性好
		反井钻机法	适用于竖井、斜井(倾角大于或等于50°)、深度在250 m以内的斜导井和深度在300 m以内的竖导井开挖	先自上而下钻直径为216 mm的导孔,然后自下而上扩至2.0 m	机械化程度高,施工速度快、安全,工作环境好,质量好,工效高;对于Ⅳ~Ⅴ类围岩成功率低
	扩大开挖法	导井辐射孔扩挖法	适用于Ⅰ、Ⅱ类围岩的竖导井	在导井内,用吊罐或活动平台自下而上打辐射孔,分段爆破	需要提升设备及活动平台;钻孔与出渣可平行作业;井壁规格控制难度大
		吊盘反向扩挖法	适用于Ⅰ、Ⅱ类围岩的较小断面的竖井	导井开挖,从导井内下放活动吊盘,并与岩壁撑牢,即进行钻孔作业。钻孔完后,收拢吊盘,从导井内往上起	需提升设备;吊盘结构简单,造价低
		自上而下扩挖法	适用于各类围岩	先加固井口,安装提升设备,进行钻孔爆破作业。视围岩稳定情况,支护跟着开挖面进行。石渣从导井卸入井底,再转运出洞	需提升设备,以运输施工设备和器材;扩大斜井需有专用活动钻孔平台车

（四）衬砌施工

1. 衬砌的作用

衬砌是指沿隧洞开挖断面四周做成的人工护壁，其作用有以下几方面：

1）保证围岩稳定，以承受山岩压力、内水压力及其他荷载。

2）防止隧洞漏水。

3）防止水流、空气、温度和湿度变化等因素对围岩的冲刷、风化、侵蚀等破坏作用。

4）降低隧洞过水断面周界的糙率，改善水流条件，减小水头损失。

在隧洞围岩条件好且水头低的情况下，可不加衬砌。

2. 衬砌施工方法

混凝土和钢筋混凝土衬砌的施工有现浇、预填骨料压浆和预制安装等方法，现浇衬砌施工和一般混凝土及钢筋混凝土施工基本相同。下面就洞室施工的特点作以下说明。

1）隧洞衬砌的分缝、分块及浇筑顺序

若隧洞很长，纵向通常要分段进行浇筑。当结构上设有永久伸缩缝时，可以利用永久伸缩缝分段。当永久伸缩缝间距过大或无永久伸缩缝时，则应设施工缝分段。分段长度一般为 4~18 m，具体视隧洞断面大小、围岩约束特性以及施工浇筑能力等因素而定。

分段浇筑的方式有：①跳仓浇筑；②分段流水浇筑；③分段留空当浇筑等。隧洞衬砌施工在横断面上一般分块进行。浇筑顺序一般是先底拱（底板），后边拱（边墙）和顶拱。其中边拱（边墙）和顶拱可以连续或分块浇筑，视模板形式和浇筑能力而定，但在围岩稳定性差或断面过大的情况下，为了保证施工安全，应采取边开挖、边衬砌的施工方法，以及先浇顶拱、后浇边墙和底拱的浇筑顺序。由于在浇筑顶拱、边拱（边墙）时，混凝土体下方无支托，应注意防止衬砌的位移和变形。此外，还要做好分块接头处分缝的处理，必要时要对分缝进行灌浆。

2）隧洞衬砌模板

隧洞衬砌模板的形式依隧洞洞形、断面尺寸、施工方法和浇筑部位等因素而定。

对底拱而言，当中心角较小时，可以像底板浇筑那样，不用表面模板，只立端部挡板，混凝土浇筑后用型板将混凝土表面刮成弧形即可；当中心角较大时，一般采用悬挂式弧形模板。浇筑边拱（边墙）、顶拱时，常用桁架式模板或钢模台车。

3）衬砌的浇筑

隧洞衬砌多采用二级配混凝土，对中小型隧洞一般采用斗车或轨式混凝土搅拌运输车将混凝土运至浇筑部位；对大中型隧洞则多采用 3~6 m^3 的轮式混凝土搅拌运输车运输。在浇筑部位通常用混凝土泵将混凝土压送并注入仓内。

4）衬砌的封拱

隧洞的衬砌封拱是指顶拱混凝土即将浇筑完毕前将顶拱范围内未充满混凝土的空隙和预留的进出口窗口予以浇筑、封堵填实的过程。封拱方法多采用封拱盒封拱和混凝土泵封拱。

（1）封拱盒封拱。在封拱前先在拱顶预留一个小窗口，尽量把能浇筑的两侧部分浇好，然后从窗口退出人和机具，并在窗口四周立侧模，待混凝土达到规定强度后将侧模拆除，凿毛之后安装封拱盒。封堵时先将混凝土料从盒侧活门转入，再用千斤顶顶起活动封板,将盒内混凝土压入待封部位即完成。

(2)混凝土泵封拱。施工程序是:①当混凝土浇至顶拱仓面时,撤出仓内各种器材,尽量筑高两端混凝土;②当混凝土浇至与进人孔齐平时,仓内人员全部撤离,封闭进人孔,同时增大混凝土的坍落度(达 14~16 cm),加快混凝土泵的压进速度,连续压送混凝土;③当排气管开始漏浆或压入的混凝土量已超过预计混凝土量时,停止压送混凝土;④去掉尾管上包住预留孔眼的铁箍,从孔眼中插入防止混凝土塌落的钢筋;⑤拆除导管;⑥待顶拱混凝土凝固后,将外伸的尾管割除,并用灰浆抹平。

5)压浆混凝土施工

压浆混凝土又称预填骨料压浆混凝土,其施工方法是将组成混凝土的粗骨料预先填入立好的模板中,尽可能振实以后,再利用灌浆泵把水泥砂浆压入。这种施工方法适用于钢筋稠密、预埋件复杂、不容易浇筑和捣固的部位,洞室衬砌封拱或钢板衬砌回填混凝土时,用这种方法施工可以明显减轻仓内作业的工作强度和干扰。

(五)喷锚支护工程

喷锚支护是喷混凝土支护、锚杆支护、喷混凝土锚杆支护、喷混凝土锚杆钢筋网支护和喷混凝土锚杆钢拱架支护等不同支护形式的统称。它是地下工程支护的一种新形式,也是新奥地利隧道工程法(新奥法)的主要支护措施。

1. 喷锚支护的应用领域

喷锚支护作为加固岩土和稳定结构的经济而有效的方法,具有广泛的应用领域,包括边坡稳定工程、深基坑工程与抗浮工程、抵抗倾覆的结构工程、地下工程和冲击区的抗浮与保护工程等。

2. 喷锚支护原理

喷锚支护是充分利用围岩的自承能力和具有弹塑变形的特点,有效控制和维护围岩稳定的新型支护方式。它的原理是把岩体视为具有黏性、弹性、塑性等物理性质的连续介质,同时利用岩体中开挖洞室后产生变形的时间效应这一动态特性,适时采用既有一定刚度又有一定柔性的薄层支护结构与围岩紧密黏结成一个整体,以期既能对围岩变形起到抑制作用,又可与围岩同步变形来加固和保护围岩,使围岩成为支护的主体,充分发挥围岩自身的承载能力,从而增加围岩的稳定性。

3. 喷锚支护形式

根据围岩不同的破坏形态采用不同的支护形式。围岩的破坏形态主要分为局部破坏和整体破坏。

1)局部破坏。通常采用锚杆支护,有时根据需要加做喷混凝土支护。

2)整体破坏。通常采用喷混凝土锚杆支护、喷混凝土锚杆钢筋网支护和喷混凝土锚杆钢拱架支护等不同支护形式。

4. 锚杆支护

锚杆是由杆体(钢绞线、预应力钢筋、钢管等)、注浆固结体、锚具、套管所组成的一端与支护结构构件连接,另一端锚固在稳定岩土体内的受拉杆件。简单地说,锚杆就是由锚头、自由段、锚固段组成的承受拉力的杆件。杆体采用钢绞线时,也可称为锚索。

锚杆是锚固在岩体中的杆件,用以加固围岩、提高围岩的自稳能力。工程中常用的锚杆有金属锚杆和砂浆锚杆，其锚固方式基本分为集中锚固和全长锚固，按锚杆布置方式分为局部锚杆和系统锚杆。

局部锚杆嵌入岩层，把可能塌落的岩块固定在内部稳定的岩体上，起到悬吊作用，保证洞顶围岩的稳定。系统锚杆一般按梅花形排列，连续锚固在洞壁内，将被结构面切割的岩块串联起来，保持和加强岩块的联锁、咬合和固嵌效应，使分割的围岩组成一体，形成一个连续加固拱，提高围岩的承载能力。

锚杆形式很多，按作用原理来划分主要有下列类型：全长黏结型锚杆、端头锚固型锚杆、摩擦型锚杆、预应力锚杆和自钻式注浆锚杆。锚杆按安装时间先后又可分为超前锚杆和洞身锚杆。

超前锚杆是在岩石爆破开挖前，沿洞室顶拱开挖轮廓线，将锚杆以较大的外插角打入洞室掘进前方稳定岩层内，形成对洞室前方围岩的预锚固(预支护)的锚杆，以保证在提前形成的洞室围岩锚固圈的保护下进行开挖、装渣、出渣和衬砌等的施工安全。超前锚杆主要适用于围岩应力较小、地下水较少、岩体软弱易破碎、稳定性差、开挖面有可能坍塌的地下工程。超前锚杆施作方向为隧道前进方向，超前锚杆一般从拱架中穿过，并与前后环超前焊接，与拱架形成整体受力，防止隧道断面拱部发生坍塌。

洞身锚杆是在岩石爆破开挖后，将锚杆打入预先钻好孔的地表岩体或洞室周围岩体中，利用其头部、杆体的特殊构造和尾部托板(也可不用)或依靠黏结作用将围岩与稳定岩体结合在一起而产生悬吊效果、组合梁效果、补强效果，以达到支护作用的锚杆。洞身锚杆也称系统锚杆、径向锚杆，是沿隧道圆心半径方向施作的一种锚杆，一般要求锚杆施工时要垂直于岩面，以保证隧洞周围岩石稳定。

5. 喷混凝土施工

喷混凝土是将水泥、砂、石等骨料，按一定配比拌和后，装入喷射机中，用压缩空气将混合料压送到喷头处，与水混合后高速喷到作业面上，快速凝固而成一种薄层支护结构。喷混凝土的施工方法有干喷法和湿喷法两种。

1)干喷是将水泥、砂、石和速凝剂加微量水干拌后，用压缩空气输送到喷嘴处，再与适量水混合，喷射到岩石表面；也可以将干混合料压送到喷嘴处，再加液体速凝剂和水进行喷射。这种施工方法便于调节水量、控制水灰比，但喷射时粉尘较大。

2)湿喷是将骨料和水拌匀以后送到喷嘴处，再添加液体速凝剂，并用压缩空气补给能量进行喷射。湿喷法主要改善了干喷法喷射时粉尘较大的缺点。

6. 钢筋网支护

当地下洞室跨度较大或围岩较易破碎时，可采用钢筋网支护。钢筋网可在喷射混凝土支护前防止锚杆间岩块松动、脱落，还可以提高喷射混凝土的整体性。

7. 预应力锚索支护

预应力锚索是利用高强钢丝束或钢绞线穿过滑动面或不稳定区深入岩体深层，利用锚索体的高抗拉强度增大正向拉力，改善岩体的力学性质，增加岩体的抗剪强度，对岩体起加固作用，并增大岩层间的挤压力。预应力锚索分为有黏结锚索和无黏结锚索两种。

(六)地下工程施工辅助作业

地下工程施工中的辅助作业是通风、散烟、除尘、排水、照明和风水电供应等。做好这些辅助作业可以改善施工人员作业环境,为加快地下工程施工创造良好的条件。

1. 通风、散烟及除尘

通风、散烟及除尘的目的是创造满足卫生标准的洞内工作环境,在长隧洞施工中尤为重要。

洞内通风方式有自然通风和机械通风两种,实际工程中多采用机械通风。机械通风的基本形式有压入式、吸出式和混合式三种,机械通风方式的选择取决于洞室形式、断面长度和隧洞长度。竖井、斜井和短洞开挖,可采用压入式通风;小断面长洞开挖,宜采用吸出式通风;大断面长洞开挖,宜采用混合式通风。

2. 排水、照明及风水电供应

在洞室开挖过程中,关于供风(压缩空气)、供水、供电、照明及排水等辅助作业,虽不像钻孔爆破、出渣运输等作业那样直接影响开挖掘进的速度、质量和安全,但它们对于保证钻孔爆破和运输作业的正常进行都有影响,在整个开挖循环作业中必须统筹考虑,不能疏漏。

所有辅助作业都应与开挖掘进工作密切配合。输送到工作面的压缩空气,不仅风量要充足,而且风压不应低于 0.5 MPa。施工用水的数量、质量和压力,应满足钻孔、喷水、喷锚作业、混凝土衬砌、灌浆、消防和生活等方面的要求。洞内的供电线路宜按动力、照明、电力起爆的不同需要分开架设,并注意防水和绝缘的要求。洞内照明应采用 36 V 或 24 V 的低压电,保证洞室沿线和工作面的照明亮度。洞内排水系统必须畅通,保证工作面和路面无积水。

九、堤防工程

堤防工程主要是土方工程、混凝土工程与砌石工程,施工方法此处不再赘述。下面简要补充宁夏黄河河道治理中常见的混凝土四角体施工工艺及抛投施工要点。

混凝土四角体施工工艺流程:场地平整→模具组装→混凝土浇筑→脱模→养护→抛入河中。

混凝土四角体由特定模具组装后进行预制施工,混凝土入仓采用特制漏斗(根据四脚体浇筑口制作)入仓,人工辅助配合,第一次浇筑高度一般掌握在 25~50 cm(底脚面以下),浇筑时一边填料一边振捣。用插入式振捣器进行振捣,振捣器应垂直插入混凝土,按顺序进行振捣,先振下面的三个脚然后再往上振,且每两次插入间距应小于振捣器有效半径的 1.5 倍,振捣混凝土四周及边脚全部密实,不再明显下沉,表面开始泛浆,并有气泡逸出为准。为了保证浇筑质量,由施工人员现场把关。根据混凝土浇筑完成时间,以及气温等情况,把握混凝土成型时机,使其有一定强度且不粘模。为了便于拆模,一般在气温最高时脱模。拆模过程中应小心,可用橡胶锤适量敲打,确保不出现啃边、掉角及磕碰现象。预制块脱模后,尽快采取覆盖和洒水养护等保湿措施。混凝土养护用水的条件和拌和用水相同。混凝土的洒水养护时间为 28 d。混凝土四脚体见图 1-10。

混凝土四脚体工程必须按设计位置准确抛筑,抛筑遵循“先远后近”“先上游后下游”的原则。混凝土四脚体与块石同时抛筑时,先抛混凝土四脚体后抛散石,抛石顺序应由下游开始,逐段抛向上游,一层一层循环进行,抛至施工水面以上露出头即可,抛筑数量和厚

图1-10　混凝土四脚体

度必须符合设计要求，并且要有详细记录。如果施工过程中因水流冲刷塌陷，造成护脚塌落，要及时补抛，以防垛体被冲毁。

混凝土四脚体采取吊车吊装、汽车拉运、人工结合吊车再抛投的方式进行抛投，为避免大的凹凸不平现象，混凝土四脚体采用人力配合装载机抛投并在抛投过程中不断探查，以保证达到设计位置和高程，并且空隙填充密实。抛混凝土四角体要尽量在流势较小时进行，由下游抛向上游。

十、非开挖管道安装工程

（一）定向钻

定向钻是工程技术行业的一种管道施工工艺，一般多用于石油、天然气以及一些市政管道建设，由大型的定向钻机进行定位钻孔、扩孔、清孔、管道回拖等过程以后再进行管道施工，在近几年水利工程施工中应用十分广泛。

1. 定向钻施工的优点及原理

定向钻施工法也称为往复式潜钻施工法，是指无法以传统方式进行开挖、推进且作业人员无法进入工作区，需用机械方法操作钻掘、排土、清渣及方向控制，同时在扩孔后将各种管材埋入地下的施工方法。定向钻施工法的优点有：需要的作业空间小，对交通影响小；采用机械化施工，施工迅速，工期短；减少因施工发生路面下陷及房屋龟裂的可能；已有埋设物的障碍物处理减至最小限度；所需开挖空间小，安全防护容易；工人不需进入危险区作业，可保护工人安全；在人口密集地区，对市民生活影响小；适合穿越铁路、公路、高速公路、河流等处的埋管施工。

2. 定向钻施工及工作原理

管道定向穿越的基本原理是：按设计曲线用水平定向钻机沿预先设定的地下敷设管道的轨迹钻一个小口径导向孔，随后再用扩孔器回拉分级扩孔，当扩孔至尺寸要求后，回拖敷设地下管线。其具体做法是：在预进行管道穿越的入土端一侧设置与管道回拖力相适应的钻机,根据设计预定的穿越曲线,从入土点钻入,根据设计确定的穿越曲线的坐标钻进,从出土点的位置钻出,形成一条曲线孔,此过程称为钻导向孔;然后钻机从导向孔出口端上的钻杆端部安装与地质条件相适应的切割刀扩孔器回拉,形成一个微型隧道。此过程是一个逐级扩大的过程,扩孔器的数量根据穿越管径的大小选择,此过程称为扩孔;扩孔完成后,对井孔进行清洗,此过程称为洗孔。此时即完成井孔作业。在上述作业过程中,同时在出土端一侧进行预穿越管段的焊接、无损检验、试压。合格后,在管段端部焊接拖管头。当上述作业完成后,利用钻机的钻杆端部连接扩孔器、扶正器、旋转接头、拖管头及后部连接管段。驱动钻机作业回拖穿越管段进入井孔,并从钻机一侧的钻井入土端拖出,此过程称为管道回拖。当预敷设的管段口径较大,距离较长时,可采用双钻机对接技术进行导向孔的钻进。管道定向穿越应按标准组织作业和进行质量验收,可执行的施工标准是《油气输送管道穿越工程施工规范》(GB 50424—2015),可执行的质量验收规范是《石油天然气建设工程施工质量验收规范　管道穿跨越工程》(SY 4207—2007)。

管道定向穿越施工技术是一项由多学科、多技术、不同设备集成运用于一体的系统工程,在施工过程中任何一个环节出问题,都可能导致整个工程的失败,造成巨大的损失。定向钻管道穿越施工的主要施工过程为钻导向孔、扩孔和回拖管线。

1)钻导向孔

在障碍物(如河流、公路、铁路或山体等)一侧,组装好钻机,在障碍物下,沿预定轨迹钻一条曲线孔,钻头在钻机的另一侧出土(见图 1-11)。

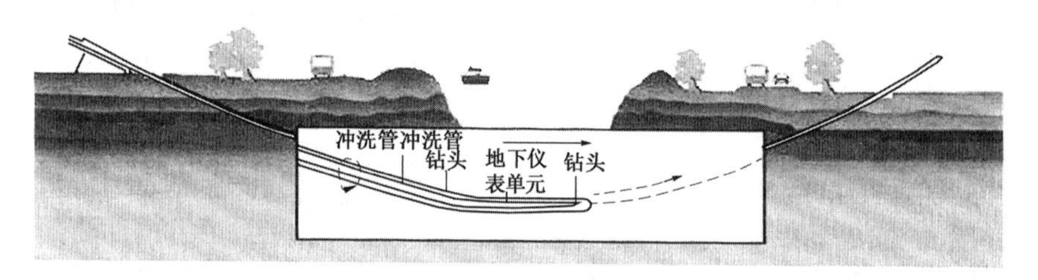

图 1-11　钻导向孔示意

2)扩孔

钻机带着钻杆、切割刀、扩孔器逐级将孔扩大至适合回拖管段的直径(见图 1-12)。

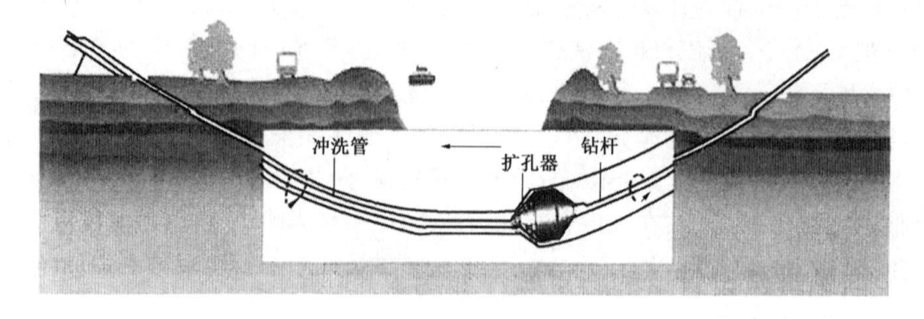

图 1-12　扩孔示意

3)回拖管线

沿先期钻(扩)出的地下孔眼,钻机带着切割刀、扩孔器、旋转接头、U 形环,将管线从钻机的另一侧拖到钻机的一侧,完成管线敷设(见图 1-13)。

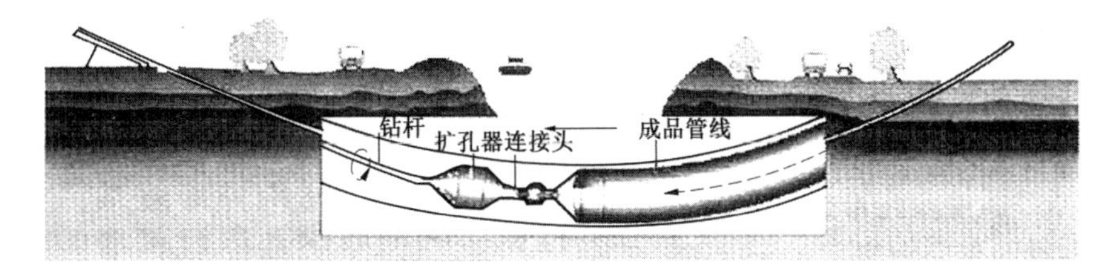

图 1-13　回拖管线示意

(二)顶管施工

顶管施工是一种不需要开挖地层敷设地下管道的施工方法,即在工作坑内借助于顶进设备产生的顶力,克服管道与周围土壤的摩擦力,将管道按设计的坡度顶入土中,并将土方运走。一节管子顶入土层之后,再下第二节管子继续顶进。其原理是借助于主顶油缸及管道间、中继间等推力,把工具管或掘进机从工作坑内穿过土层一直推进到接收坑内吊起。管道紧随工具管或掘进机后,埋设在两坑之间。

1. 顶管的分类

顶管按顶管机的破土方式可分为手掘式顶管和机械式顶管;按管材可分为钢筋混凝土顶管和钢管顶管等。

2. 顶管开挖顶进

机械式顶管是现在较常见的顶管施工类型,其一般工序为:工作井施工→顶进设备安装调试→吊装混凝土管到轨道上→连接好工具管→装顶铁→开启油泵顶进→出泥→管道贯通→拆工具管→砌检查井。机械式顶管的顶进方法通常有土压平衡法和泥水平衡法两种。

1)土压平衡法施工

顶管前先建造一个工作井。在井内顶进轴线的后方,布置一组行程较长的千斤顶,一般每组 4~6 个,将待敷设的混凝土管放在千斤顶前面的导向轨架上,混凝土管的最前端是一台土压平衡顶管机,工具管与混凝土管之间须刚性连接。千斤顶顶推时以工具管开路,推动混凝土管穿过坑壁上的穿墙孔,把混凝土管压入土中。与此同时,通过土压平衡顶管机的螺旋输出装置将掘进面板前方的土体输出,采用输送带或人工运至工作井中吊装外运。当千斤顶达到最大行程后全部缩回,放入顶铁,千斤顶继续前进。如此不断加入顶铁,混凝土管不断向土层延伸,当顶管机和第一节混凝土管几乎全部顶入土中后,吊去全部顶铁,断开顶管机的动力电源及压浆管路,将第二节混凝土管吊入,接好管接头,连接动力电源线和压浆管路继续顶进,如此循环施工直至全部顶完。

2)泥水平衡法施工

泥水平衡法施工首先需要建造工作井,而后将调试完毕的液压系统、顶管掘进机运输至工地,并安装至导轨上。微型掘进机由主顶油缸向前推进,掘进机头进入止水圈,穿过土层到达接收井,电动机提供能量转动切削刀盘,通过切削刀盘进入土层。挖掘的土、石块等在转动的切削刀盘内被粉碎,然后进入泥水舱与泥浆混合,最后通过泥浆系统的泥泵排泥管输送至地面上。在挖掘过程中采用泥水平衡装置来维持水土平衡,使之始终处于主动土压力与被动土压力之间,以达到消除地面的沉降和隆起的效果。掘进机完全进入土层后,电缆、泥浆管被拆除,吊下第一节混凝土管并推到掘进的尾套处,与掘进头连接混凝土管顶进后,挖掘终止、液压慢慢收回,再将另一节混凝土管吊入井内,套在第一节混凝土管后方连接在一起重新顶进,不断重复这个过程,直到所有混凝土管被顶入土层,形成一条永久性的地下管道。

十一、施工组织设计

施工组织设计是根据工程地形、地质条件、枢纽布置和建筑物结构特点,为实现工程安全、优质、快速、经济的目标,综合研究施工条件、建筑材料、施工技术、施工机械、施工管理,确定相应的施工洪水标准、施工方法、技术措施、资源配置等施工方案的设计工作。

(一)施工组织设计的基本原则

1. 施工组织设计文件编制原则

(1)符合国家有关法律法规、标准和技术经济政策。

(2)结合实际因地、因时制宜,力求工程与自然环境相和谐。

(3)统筹安排、综合平衡,妥善协调各分部、分项工程。

(4)合理推广新技术、新材料、新工艺和新设备,凡经实践证明技术经济效益显著的科研成果,应尽量采用。

2. 施工组织设计主要内容

水利水电工程施工组织设计文件的内容一般包括施工导流、料场的选择与开采、主体工程施工、施工交通运输、施工工厂设施、施工总布置、施工总进度、施工劳动力和主要技术供应等方面。

(二)施工进度计划编制

1. 施工期的划分与编制原则

1)施工期的划分

根据《水利水电工程施工组织设计规范》(SL 303—2017),工程建设全过程可划分为工程筹建期、工程准备期、主体工程施工期和工程完建期四个施工阶段。编制施工总进度时工程施工总工期应为后三项工期之和,相邻两个阶段的作业可交叉进行。

(1)工程筹建期。工程正式开工前,为主体工程施工具备进场开工条件所需时间。其工作内容为:对外交通、施工供电和通信系统、施工场地征地以及移民等工作。

(2)工程准备期。准备工程开工起至关键线路上的主体工程开工或河道截流闭气前的工期。一般包括:场地平整、场内交通、导流工程、临时房屋和施工工厂设施建设等。

(3)主体工程施工期。自关键线路上的主体工程开工或河道截流闭气开始,至第一台机组发电或工程开始发挥效益为止的工期。

(4)工程完建期。自第一台发电机组投入运行或工程开始发挥效益起,至工程完工的工期。

2)编制原则

(1)遵守并执行基本建设程序、国家政策、法令和有关规程、规范。

(2)采用国内平均先进施工水平合理安排工期。对复杂地质、恶劣气候条件或受洪水制约的工程,宜适当留有余地。

(3)资源(人力、物资和资金等)均衡分配。

(4)单项工程施工进度与施工总进度相互协调,各项施工程序前后兼顾、衔接合理、施工均衡。

(5)在保证工程施工质量、总工期的前提下,充分发挥投资效益。

(6)确保工程安全、连续、稳定、均衡施工。

(7)应研究工程分期建设、降低初期建设投资、提前发挥效益的合理性。

2. 进度计划的制订

1)编制轮廓性施工进度

在可行性研究阶段初期一般基本资料不全,但设计方案较多,有些项目尚未进行施工,无法对主体建筑物的施工分期、施工程序进行详细分析,在这一阶段所编制的施工进度称为轮廓性施工进度。其目的是对关键性工程项目进行粗略规划,拟订工程的总工期,并为编制控制性施工进度做好准备。

2)编制控制性施工进度

控制性施工进度应根据建设总工期的要求,确定施工分期和施工程序。编制控制性施工进度首先要选定关键性工程项目,根据工程特点和施工条件,拟订关键性工程项目的施工程序(以拦河坝为主体建筑物的工程,关键性工程项目的施工程序应配合导流方案的选择拟订)。在此基础上,初拟控制性施工进度表,然后进行施工方法设计,论证初拟的施工进度,经过反复修改、调整,最后确定控制性施工进度。

控制性施工进度表应列出控制性施工进度指标的主要工程项目,明确工程的开工日期、截流日期,反映主体建筑物的施工程序和开工日期、竣工日期,标明大坝各期上升高程、工程移交日期和总工期,以及主要工种的施工强度。

(三)施工总布置

1. 概述

施工总布置是施工场区在施工期间的空间规划,是根据场区的地形地貌、枢纽布置和各项临时设施布置的要求,研究施工场地的分期、分区、分标布置方案,对施工期间所需的交通设施、施工工厂、仓库房屋、动力和给水排水管线及其他施工设施做出平面、立面布置,从场地安排上为保证施工安全、工程质量,加快施工进度和降低工程造价创造条件。

2. 施工总布置及场地选择

1)施工总布置设计

施工总布置应着重研究如下内容:

(1)施工临时设施项目的组成、规模和布置。

(2)对外交通衔接方式、站场位置、主要交通干线及跨河设施的布置情况。

(3)可利用场地的相对位置、高程、面积。

(4)供生产、生活设施布置的场地。

(5)临时建筑工程和永久设施的结合。

(6)应做好土石方挖填平衡,统筹规划堆渣、弃渣场地;弃渣处理应符合环境保护及水土保持要求。

2)施工场地的选择

在水利水电枢纽工程附近,有多处场地可供选择作为施工场地时,应进行技术经济比较,选择最为有利的施工场地。一般堤坝式水电站枢纽布置比较集中,常在坝址下游的一岸或两岸设置施工场地;引水式水电站或大型输水工程,常在取水枢纽、引水建筑物中间地段和厂房(或输水建筑末端)设置施工场地;如果枢纽建筑物两岸谷深坡陡,常将施工场地选在高处较为平坦宽阔的地段。

3. 施工分区规划

根据主体工程施工需求及现场地形条件,《水利水电工程施工组织设计规范》(SL 303—2017)将水利水电工程施工场地划分为:①主体工程施工区;②施工工厂区;③当地建材开采区;④工程存、弃渣场区;⑤仓库、站、场、码头等储运系统区;⑥机电、金属结构和大型施工机械设备安装场区;⑦施工管理及生活区;⑧工程建设管理及生活区。

4. 施工总平面图设计

施工总平面图设计的主要内容如下:

(1)施工用地范围。

(2)一切地上和地下、已有和拟建的建筑物、构筑物及其他设施的平面位置与尺寸。

(3)永久性和半永久性坐标位置,必要时标出建筑场地的等高线。

(4)场内取土和弃土的区域位置。

(5)为施工服务的各种临时设施的位置。

5. 土石方平衡及渣场规划

水利水电工程施工一般有土石方开挖料和土石方填筑料以及其他用料,如开挖料做混凝土骨料等。在开挖的土石料中一般有废料,还可能有剩余料等。土石方平衡设计的目的是尽量利用开挖土石方,减少总挖填工程量。应正确处理开挖、利用、暂时堆存、废料处理之间的关系,按照环保要求选择堆料、废料场地,合理调配,减少运输工作量。

1)导流工程、主体工程土石方平衡设计

导流工程、主体工程土石方平衡设计一般包括:①确定各种开挖料的利用途径及数量;②专用料场与利用开挖土石方的比较;③开挖和利用在时间上的配合;④为提高利用系数和保证利用料的质量要求,在水工设计、开挖施工方法设计上的配合;⑤堆、弃料场选择和运输线路配置、调配方案等。因此,土石方平衡设计是一项综合性设计,需由各专业密切配合和综合比较才能选定最佳总平衡设计方案。

总体布置重点考虑土石方开挖的堆、弃料场选择和运输线路配置,以及编制调配方案的工作。

2)渣场选址与规划

渣场分为可用料临时堆存的存渣场和废弃料永久堆存的弃渣场,渣场选址及各渣场的堆存量计算应结合土石方平衡进行。渣场选址应遵循以下原则:

(1)应满足环境保护、水土保持要求和当地城乡建设规划要求。

(2)存渣场应便于渣料回采,减少反向运输。

(3)弃渣场宜靠近开挖作业区的山沟、山坡、荒地、河滩等地段,不占用或少占用耕(林)地,地基承载力满足堆渣要求。

(4)渣场布置宜避开天然滑坡、泥石流、岩溶、涌水等地质灾害区。

(5)有条件时弃渣场可选在水库死库容以下,但不得妨碍永久建筑物的正常运行。

(6)利用下游河滩地做堆弃渣场时,不得影响河道正常行洪、航运和抬高下游水位。

(7)应考虑场内交通、渣料来源等因素。

3)渣场规划应遵循的原则

(1)存渣与弃渣应分开堆存,存、弃渣场容量应适当留有余地。

(2)存、弃渣场规划利用同一场地时,宜遵循下部弃渣、上部存料的原则。

(3)应按堆存料的性状确定分层堆置的台阶高度和稳定边坡,保持堆存料的整体稳定。

(4)应结合施工总进度要求提出渣场运行程序,设置渣场临时排水或永久排水设施。

(5)存、弃渣场周边应设置导水、排水与挡(截)水设施。

(6)应及时进行渣场封闭,利用渣场作为施工场地或进行绿化、造地。

十二、施工安全管理

施工安全管理是施工企业全体职工及各部门同心协力,把专业技术、生产管理、数理统计和安全教育结合起来,为达到安全生产目的而采取各种措施的管理。应建立施工技术组织全过程的安全保证体系,实现安全生产、文明施工。安全管理的基本要求是预防为主,依靠科学的安全管理理论、程序和方法,使施工生产全过程中潜伏的危险因素处于受控状态,消除事故隐患,确保施工生产安全。

(一)安全管理的内容

1. 建立安全生产制度。安全生产制度必须符合国家和地区的有关政策、法规、条例和规程,并结合施工项目的特点,明确各级各类人员安全生产责任制,要求全体人员必须认真贯彻执行。

2. 贯彻安全技术管理。编制施工组织设计时,必须结合工程实际,编制切实可行的安全技术措施,要求全体人员必须认真贯彻执行。执行过程中发现问题,应及时采取妥善的安全防护措施。要不断积累安全技术措施在执行过程中的技术资料,进行研究分析,总结提高,以利于以后工程借鉴。

3. 坚持安全教育和安全技术培训。组织全体人员认真学习国家、地方和本企业的安全生产责任制、安全技术规程、安全操作规程和劳动保护条例等。新工人进入岗位之前要进行安全纪律教育,特种专业作业人员要进行专业安全技术培训,考核合格后方能上岗。要使全体职工经常保持高度的安全生产意识,牢固树立"安全第一"的思想。

4. 组织安全检查。为了确保安全生产,必须严格安全督查,建立健全安全督查制度。安全检查员要经常查看现场,及时排除施工中的不安全因素,纠正违章作业,监督安全技术措施的执行,不断改善劳动条件,防止工伤事故的发生。

5. 进行事故处理。人身伤亡和各种安全事故发生后,应立即进行调查,向上级部门报告,启动应急预案、保护现场。了解事故产生的原因、过程和后果,提出鉴定意见。在总结经验教训的基础上,有针对性地制订防止事故再次发生的可靠措施。

(二)安全生产责任制

1. 安全生产责任制的要求

安全生产责任制,是根据“管生产必须管安全”“安全工作、人人有责”的原则,以制度的形式,明确规定各级领导和各类人员在生产活动中应负的安全职责。它是施工企业岗位责任制的一个重要组成部分,是企业安全管理中最基本的制度,是所有安全规章制度的核心。

1)施工企业各级领导人员的安全职责。明确规定施工企业各级领导在各自职责范围内做好安全工作,要将安全工作纳入到自己的日常生产管理工作之中,做到在计划、布置、检查、总结、评比生产工作的同时,计划、布置、检查、总结、评比安全工作。

2)各有关职能部门的安全生产职责。它包括施工企业中生产部门、技术部门、机械动力部门、材料部门、财务部门、教育部门、劳动工资部门、卫生部门等,各职能机构都应在各自业务范围内,对实现安全生产的要求负责。

3)生产工人的安全职责。生产工人做好本岗位的安全工作是搞好企业安全工作的基础,企业中的一切安全生产制度都要通过他们来落实。因此,企业应要求它的每一名职工都能自觉地遵守各项安全生产规章制度,不违章作业,并劝阻他人违章操作。

2. 安全生产责任制的制定和考核

施工现场项目经理是项目安全生产第一责任人,对安全生产负全面的领导责任。施工现场从事与安全有关的管理、执行和检查人员,特别是独立行使权力开展工作的人员,应规定其职责、权限和相互关系,定期考核。各项经济承包合同中要有明确的安全指标和包括奖惩办法在内的安全保证措施。承发包或联营各方之间依照有关法规,签订安全生产协议书,做到主体合法、内容合法和程序合法,各自的权利和义务明确。实行施工总承包的单位,施工现场安全由总承包单位负责,总承包单位要统一领导和管理分包单位的安全生产。分包单位应对其分包工程的施工现场安全向总承包单位负责,认真履行承包合同规定的安全生产职责。

为了使安全生产责任制能够得到严格贯彻执行,就必须与经济责任制挂起钩来。对违章指挥、违章操作造成事故的责任者,必须给予一定的经济制裁,情节严重的还要给予行政纪律处分,触犯刑法的,还要追究法律责任。对一贯遵章守纪、重视安全生产、成绩显著或者在预防事故等方面做出贡献的,要给予奖励,做到奖罚分明,充分调动广大职工的积极性。

3. 安全生产的目标管理

施工现场应实行安全生产目标管理,制定总的安全目标,如伤亡事故控制目标、安全达标、文明施工目标等。制订达标计划,将目标分解到人,责任落实,考核到人。

4. 安全施工技术操作规程

施工现场要建立健全各种规章制度,除安全生产责任制,还有安全技术交底制度、安全宣传教育制度、安全检查制度、安全设施验收制度、伤亡事故报告制度等。施工现场应制定与本工地有关的各工序、各工种和各类机械作业的施工安全技术操作规程和施工安全要求,做到人人知晓、熟练掌握。

5. 施工现场安全管理网络

施工现场应该设安全专(兼)职人员或安全机构,主要任务是负责施工现场的安全监督检查。安全员应按住房和城乡建设部的规定,每年集中培训,经考试合格才能上岗。施工现场要建立以项目经理为组长、由各职能机构和分包单位负责人和安全管理人员参加的安全生产管理小组,组成自上而下覆盖各单位、各部门、各班组的安全生产管理网络。要建立由工地领导参加的包括施工员、安全员在内的轮流值班制度,检查监督施工现场及班组安全制度的贯彻执行,并做好安全值班记录。

(三)安全检查

1. 安全检查的内容

施工现场应建立各级安全检查制度,工程项目部在施工过程中应组织定期和不定期的安全检查。主要是查思想、查制度、查教育培训、查机械设备、查安全设施、查操作行为、查劳保用品的使用、查伤亡事故处理等。

2. 安全检查的要求

1)各种安全检查都应该根据检查要求配备力量。特别是大范围、全面性安全检查,要明确检查负责人,抽调专业人员参加检查,并进行分工,明确检查内容、标准及要求。

2)每种安全检查都应有明确的检查目的和检查项目、内容及标准。重点、关键部位要重点检查。对大面积或数量多、内容相同的项目,可采取系统观感和一定数量测点相结合的检查方法。对现场管理人员和操作工人不仅要检查是否有违章作业行为,还应进行应知、应会知识的抽查,以便了解管理人员及操作工人的安全素质。

3)检查记录是安全评价的依据,要认真、详细填写。特别是对隐患的记录必须具体,如隐患的部位、危险性程度及处理意见等。采用安全检查评分表的,应记录每项扣分的原因。

4)安全检查需要认真地、全面地进行系统分析,定性定量进行安全评价。哪些检查项目已达标;哪些检查项目虽然基本上达标,但还有哪些方面需要进行完善;哪些项目没有达标,存在哪些问题需要整改。受检单位(本单位自检也需要安全评价)根据安全评价可以研究对策,进行整改和加强管理。

5)整改是安全检查工作重要的组成部分,是检查结果得到有效落实的手段。整改工作包括隐患登记、整改、复查、销案等。

3. 施工安全文件的编制要求

施工安全管理的有效方法,是按照水利水电工程施工安全管理的相关标准、法规和规章,编制安全管理体系文件。编制时需遵循以下要求:

1)安全管理目标应与企业的安全管理总目标协调一致。

2)安全保证计划应围绕安全管理目标,将要素用矩阵图的形式,按职能部门(岗位)进行安全职能各项活动的展开和分解,依据安全生产的要求和结果,对各要素在本现场的实施提出具体方案。

3)体系文件应经过自上而下、自下而上地多次反复讨论与协调,以提高编制工作的质量,并按标准规定,由上报机构对安全生产责任制、安全保证计划的完整性和可行性、工程项目部满足安全生产的保证能力等进行确认,建立并保存确认记录。

4)安全保证计划应报送上级主管部门备案。

5)配备必要的资源和人员,首先应保证工作需要的人力资源,适宜而充足的设施、设备,以及综合考虑成本、效益和风险的财务预算。

6)加强信息管理、日常安全监控和组织协调。通过全面、准确、及时地掌握安全管理信息,对安全活动过程及结果进行连续的监视和验证,对涉及体系的问题与矛盾进行协调,促进安全生产保证体系的正常运行和不断完善,形成体系的良性循环运行机制。

7)由企业按规定对施工现场安全生产保证体系运行进行内部审核,验证和确认安全生产保证体系的完整性、有效性和适合性。

为了有效、准确、及时地掌握安全管理信息,可以根据项目施工的对象特点,编制安全检查表。

4. 检查和处理

1)检查中发现隐患应该进行登记,作为整改备查依据,提供安全动态分析信息。根据隐患记录的信息流,可以制定出指导安全管理的决策。

2)安全检查中查出的隐患除进行登记外,还应发出隐患整改通知单,引起整改单位的重视。凡是有即发性事故危险的隐患,检查人员应责令停工,被查单位必须立即整改。

3)对于违章指挥、违章作业行为,检查人员可以当场指出,进行纠正。

4)被检查单位领导对查出的隐患,应立即研究整改方案,按照“三定”原则(定人、定期限、定措施),立即进行整改。

5)整改完成后要及时报告有关部门。有关部门要立即派人员进行复查,经复查整改合格后,进行销案。

(四)安全教育

1. 安全教育的内容

1)新工人(包括合同工、临时工、学徒工、实习和代培人员)必须进行公司、工地和班组的三级安全教育。教育内容包括安全生产方针、政策、法规、标准及安全技术知识、设备性能、操作规程、安全制度、严禁事项等。

2)电工、焊工、架工、司炉工、爆破工、起重工、打桩机和特殊工种工人,各种机动车辆司机等,除进行一般安全教育外,还要经过本工种的专业安全技术教育。

3)采用新工艺、新技术、新材料、新设备施工和调换工作岗位时,对操作人员要进行新技术、新岗位的安全教育。

2. 安全教育的种类

1)安全法治教育。对职工进行安全生产、劳动保护方面的法律法规的宣传教育,从法制角度认识安全生产的重要性,通过学法、知法来守法。

2)安全思想教育。对职工进行深入细致的思想政治教育工作,使职工认识到,安全生产是一项关系到国家发展、社会稳定、企业兴旺、家庭幸福的大事。

3)安全知识教育。安全知识也是生产知识的重要组成部分,可以结合起来交叉进行教育。教育内容包括企业的生产基本情况、施工流程、施工方法、设备性能、各种不安全因素、预防措施等多方面内容。

4)安全技能教育。教育的侧重点是安全操作技术,是结合本工种特点、要求,为培养安全操作能力而进行的一种专业安全技术教育。

5)事故案例教育。通过对一些典型事故进行原因分析、事故教训及预防事故发生所采取的措施来教育职工。

3. 特种作业人员的培训

根据国家经济贸易委员会《特种作业人员安全技术培训考核管理办法》的规定,特种作业是指容易发生人员伤亡事故,对操作者本人、他人及周围设施的安全有重大危害的作业。从事这些作业的人员必须进行专门培训和考核。与水利行业有关的主要种类有电工作业、金属焊接切割作业、起重机械(含电梯)作业、企业内机动车辆驾驶、登高架设作业、压力容器操作、爆破作业。

4. 安全生产的经常性教育

施工企业在做好新工人入场教育、特种作业人员安全生产教育和各级领导干部、安全管理干部的安全生产培训的同时,还必须把经常性的安全教育贯穿于管理工作的全过程,并根据接受教育对象的不同特点,采取多层次、多渠道和多种方法进行。

5. 班前的安全活动

班组长在班前进行上岗交底、上岗检查,做好上岗记录。

1)上岗交底。对当天的作业环境、气候情况、主要工作内容和各个环节的操作安全要求以及特殊工种的配合等进行交底。

2)上岗检查。查上岗人员的劳动防护情况,每个岗位周围作业环境是否安全无患,机械设备的安全保险装置是否完好有效,以及各类安全技术措施的落实情况等。

(五)施工安全监测

水利水电施工安全监测是指通过仪器观测和巡视检查对水利水电工程的地基基础、主体结构、两岸边坡、相关设施及周围的环境等进行测量和观察,通过合理的数据计算和资料分析,对工程的工作状态进行评估,对未来的运行状态进行合理的预测,从而确保施工及交付运行的安全性。

1. 监测项目

1)变形监测。对水利水电工程事故分析看出,安全事故发生的一种重要的表现形式是地基或坝肩的滑动,或地基发生不均匀沉降。这种滑动或沉降是一种渐变的过程,需要对其变形敏感部位布置测点,使用专门的监测仪器和方法,进行持续观测。

2)渗流监测。建筑物挡水后因水头差发生渗流现象,使一部分水渗入坝体或地基,形成渗流场。由此产生的孔隙水压力和浮托力对建筑物抗滑稳定十分不利,还会使土坝及基础产生裂缝和不均匀沉降,甚至发生流土、管涌或坍塌。资料显示,水利工程事故(特别是土坝事故)大部分是渗流引发的。由于渗流规律的不确定性,现场监测已成为最重要的解决方法。

3)应力应变监测。为保证水工建筑物安全,设计部门对不同坝型、不同的结构部位都有应力方面的限制要求,以保证其不超过材料强度而发生破坏。应力应变监测项目包括混凝土坝坝内的应力应变状态、钢筋应力、钢板应力应变、钢管应力、预应力锚索和锚杆应力、坝体坝面温度变化及分布规律、土坝土压力分布等。

4)环境量监测。造成建筑物及其基础性状变化的原因除自重外,环境的影响是主要的,包括坝区、库区,以及整个流域的降水量、大坝上下游水位、气温、水温、地震效应、波浪、冰体压力及坝前和库区冲淤等。

5)水力学观测。为防止高速水流对建筑物的冲刷破坏,应对建筑物定期进行水力学观测。观测项目包括坝后及水流通道的流速、流态、动水荷载、空化、空蚀、雾化、通气、渗气等。

除以上这些监测项目外,还有一些专项监测项目,如结构动力学性状监测、金属结构和机电设备性能监测、坝体混凝土及其他工程材料老化监测、施工期爆破影响监测、施工期水土保持监测、大体积混凝土浇筑温度控制监测等。

2. 监测手段

早在20世纪50年代,安全监测一般采取光学、机械仪器采集数据,手工记录,手绘图形。发展到20世纪70年代,开始采用光电机械化、激光仪器和小型的计算器存储数据,并由程序处理限量的数据及成图。20世纪90年代至今,随着计算机技术的发展和应用,监测仪器自动化采集和资料处理分析技术得到快速发展,如传感器、电子、激光类设备自动化监测系统,地理信息系统(GIS)、遥感系统(RS)、全球卫星定位系统(GPS)和专家系统(ES)集成的"4S"技术等,这些都为水利水电施工安全监测技术的快速发展奠定了基础。随着一批巨型水利水电工程的相继建设,建立数字化水利工程施工信息化安全监测系统,建立安全监测体系、技术和标准,将成为水利水电工程施工安全监测技术手段的发展趋势。

十三、施工安全技术

(一)施工道路及交通安全

1. 施工生产区内机动车辆临时道路安全要求见表1-47。

表1-47　施工临时道路安全要求

相关指标	安全要求
道路纵坡坡度	道路纵坡坡度不宜大于8%,进入基坑等特殊部位的个别短距离地段最大纵坡坡度不应超过15%
最小转弯半径	道路最小转弯半径不应小于15 m
路面宽度	路面宽度不应小于施工车辆宽度的1.5倍,且双车道路面宽度不宜窄于7.0 m,单车道宽度不宜窄于4.0 m。单车道应在可视范围内设有会车位置

2. 施工现场临时性桥梁,应根据桥梁的用途、承重载荷和相应技术规范进行设计修建,并符合以下要求:①宽度应不小于施工车辆最大宽度的1.5倍;②人行道宽度应不小于1.0 m,并应设置防护栏杆等。

(二)施工用电安全

施工用电安全要求见表1-48。

表 1-48　施工用电安全要求

用电类型	安全要求
基本规定	①施工单位应编制施工用电方案及安全技术措施。②从事电气作业的人员，应持证上岗；非电工及无证人员禁止从事电气作业。③从事电气安装、维修作业的人员应掌握安全用电基本知识和所用设备的性能，按规定穿戴和配备好相应的劳动防护用品，定期进行体检。④在建工程(含脚手架)的外侧边缘与外电架空线路的边线之间应保持安全操作距离。⑤施工现场的机动车道与外电架空线路交叉时，架空线路的最低点与路面的垂直距离应满足相关规定(与 10 kV 架空线路交叉时，距离不小于 7 m)。⑥机械如在高压线下进行工作或通过，其最高点与高压线之间的最小垂直距离不得小于相关规定值。⑦旋转臂架式起重机的任何部位或被吊物边缘与 10 kV 以下的架空线路边线最小水平距离不得小于 2 m。⑧施工现场开挖非热管道沟槽的边缘与埋地外电缆沟槽边缘之间的距离不得小于 0.5 m。⑨对达不到规定的最小距离的部位，应采取停电作业或增设屏障、遮拦、围栏、保护网等安全防护措施，并悬挂醒目的警示标志牌。⑩用电场所电气灭火应选择适用于电气的灭火器材，不得使用泡沫灭火器
现场临时变压器安装	施工用的 10 kV 及以下变压器装于地面时，应有 0.5 m 的高台，高台的周围应装设栅栏，其高度不低于 1.7 m，栅栏与变压器外廓的距离不得小于 1 m，杆上变压器安装的高度应不低于 2.5 m，并挂“止步、高压危险”的警示标志。变压器的引线应采用绝缘导线
施工照明	(1)现场照明宜采用高光效、长寿命的照明新型光源。对需要大面积照明的场所，宜选用高压汞灯、高压钠灯或混光用的卤钨灯。 (2)一般场所宜选用额定电压为 220 V 的照明器，对下列特殊场所应使用安全电压照明器：①地下工程，有高温、导电灰尘，且灯具离地面高度低于 2.5 m 等场所的照明，电源电压应不大于 36 V；②在潮湿和易触及带电体场所的照明电源电压不应大于 24 V；③在特别潮湿的场所、导电良好的地面、锅炉或金属容器内工作的照明电源电压不应大于 12 V。 (3)使用行灯应遵守下列规定：①电源电压不超过 36 V；②灯体与手柄连接坚固、绝缘良好并耐热、耐潮湿；③灯头与灯体结合牢固，灯头无开关；④灯泡外部有金属保护网；⑤金属网、反光罩、悬吊挂钩固定在灯具的绝缘部位上。 (4)照明变压器应使用双绕组型，严禁使用自耦变压器。 (5)地下工程作业、夜间施工或自然采光差等场所，应设一般照明、局部照明或混合照明，并应装设自备电源的应急照明

(三)施工排水安全

施工排水安全要求见表 1-49。

表 1-49　施工排水安全要求

排水方法	要求
深井(管井)排水	①管井水泵的选用应根据降水设计对管井的降深要求和排水量来选择,所选择水泵的出水量与扬程应大于设计值的 20%~30%。 ②管井宜沿基坑或沟槽一侧或两侧布置,井位距基坑边缘的距离应不小于 1.5 m,管埋置的间距应为 15~20 m
井点排水	①井点布置应选择合适方式及地点。 ②井点管距坑壁不得小于 1.0~1.5 m,间距应为 1.0~2.5 m。 ③滤管应埋在含水层内并较所挖基坑底低 0.9~1.2 m。 ④集水总管标高宜接近地下水位线,且沿抽水水流方向有 0.2%~0.5%的坡度

(四)施工区消防安全

施工区消防安全要求见表 1-50。

表 1-50　施工区消防安全要求

相关事项	消防安全要求
总体布置	根据施工生产防火安全的需要,合理布置消防通道和各种防火标志,消防通道应保持通畅,宽度不得小于 3.5 m
桶装、罐装易燃液体材料堆放	闪点在 45 ℃以下的桶装、罐装易燃液体不得露天存放,存放处应有防护栅栏,通风良好
施工生产作业区与建筑物之间安全距离	①用火作业区距所建的建筑物和其他区域不得小于 25 m; ②仓库区,易燃、可燃材料堆集场距所建的建筑物和其他区域不小于 20 m; ③易燃品集中站距所建的建筑物和其他区域不小于 30 m
木材加工厂(场、车间)	①独立建筑,与周围其他设施、建筑之间的安全防火距离不小于 20 m; ②安全消防通道保持畅通; ③原材料、半成品、成品堆放整齐有序,并留有足够的通道,保持畅通; ④木屑、刨花、边角料等弃物及时清除,严禁留置在场内,保持场内整洁; ⑤设有 10 m^3 以上的消防水池、消火栓及相应数量的灭火器材; ⑥作业场所内禁止使用明火和吸烟; ⑦明显位置设置醒目的禁火警示标志及安全防火规定标识

(五)高处作业要求

1. 高处作业的标准

1)高处作业级别见表 1-51。

表 1-51　高处作业级别

坠落高度/m	高处作业等级	坠落高度/m	高处作业等级
2~5	一级	15~30	三级
5~15	二级	30 以上	特级

2)高处作业种类见表 1-52。

表 1-52　高处作业种类

种类	类别
一般高处作业	特殊高处作业以外的高处作业
特殊高处作业	强风高处作业、异温高处作业、雪天高处作业、雨天高处作业、夜间高处作业、带电高处作业、悬空高处作业、抢救高处作业

2. 高处作业安全防护措施

1)高处作业下方或附近有煤气、烟尘及其他有害气体,应采取排除或隔离等措施,否则不得施工。

2)高处作业前,应检查排架、脚手板、通道、马道、梯子和防护设施,符合安全要求方可作业。高处作业使用的脚手架平台,应铺设固定脚手板,临空边缘应设高度不低于 1.2 m 的防护栏杆。

3)在坝顶、陡坡、屋顶、悬崖、杆塔、吊桥、脚手架以及其他危险边沿进行悬空高处作业时,临空面应搭设安全网或防护栏杆。

4)安全网应随着建筑物升高而提高,安全网距离工作面的最大高度不超过 3 m。安全网搭设外侧比内侧高 0.5 m,长面拉直拴牢在固定的架子或固定环上。

5)在带电体附近进行高处作业时,距带电体的最小安全距离,应满足表 1-53 的规定,如遇特殊情况,应采取可靠的安全措施。

表 1-53　带电体附近作业最小安全距离

电压等级/kV	≤10	20~35	44	60~110	154	220
工器具、安装构件、接地线等与带电体的距离/m	2.0	3.5	3.5	4.0	5.0	5.0
工作人员的活动范围与带电体的距离/m	1.7	2.0	2.2	2.5	3.0	4.0
整体组立杆塔与带电体的距离/m	应大于倒杆距离(自杆塔边缘到带电体的最近侧为塔高)					

6)在 2 m 以下高度进行工作时,可使用牢固的梯子、高凳或设置临时小平台,禁止站在不牢固的物件(如箱子、铁桶、砖堆等物)上进行工作。

7)从事高处作业时,作业人员应系安全带。高处作业的下方,应设置警戒线或隔离防护棚等安全措施。

8)上下脚手架、攀登高层构筑物,应走斜马道或梯子,不得沿绳、立杆或栏杆攀爬。

9)高处作业时,不得坐在平台、孔洞、井口边缘,不得骑坐在脚手架栏杆、躺在脚手板上或安全网内休息,不得站在栏杆外的探头板上工作和凭借栏杆起吊物件。

10)特殊高处作业,应有专人监护,并有与地面联系信号或可靠的通信装置。

11)在石棉瓦、木板条等轻型或简易结构上施工及进行修补、拆装作业时,应采取可靠的防止滑倒、踩空或因材料折断而坠落的防护措施。

12)高处作业周围的沟道、孔洞井口等,应用固定盖板盖牢或设围挡。

13)遇有6级及以上的大风,禁止从事高处作业。

14)进行三级、特级、悬空高处作业时,应事先制订专项安全技术措施。施工前,应向所有施工人员进行技术交底。

(六)季节施工安全

应编制冬季施工作业计划,并应制订防寒、防毒、防滑、防冻、防火、防爆等安全措施。

冬季施工应遵守以下基本规定:

1. 车间气温低于5 ℃时,应有取暖设备。

2. 施工道路应采取防滑措施。冰霜雪后,脚手架、脚手板、跳板等应清除积雪或采取防滑措施。

3. 水冷机械、车辆等停机后,应将水箱中的水全部放净或加适当的防冻液。

4. 室内采用煤、木材、木炭、液化气等取暖时,应符合防火要求,火墙、烟道保持畅通,防止一氧化碳中毒。

5. 进行气焊作业时,应经常检查回火安全装置,胶管、减压阀,如冻结应用温水或蒸汽解冻,严禁火烤。

混凝土冬季施工应遵守下列规定:

1. 进行蒸汽法施工时,应有防护烫伤措施,所有管路应有防冻措施。

2. 对分段浇筑的混凝土进行电气加热时,其未浇筑混凝土的钢筋与已加热部分相联系时应做接地,进行养护浇水时应切断电源。

3. 采用电热法施工,应指定电工参加操作,非有关人员严禁在电热区操作。工作人员应使用绝缘防护用品。

4. 电热法加热,现场周围均应设立有警示标志和防护栏杆,并有良好照明及信号。加热的线路应保证绝缘良好。

5. 采用暖棚法时,暖棚宜采用不易燃烧的材料搭设,并应制订防火措施,配备相应的消防器材,并加强防火安全检查。

高温季节露天作业宜搭设休息凉棚,供应清凉饮料。施工生产作业应避开高温时段或采取降温措施。

夏季施工应采取防暴雨、防雷击、防大风等措施。

第二章　水利工程造价构成

水利工程造价，是指水利工程从筹建到竣工验收交付使用预计发生或者实际发生的全部建设费用。水利工程应当按照基本建设程序分阶段实施造价管理，合理确定各阶段工程造价，实现全过程造价管理。

第一节　水利工程总投资构成

一、水利工程总投资

水利工程总投资由工程部分、建设征地移民补偿、环境保护工程、水土保持工程、专项工程、价差预备费以及建设期融资利息组成。工程总投资见表2-1。

表2-1　水利工程总投资

序号	工程或费用名称	投资/万元	说明
Ⅰ	工程部分		
	第一部分　建筑工程		
	第二部分　机电设备及安装工程		
	第三部分　金属结构设备及安装工程		
	第四部分　施工临时工程		
	第五部分　独立费用		
	一至五部分投资合计		
	基本预备费		
	工程部分静态投资		
Ⅱ	建设征地移民补偿静态投资		
Ⅲ	环境保护工程静态投资		
Ⅳ	水土保持工程静态投资		
Ⅴ	专项工程静态投资		
Ⅵ	静态总投资（Ⅰ+Ⅱ+Ⅲ+Ⅳ+Ⅴ）		
	价差预备费		
	建设期融资利息		
Ⅶ	总投资（静态总投资+价差预备费+建设期融资利息）		

注：一般可将水文设施工程的费用分别列入对应的建筑工程、安装工程和设备费，需做专项列项的水文设施工程列入专项工程。

二、工程分类

根据水利工程性质,《宁夏水利工程设计概(估)算编制规定》(宁水计发〔2016〕10号)将工程部分划分为枢纽工程、引水工程及河道工程两大类,具体划分如图 2-1 所示。

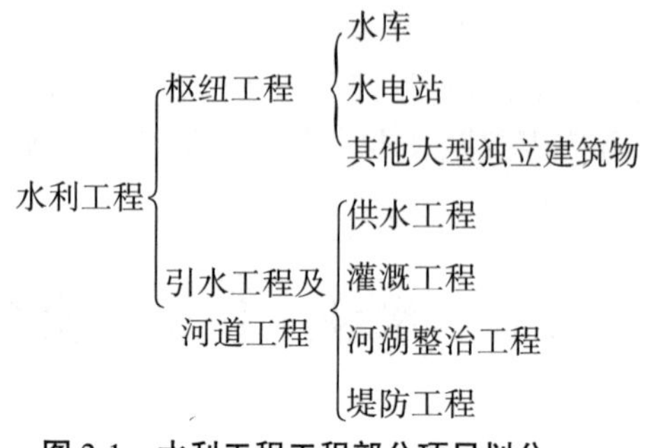

图 2-1　水利工程工程部分项目划分

三、工程概算组成

宁夏水利工程概算项目划分为工程部分、建设征地移民补偿、环境保护工程、水土保持工程四部分。具体划分如图 2-2 所示。

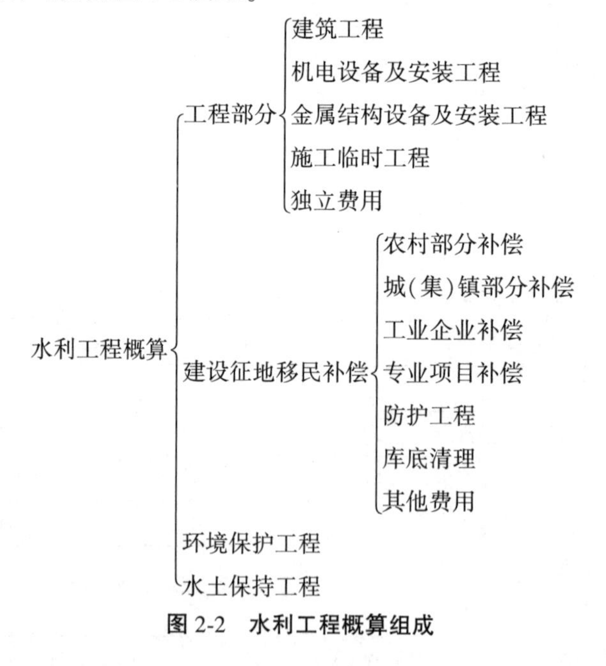

图 2-2　水利工程概算组成

四、概算文件组成内容

概算文件包括设计概算报告(正件)、附件、投资对比分析报告。设计概算报告(正件)、投资对比分析报告可单独成册,也可作为初步设计报告(设计概算章节)的相关内容。设计概算附件宜单独成册,并应随初步设计文件报审。

(一)概算正件组成内容

1. 编制说明

1)工程概况。概述工程所在流域(或河系)、兴建地点、对外交通条件、工程规模、工程类别、工程布置形式、主体建筑工程量、主要材料用量、施工总工期等。

2)投资主要指标。包括工程总投资和静态总投资、年度价格指数、基本预备费率、建设期融资额度、利率和利息等。

3)编制原则和依据。

(1)概算采用的编制规定和依据,编制价格水平年。

(2)人工预算单价,主要材料,次要材料,施工用电、用水、用风,以及砂石料等基础单价的计算依据。

(3)主要设备价格的编制依据。

(4)建筑及安装工程定额、施工机械台班费定额和有关指标的采用依据。

(5)费用计算标准及依据。

(6)工程资金筹措方案。

4)概算编制中其他应说明的问题。

5)主要技术经济指标表。根据工程特性表进行编制,反映工程主要技术经济指标。

2. 投资对比分析

投资对比分析应从价格变动、项目及工程量调整、国家政策性变化等方面进行分析,说明初步设计阶段与可行性研究阶段(或可行性研究阶段与项目建议书阶段)相比较的各部分投资变化原因和结论,编写投资对比分析报告。

投资对比分析应汇总工程部分、建设征地移民补偿、环境保护工程、水土保持工程各部分对比分析内容。建设征地移民补偿、环境保护工程、水土保持工程投资对比分析要求见相关规定。

工程部分投资对比分析报告应包括以下附表:

1)总投资对比表。

2)主要工程量对比表。

3)主要材料和主要设备价格对比表。

4)其他相关表格。

3. 工程概算总表

1)工程概算总表应汇总工程部分、建设征地移民补偿、环境保护工程、水土保持工程概算表。

2)工程概算总表后应分别列出以下表格:

(1)工程部分总概算表。

(2)建设征地移民补偿总概算表。

(3)环境保护工程总概算表。

(4)水土保持工程总概算表。

以上各部分总概算表仅列至静态投资。

4. 工程部分概算表及概算附表

1)概算表

(1)工程部分总概算表。

(2)建筑工程概算表。

(3)机电设备及安装工程概算表。

(4)金属结构设备及安装工程概算表。

(5)施工临时工程概算表。

(6)独立费用概算表。

(7)分年度投资表。

(8)资金流量表(枢纽工程)。

2)概算附表

(1)建筑工程单价汇总表。

(2)安装工程单价汇总表。

(3)主要材料预算价格汇总表。

(4)次要材料预算价格汇总表。

(5)施工机械台时费汇总表。

(6)主要工程量汇总表。

(7)主要材料量汇总表。

(8)工时数量汇总表。

(二)工程部分概算附件组成

1. 人工预算单价计算表。
2. 主要材料运输费用计算表。
3. 主要材料预算价格计算表。
4. 施工用电价格计算书(附计算说明)。
5. 施工用水价格计算书(附计算说明)。
6. 施工用风价格计算书(附计算说明)。
7. 补充定额计算书(附计算说明)。
8. 补充施工机械台时费计算书(附计算说明)。
9. 砂石料单价计算书(附计算说明)。
10. 混凝土材料单价计算表。
11. 建筑工程单价表。
12. 安装工程单价表。
13. 主要设备运杂费率计算书。
14. 施工房屋建筑工程投资计算书(附计算说明)。
15. 独立费用计算书(勘测设计费可另附计算书)。
16. 分年度投资计算表。
17. 资金流量计算表。
18. 价差预备费计算表。

19. 建设期融资利息计算书(附计算说明)。

20. 计算人工、材料、设备预算价格和费用依据的有关文件、询价报价资料及其他。

设计概算文件的正件、附件具体表格按《宁夏水利工程设计概(估)算编制规定》(宁水计发〔2016〕10号)及有关补充规定列项。

(三)建设征地移民补偿、环境保护工程、水土保持工程概算组成

建设征地移民补偿、环境保护工程、水土保持工程概算组成参考相关规定内容。

五、工程部分项目组成

(一)第一部分:建筑工程

1. 枢纽工程

枢纽工程指水利枢纽建筑物(含引水工程中的水源工程)和其他中型独立建筑物。包括挡水工程、泄洪工程、引水工程、发电厂工程、升压变电站工程、交通工程、房屋建筑工程和其他建筑工程。其中,挡水工程等前五项为主体建筑工程。

1)挡水工程。包括挡水的各类坝(闸)工程。

2)泄洪工程。包括溢洪道、泄洪洞、冲砂孔(洞)、放空洞、泄洪闸等工程。

3)引水工程。包括发电引水明渠、进水口、取水口、隧洞、调压井、高压管道等工程。

4)发电厂工程。包括地面、地下各类发电厂工程。

5)升压变电站工程。包括升压变电站、开关站等工程。

6)交通工程。包括上坝、进厂、对外等场内外永久公路、桥涵等交通工程。

7)房屋建筑工程。包括为生产运行服务的永久性辅助生产建筑、仓库、办公用房、值班宿舍及文化福利建筑等房屋建筑工程和室外工程。

8)其他建筑工程。包括内外部观测工程,动力线路(厂坝区),照明线路,通信线路,厂坝区及生活区供水、供热、排水等公用设施工程,厂坝区环境建设工程,水情自动测报工程及其他。

2. 引水工程及河道工程

引水工程及河道工程指供水、灌溉、河湖整治、堤防修建与加固工程。包括供水、灌溉渠(管)道、河湖整治与堤防工程,建筑物工程(水源工程除外),交通工程,房屋建筑工程,供电设施工程和其他建筑工程。

1)供水、灌溉渠(管)道、河湖整治与堤防工程。包括渠(管)道工程、清淤疏浚工程、堤防修建与加固工程等。

2)建筑物工程。包括泵站、水闸、隧洞工程、渡槽、倒虹吸、跌水、小水电站、排水沟(涵)、调蓄水库工程等。

3)交通工程。指永久性公路、桥梁等工程。

4)房屋建筑工程。包括为生产运行服务的永久性辅助生产建筑、仓库、办公用房、值班宿舍及文化福利建筑等房屋建筑工程和室外工程。

5)供电设施工程。指为工程生产运行供电需要架设的输电线路及变配电设施工程。

6)其他建筑工程。包括内外部观测工程,照明线路,通信线路,厂坝(闸、泵站)区及生活区供水、供热、排水等公用设施工程,工程沿线或建筑物周围环境建设工程,水情自动测报工程及其他。

(二)第二部分:机电设备及安装工程

1. 枢纽工程

枢纽工程指构成枢纽工程固定资产的全部机电设备及安装工程。本部分由发电设备及安装工程、升压变电设备及安装工程和公用设备及安装工程三项组成。

1)发电设备及安装工程。包括水轮机、发电机、主阀、起重机、水力机械辅助设备、电气设备等设备及安装工程。

2)升压变电设备及安装工程。包括主变压器、高压电气设备、一次拉线等设备及安装工程。

3)公用设备及安装工程。包括通信设备,通风采暖设备,机修设备,计算机监控系统,管理自动化系统,全厂接地及保护网,电梯,坝区馈电设备,厂坝区及生活区供水、排水、供热设备,水文、泥沙监测设备,水情自动测报系统设备,外部观测设备,消防设备,交通设备等设备及安装工程。

2. 引水工程及河道工程

引水工程及河道工程指构成该工程固定资产的全部机电设备及安装工程。本部分一般由泵站设备及安装工程、小水电站设备及安装工程、供变电工程和公用设备及安装工程四项组成。

1)泵站设备及安装工程。包括水泵、电动机、主阀、起重设备、水力机械辅助设备、电气设备等设备及安装工程。

2)小水电站设备及安装工程。其组成内容可参照枢纽工程的发电设备及安装工程和升压变电设备及安装工程。

3)供变电工程。包括供电、变配电设备及安装工程。

4)公用设备及安装工程。包括通信设备,通风采暖设备,机修设备,计算机监控系统,管理自动化系统,全厂接地及保护网,坝(闸、泵站)区馈电设备,厂坝(闸、泵站)区供水、排水、供热设备,水文、泥沙监测设备,水情自动测报系统设备,外部观测设备,消防设备,交通设备等设备及安装工程。

(三)第三部分:金属结构设备及安装工程

金属结构设备及安装工程指构成枢纽工程和其他水利工程固定资产的全部金属结构设备及安装工程,包括闸门、启闭机、拦污栅等设备及安装工程,压力钢管制作及安装工程和其他金属结构设备及安装工程。

金属结构设备及安装工程项目要与建筑工程项目相对应。

(四)第四部分:施工临时工程

施工临时工程指为辅助主体工程施工所必须修建的生产和生活用临时性工程,施工临时工程项目应根据工程实际,按施工组织设计列项。一般组成内容如下:

1. 导流工程。包括导流明渠、导流洞、施工围堰、蓄水期下游断流补偿设施以及上述建筑物相应的金属结构设备及安装工程。

2. 施工交通工程。指施工现场内外为工程建设服务的临时交通工程。包括公路、桥梁、施工支洞、码头、转运站(场)等。

3. 施工场外供电工程。包括从现有电网向施工现场供电的 10 kV 及以上电压等级的高压输电线路和施工变(配)电设施(场内除外)工程。

4. 施工房屋建筑工程。指工程在建设过程中建造的临时房屋,包括施工仓库,办公及生活、文化福利建筑和所需的配套设施工程。

1)施工仓库。指为工程施工而临时兴建的用于储备材料、设备、工器具等的仓库。

2)办公及生活、文化福利建筑。指施工单位在工程建设期间所需的办公室、宿舍及其他生活用房等房屋建筑。

5. 其他施工临时工程。指除施工导流、施工交通、施工场外供电、施工房屋建筑、缆机平台外的施工临时工程。主要包括施工供水(泵房及干管)、砂石料系统、混凝土拌和浇筑系统、大型机械安装拆卸、防汛、防冰、施工排水、施工通信、施工临时支护设施(含隧洞临时钢支承)等工程。

施工排水指基坑排水、河道降水等,包括排水工程建设及运行费。

(五)第五部分:独立费用

本部分由建设管理费、工程建设监理费、联合试运转费、生产准备费、科研勘测设计费和其他等六项组成。

1. 建设管理费。包括建设单位开办费、建设单位人员费、项目管理费。

2. 工程建设监理费。

3. 联合试运转费。

4. 生产准备费。包括生产及管理单位提前进厂费、生产职工培训费、管理用具购置费、备品备件购置费、工器具及生产家具购置费。

5. 科研勘测设计费。包括工程科学研究试验费和工程勘测设计费。

6. 其他。包括安全生产措施费、工程质量检测费、工程保险费、其他税费。

六、工程部分项目划分

(一)项目划分

根据水利工程性质,其工程项目分别按枢纽工程、引水工程及河道工程划分,工程各部分下设一、二、三级项目。

二、三级项目中,仅列了代表性参考子目,编制概算时,二、三级项目可根据初步设计阶段的工作深度要求和工程情况进行增减或再划分。

建筑工程、机电设备及安装工程、金属结构设备及安装工程、施工临时工程、独立费用项目划分见《宁夏水利工程设计概(估)算编制规定》(宁水计发〔2016〕10 号)。

(二)注意事项

1. 三级项目列项应满足定额子目设置,区分不同部位、材料、级配、强度等。如土石方工程,除区分明挖和暗挖外,还应区分淤泥开挖、一般土方开挖、砂砾土开挖、一般石方开挖、坑挖、沟槽挖、平洞、斜井、竖井等不同类型土石方的开挖,同时应按定额的规定明确岩石等级;砌石工程除区分干砌和浆砌外,还应区分不同部位、材料和强度等级;混凝土工程应区分不同部位、强度等级、级配;钻孔工程应区分不同钻孔机械及钻孔的不同用途;灌浆工程应区分不同灌浆种类;管道安装工程应区分不同规格材料、连接方式、用途等。

2. 注意设计或相关部门提供资料的差异,应按规定的项目划分要求进行分类。如安全监测的土建工程量和设备安装清单,应分别列入第一部分建筑工程和第二部分机电设备及安装工程;而对旧建筑拆除项目,应按规定列入第一部分建筑工程的相应建筑物;照明线路,通信线路,厂坝区及生活区供水、供热、排水等公用设施应列入第一部分建筑工程。

3. 施工临时工程列项。宁夏回族自治区现行编规将施工临时工程分为 5 项一级项目,明确施工临时工程项目应根据施工组织设计和工程实际进行列项。如属导流性质的导流明渠工程、导流洞工程、土石围堰工程均可列项于导流工程;电压等级低于 10 kV 的施工临时供电线路及设施、施工供水、大型机械安拆、砂石料系统、混凝土拌和浇筑系统、施工临时支护设施以及基坑排水、河道降水等施工排水工程措施费用等均不再单独列项计算,统一列入其他施工临时工程项。

4. 项目划分应满足不同设计阶段造价文件的要求。招标工程量清单和施工图预算要根据工程量清单规范和合同管理的要求进行划分和调整。

第二节　工程部分造价构成

一、编制依据

1. 国家及宁夏回族自治区颁布的有关法律法规、制度、规程。

2.《宁夏水利工程设计概(估)算编制规定》(宁水计发〔2016〕10 号)、《宁夏水利工程营业税改征增值税计价依据调整办法》(宁水办发〔2017〕32 号)及《自治区水利厅关于调整我区水利工程计价依据有关税率及计价系数的通知》(2019 年 4 月 3 日)。

3. 水利水电工程设计工程量计算规定。

4. 初步设计文件及图纸。

5. 国家部委及宁夏回族自治区、区水利厅等颁发的设备、材料市场价格。

6. 其他。

二、工程造价构成

宁夏回族自治区水利工程工程部分费用组成内容如图 2-3 所示。

- 工程部分费用
  - 工程费
    - 建筑及安装工程费
    - 设备费
  - 独立费用
  - 预备费
  - 建设期融资利息

图 2-3　工程部分费用组成内容

三、建筑及安装工程费

建筑及安装工程费由直接费、间接费、利润、材料补差及税金组成。

(一)直接费

直接费指建筑安装工程施工过程中直接消耗在工程项目上的活劳动和物化劳动,由基本直接费、其他直接费组成。

1. 基本直接费

基本直接费包括人工费、材料费、施工机械使用费。

1)人工费

人工费指直接从事建筑安装工程施工的生产工人开支的各项费用,包括基本工资和辅助工资。

(1)基本工资。由岗位工资和年应工作天数内非作业天数的工资组成。

①岗位工资。指按照职工所在岗位各项劳动要素测评结果确定的工资。

②年应工作天数内非作业天数的工资,包括职工开会学习、培训期间的工资,调动工作、探亲、休假期间的工资,因气候影响的停工工资,女工哺乳期间的工资,病假在6个月以内的工资,以及产、婚、丧假期的工资。

(2)辅助工资。指在基本工资之外,以其他形式支付给职工的工资性收入,包括根据国家有关规定属于工资性质的各种津贴,主要包括地区津贴、施工津贴、夜餐津贴、节日加班津贴等。

2)材料费

材料费指用于建筑安装工程项目上的消耗性材料、装置性材料和周转性材料摊销费。包括定额工作内容规定应计入的未计价材料和计价材料。

材料预算价格一般包括材料原价、运杂费、运输保险费和采购及保管费四项。各项费用均不包含增值税进项税额。

(1)材料原价。指材料指定交货地点的价格。

(2)运杂费。指材料从指定交货地点至工地分仓库或相当于工地分仓库(材料堆放场)所发生的全部费用。包括运输费、装卸费、调车费及其他杂费。

(3)运输保险费。指材料在运输途中的保险费。

(4)采购及保管费。指材料在采购、供应和保管过程中所发生的各项费用。主要包括材料的采购、供应和保管部门工作人员的基本工资、辅助工资、职工福利费、劳动保护费、养老保险费、失业保险费、医疗保险费、工伤保险费、生育保险费、住房公积金、教育经费、办公费、差旅交通费及工具用具使用费;仓库、转运站等设施的检修费、固定资产折旧费、技术安全措施费;材料在运输、保管过程中发生的损耗等。

3)施工机械使用费

施工机械使用费指消耗在建筑安装工程项目上的机械磨损、维修和动力燃料费用等。包括折旧费、修理及替换设备费、安装拆卸费、机上人工费和动力燃料费。各项费用均不包含增值税进项税额。

(1)折旧费。指施工机械在规定使用年限内回收原值的台时折旧摊销费用。

(2)修理及替换设备费。

①修理费指施工机械使用过程中,为了使机械保持正常功能而进行修理所需的摊销费用和机械正常运转及日常保养所需的润滑油料、擦拭用品的费用,以及保管机械所需的

费用。

②替换设备费指施工机械正常运转时所耗用的替换设备及随机使用的工具、附具等摊销费用。

(3)安装折卸费。指施工机械进出工地的安装、拆卸、试运转和场内转移及辅助设施的摊销费用。部分大型施工机械的安装拆卸费不在其施工机械使用费中计列,包含在其他施工临时工程中。

(4)机上人工费。指施工机械使用时机上操作人员人工费用。

(5)动力燃料费。指施工机械正常运转时所耗用的风、水、电、油和煤等费用。

2. 其他直接费

其他直接费包括冬雨季施工增加费、夜间施工增加费、特殊地区施工增加费、临时设施费和其他等。

1)冬雨季施工增加费

冬雨季施工增加费指在冬雨季施工期间为保证工程质量所需增加的费用。包括增加施工工序,增设防雨、保温、排水等设施消耗的动力、燃料、材料,以及因人工、机械效率降低而增加的费用。

2)夜间施工增加费

夜间施工增加费指施工场地和公用施工道路的照明费用。照明费用包括在“临时设施费”中;施工附属企业系统、加工厂、车间的照明费用,列入相应的产品中,均不包括在本项费用之内。

3)特殊地区施工增加费

特殊地区施工增加费指在高海拔、原始森林、沙漠等特殊地区施工而增加的费用。

4)临时设施费

临时设施费指施工企业为进行建筑安装工程施工所必需的但又未被划入施工临时工程的临时建筑物、构筑物和各种临时设施的建设、维修、拆除、摊销等的费用。如供风、供水(支线)、供电(场内)、照明、供热系统及通信支线,土石料场,简易砂石料加工系统,小型混凝土拌和浇筑系统,木工、钢筋、机修等辅助加工厂,混凝土预制构件厂,场内施工排水,场地平整、道路养护及其他小型临时设施等。

5)其他

其他包括施工工具用具使用费,检验试验费,工程定位复测及施工控制网测设,工程点交、竣工场地清理,工程项目及设备仪表移交生产前的维护观察费,工程验收检测费等。

(1)施工工具用具使用费。指施工生产所需,但不属于固定资产的生产工具,检验、试验等用具购置、摊销和维护费。

(2)检验试验费。指建筑材料、构件和建筑安装物进行一般鉴定、检查所发生的费用,包括自设试验室所耗用的材料和化学药品费用,以及技术革新和研究试验费,不包括新结构、新材料的试验费和建设单位要求对具有出厂合格证明的材料进行试验、对构件进行破坏性试验,以及其他特殊要求检验试验的费用。

(3)工程项目及设备仪表移交生产前的维护观察费。指竣工验收前对已完成工程及设备进行保护所需费用。

(4)工程验收检测费。指工程各级验收阶段为检测工程质量发生的检测费用。

(二)间接费

间接费指施工企业为建筑安装工程施工而进行组织与经营管理所发生的各项费用。间接费构成产品成本,由规费和企业管理费组成。

1. 规费

规费指政府和有关部门规定必须缴纳的费用,包括社会保险费和住房公积金。

1)社会保险费。指企业按规定标准为职工缴纳的基本养老保险费、失业保险费、基本医疗保险费、工伤保险费、生育保险费。

2)住房公积金。指企业按规定标准为职工缴纳的住房公积金。

2. 企业管理费

企业管理费指施工企业为组织施工生产和经营活动所发生的费用。包括以下内容:

1)管理人员工资。指管理人员的基本工资、辅助工资。

2)差旅交通费。指施工企业管理人员因公出差、工作调动的差旅费,误餐补助费,职工探亲路费,劳动力招募费,职工离退休、退职一次性路费,工伤人员就医路费,工地转移费,交通工具运行费及牌照费等。

3)办公费。指企业办公用文具、印刷、邮电、书报、会议、水电、燃煤(气)等费用。

4)固定资产使用费。指企业属于固定资产的房屋、设备、仪器等的折旧、大修理、维修费和租赁费等。

5)工具用具使用费。指企业管理使用不属于固定资产的工具、用具、家具、交通工具、检验、试验、测绘、消防用具等的购置、维修和摊销费。

6)职工福利费。指企业按照国家规定支出的职工福利费,以及由企业支付离退休职工的异地安家补助费、职工退职金、6个月以上病假人员工资、按规定支付给离休干部的各项经费。职工发生工伤时企业在工伤保险基金之外支付给职工的费用。

7)劳动保护费。指企业按照国家有关部门规定标准发放给职工的一般劳动保护用品的购置及修理费、保健费、防暑降温费、高空作业及进洞津贴、技术安全措施费,以及洗澡用水、饮用水的燃料费等。

8)工会经费。指企业按职工工资总额计提的工会经费。

9)职工教育经费。指企业为职工学习先进技术和提高文化水平按职工工资总额计提的费用。

10)保险费。指企业财产保险、管理用车辆等保险费用,高空、井下、洞内、水下、水上作业等特殊工种安全保险费,危险作业意外伤害保险费等。

11)财务费用。指施工企业为筹集资金而发生的各项费用,包括企业经营期间发生的短期融资利息净支出、汇兑净损失、金融机构手续费,企业筹集资金发生的其他财务费用,以及投标和承包工程发生的保函手续费等。

12)税金。指企业按规定缴纳的房产税、管理用车辆使用税、印花税、城市维护建设税、教育费附加和地方教育附加等。

13)其他。包括技术转让费、企业定额测定费、施工企业进退场补贴费、施工企业承担的施工辅助工程设计费、投标报价费、工程图纸资料费及工程摄影费、技术开发费、业务招待费、绿化费、公证费、法律顾问费、审计费、咨询费等。

(三)利润

利润是指按规定应计入建筑及安装工程费用中的利润。

(四)材料补差

材料补差是指根据材料主要消耗量、主要材料预算价格与材料基价之间的差值计算的主要材料补差金额。材料基价是指计入基本直接费的主要材料的限制价格。

(五)税金

税金是指应计入建筑安装工程费用内的增值税销项税额。

四、设备费

设备费由设备原价、运杂费、运输保险费和采购及保管费组成。

(一)设备原价

以含增值税进项税额的出厂价或设计单位分析论证后的询价为设备原价。

1. 国产设备,其原价指含增值税进项税额的设备出厂价。

2. 进口设备,以到岸价和进口征收的税金、手续费、商检费及港口费等各项费用之和为原价。

3. 大型机组及其他大型设备分运至工地后的拼装费用,应包括在设备原价内。

(二)运杂费

运杂费指设备由厂家运至工地安装现场所发生的一切运杂费用。包括运输费、装卸费、包装绑扎费、变压器充氮费及可能发生的其他杂费。

(三)运输保险费

运输保险费指设备在运输过程中的保险费用。

(四)采购及保管费

采购及保管费指建设单位和施工企业在负责设备的采购、保管过程中发生的各项费用。主要包括:

1. 采购保管部门工作人员的基本工资、辅助工资、职工福利费、劳动保护费、养老保险费、失业保险费、医疗保险费、工伤保险费、生育保险费、住房公积金、教育经费、办公费、差旅交通费、工具用具使用费等。

2. 仓库、转运站等设施的运行费、维修费、固定资产折旧费、技术安全措施费和设备的检验、试验费等。

五、独立费用

独立费用由建设管理费、工程建设监理费、联合试运转费、生产准备费、科研勘测设计费和其他等组成。

(一)建设管理费

建设管理费指建设单位在工程项目筹建和建设期间进行管理工作所需的费用。包括建设单位开办费、建设单位经常费、项目管理费。

1. 建设单位开办费

建设单位开办费指新组建的建设单位,为开展工作所必须购置的办公设施、交通工具等,以及其他用于开办工作的费用。

2. 建设单位经常费

建设单位经常费指建设单位从批准组建之日起至完成该工程建设管理任务之日止,需开支的建设单位人员费用。主要包括工作人员基本工资、辅助工资、职工福利费、劳动保护费、养老保险费、失业保险费、医疗保险费、工伤保险费、生育保险费、住房公积金等。

3. 项目管理费

项目管理费指建设单位从筹建到竣工期间所发生的各种管理费用。包括:

1)工程建设过程中用于资金筹措、召开董事(股东)会议、视察工程建设所发生的会议和差旅等费用。

2)工程宣传费。

3)土地使用税、房产税、印花税、合同公证费。

4)审计费。

5)施工期间所需的水情、水文、泥沙、气象监测费和报汛费。

6)工程验收费。

7)建设单位人员的教育经费、办公费、差旅交通费、会议费、交通车辆使用费、技术图书资料费、固定资产折旧费、零星固定资产购置费、低值易耗品摊销费、工具用具使用费、修理费、水电费、采暖费等。

8)招标业务费。

9)经济技术咨询费。包括勘测设计成果咨询、评审费,工程安全鉴定、验收技术鉴定、安全评价相关费用,建设期造价咨询,防洪影响评价、水资源论证、工程场地地震安全性评价、地质灾害危险性评价及其他专项咨询等发生的费用。

10)公安、消防部门派驻工地补贴费及其他工程管理费用。

(二)工程建设监理费

工程建设监理费指在工程建设过程中委托监理单位,对工程的质量、进度、安全和投资进行监理所发生的全部费用。

(三)联合试运转费

联合试运转费指水利工程的发电机组、水泵等安装完毕,在竣工验收前,进行整套设备带负荷联合试运转期间所需的各项费用。主要包括联合试运转期间所消耗的燃料、动力、材料及机械使用费,工具用具购置费,施工单位参加联合试运转人员工资等。

(四)生产准备费

生产准备费指水利建设项目的生产、管理单位为准备正常的生产运行或管理发生的费用。包括生产及管理单位提前进场费、生产职工培训费、管理用具购置费、备品备件购置费和工器具及生产家具购置费。

1. 生产及管理单位提前进场费

生产及管理单位提前进场费指在工程完工之前,生产单位、管理单位有一部分工人、技术人员和管理人员提前进场进行生产筹备工作所需的各项费用。内容包括提前进场人员的基本工资、辅助工资、职工福利费、劳动保护费、养老保险费、失业保险费、医疗保险费、工伤保险费、生育保险费、住房公积金、教育经费、办公费、差旅交通费、会议费、技术图书资料费、零星固定资产购置费、低值易耗品摊销费、工具用具使用费、修理费、水电费、采暖费等,以及其他属于生产筹建期间应开支的费用。

2. 生产职工培训费

生产职工培训费指生产及管理单位为保证生产、管理工作顺利进行,对工人、技术人员和管理人员进行培训所发生的费用。

3. 管理用具购置费

管理用具购置费指为保证新建项目的正常生产和管理所必须购置的办公和生活用具等费用。内容包括办公室、会议室、资料档案室、阅览室、文娱室、医务室等公用设施需要配置的家具器具。

4. 备品备件购置费

备品备件购置费指工程在投产以后的运行初期,由于易损件损耗和可能发生的事故,而必须准备的备品备件和专用材料的购置费。不包括设备价格中配备的备品备件。

5. 工器具及生产家具购置费

工器具及生产家具购置费指按设计规定,为保证初期生产正常运行所必须购置的不属于固定资产标准的生产工具、器具、仪表、生产家具等的购置费。不包括设备价格中已包括的专用工具。

(五)科研勘测设计费

科研勘测设计费指为工程建设所需的科研、勘测和设计等费用。包括工程科学研究试验费和工程勘测设计费。

1. 工程科学研究试验费

工程科学研究试验费指为保证工程质量,解决工程建设技术问题,而进行必要的科学研究试验所需的费用。

2. 工程勘测设计费

工程勘测设计费指工程从项目建议书开始至以后各设计阶段发生的勘测费、设计费和为勘测设计服务的常规科研试验费。不包括工程建设征地移民设计、环境保护设计、水土保持设计各设计阶段发生的勘测设计费。

(六)其他

1. 安全生产措施费

安全生产措施费指为保证施工现场安全作业环境及安全施工、文明施工所需要,在工程设计已考虑的安全支护措施之外发生的安全生产、文明施工相关费用。

2. 工程质量检测费

工程质量检测费指工程建设期间，为检验工程质量，在施工单位自检、监理单位检测的基础上，由建设单位委托具有相应资质的检测机构进行质量检测，以及工程竣工验收必要的质量检测，在相关工程费用和监理费用之外发生的检测费用。

3. 工程保险费

工程保险费指工程建设期间，为使工程能在遭受火灾、水灾等自然灾害和意外事故造成损失后得到经济补偿，而对工程投保所发生的保险费用。

4. 其他税费

其他税费指按国家规定应缴纳的与工程建设有关的税费。

六、预备费

预备费包括基本预备费和价差预备费。

(一)基本预备费

基本预备费主要为解决在工程施工过程中，设计变更和有关技术标准调整增加的投资以及工程遭受一般自然灾害所造成的损失和为预防自然灾害所采取的措施费用。

(二)价差预备费

价差预备费主要为解决在工程项目建设过程中，因人工工资、材料和设备价格上涨以及费用标准调整而增加的投资。

七、建设期融资利息

根据国家财政金融政策规定，工程在建设期内需偿还并应计入工程总投资的融资利息。

第三节　建设征地移民补偿、环境保护工程、水土保持工程造价构成

一、建设征地移民补偿造价构成

(一)编制依据

1. 国家及宁夏回族自治区颁布的有关法律法规、制度、规程。

2.《水利工程设计概(估)算编制规定(建设征地移民补偿)》(水总〔2014〕429 号)的规定。

3. 国家部委及宁夏回族自治区发展和改革委员会、财政厅、水利厅等有关部门制定的有关建设征地的文件。

4. 其他。

(二)项目组成

建设征地移民补偿项目应包括农村部分、城(集)镇部分、工业企业、专业项目、防护工程、库底清理和其他费用以及预备费和有关税费。根据具体工程情况分别设置一级、二级、三级、四级、五级项目。

1. 农村部分

农村部分包括征地补偿补助,房屋及附属建筑物补偿,居民点建设,农副业设施补偿,小型水利水电设施补偿,农村工商企业补偿,文化、教育、医疗卫生等单位迁建补偿,搬迁补助,其他补偿补助,过渡期补助,留用地安置等。

2. 城(集)镇部分

城(集)镇部分包括房屋及附属建筑物补偿、居民点建设、搬迁补助、工商企业补偿、机关事业单位迁建补偿、其他补偿补助等。

3. 工业企业

工业企业迁建补偿包括用地补偿和场地平整、房屋及附属建筑物补偿、基础设施和生产设施补偿、设备搬迁补偿、搬迁补助、停产损失、零星林(果)木补偿等。

4. 专业项目

专业项目恢复改建补偿包括铁路工程、交通工程、航运工程、输变电工程、电信工程、广播电视工程、水利水电工程、国有农(林、牧、渔)场、文物古迹和其他项目等。

5. 防护工程

防护工程包括建筑工程、机电设备及安装工程、金属结构设备及安装工程、临时工程、独立费用和基本预备费。

6. 库底清理

库底清理包括建(构)筑物清理、林木清理、易漂浮物清理、卫生清理、固体废物清理等。

7. 其他费用

其他费用包括前期工作费、综合勘测设计费、科研费、实施管理费、实施机构开办费、技术培训费、土地勘测定界费等。

8. 预备费

预备费包括基本预备费和价差预备费。

9. 有关税费

(略)

(三)建设征地移民补偿总概(估)算表

建设征地移民补偿总概(估)算表包括总概(估)算表、概(估)算分项汇总表等。

1. 建设征地移民补偿总概(估)算表,可参考表 2-2。

2. 建设征地移民补偿概(估)算分项汇总表。分区(一般到二级行政区)按各部分的一级项目分别列出投资、总投资等,可参考表 2-3。

表 2-2　建设征地移民补偿总概(估)算表

序号	项目	投资/万元	占比/%	说明
一	农村移民安置补偿费			
二	城(集)镇迁建补偿费			
三	工业企业迁建补偿费			
四	专业项目恢复改建补偿费			
五	防护工程费			
六	库底清理费			
七	其他费用			
八	预备费			
	其中:基本预备费			
	价差预备费			
九	有关税费			
十	总投资			

表 2-3　建设征地移民补偿概(估)算分项汇总表

项目	总计	××(一级行政区)			××(一级行政区)			…
		合计	××(二级行政区)	…	合计	××(二级行政区)	…	
第一部分:农村移民安置补偿费								
(一)土地补偿费和安置补助费								
(二)房屋及附属建筑物补偿费								
(三)农副业设施补偿费								
(四)小型水利水电设施补偿费								
(五)农村工商企业补偿费								
(六)文化、教育、医疗卫生等事业单位迁建补偿费								
(七)新址征地及基础设施建设费								
(八)搬迁补助费								
(九)其他补偿补助费								
(十)过渡期补助费								
第二部分:城(集)镇迁建补偿费								
(一)房屋及附属建筑物补偿费								

续表 2-3

项目	总计	××(一级行政区)			××(一级行政区)			…
		合计	××(二级行政区)	…	合计	××(二级行政区)	…	
(二)新址征地及基础设施建设费								
(三)公用(市政)设施恢复费								
(四)搬迁补助费								
(五)工商企业迁建补偿费								
(六)机关事业单位迁建补偿费								
(七)其他补偿补助费								
第三部分:工业企业迁建补偿费								
(一)用地补偿和场地平整								
(二)房屋及附属建筑物补偿费								
(三)基础设施补偿费								
(四)生产设施补偿费								
(五)设备搬迁补偿费								
(六)搬迁补助费								
(七)停产损失费								
第四部分:专业项目恢复改建补偿费								
(一)铁路工程复建费								
(二)公路工程复建费								
(三)库周交通恢复费								
(四)航运设施复建费								
(五)输变电工程复建费								
(六)电信工程复建费								
(七)广播电视工程复建费								
(八)水利水电工程补偿费								
(九)国营农(林、牧、渔)场迁建费								
(十)文物古迹保护发掘费								
(十一)其他项目补偿费								
第五部分:防护工程费								
(一)建筑工程费								
(一)机电设备及安装工程费								

续表 2-3

项目	总计	××(一级行政区)			××(一级行政区)			…
		合计	××(二级行政区)	…	合计	××(二级行政区)	…	
(三)金属结构设备及安装工程费								
(四)临时工程费								
(五)独立费用								
(六)基本预备费								
第六部分:库底清理费								
(一)建(构)筑物清理费								
(二)林木清理费								
(三)易漂浮物清理费								
(四)卫生清理费								
(五)固体废物清理费								
第七部分:其他费用								
(一)前期工作费								
(二)综合勘测设计费								
(三)科研费								
(四)实施管理费								
(五)实施机构开办费								
(六)技术培训费								
(七)监督评估费								
(八)土地勘测定界费								
第八部分:预备费								
(一)基本预备费								
(二)价差预备费								
第九部分:有关税费								
(一)耕地占用税								
(二)耕地开垦费								
(三)森林植被恢复费								
(四)草原植被恢复费								
第十部分:总投资								

二、环境保护工程造价构成

(一)编制依据

1. 国家及宁夏回族自治区颁布的有关法律法规、制度、规程。

2.《水利水电工程环境保护概估算编制规程》(SL 359—2006)的规定。

3. 国家部委及宁夏回族自治区发展和改革委员会、财政厅、水利厅等有关部门制定的环境保护补偿费的文件。

4. 其他。

(二)项目组成

环境保护工程由环境保护措施、环境监测措施、环境保护仪器设备及安装、环境保护临时措施、环境保护独立费用、预备费和建设期融资利息组成。

1. 环境保护措施

环境保护措施指为防止、减免或减缓水利工程对环境产生不利影响和满足工程环境功能要求而采取的环境保护措施。包括水环境(水质、水温)保护、土壤环境保护、陆生植物保护、陆生动物保护、水生生物保护、景观保护及绿化、人群健康保护、生态需水以及其他等。估算按类似工程的项目估算,概算按具体的工程措施项目进行单价分析计算。

2. 环境监测措施

施工期环境监测措施包括水质监测、大气监测、噪声监测、生态监测、卫生防疫监测、生态监测等。运行期环境监测措施包括监测站(点)等环境监测设施,不包括运行期环境监测费用。概算按站房的面积,单位平方米的造价计算;监测点按每点每次所需花费的费用计算。

3. 环境保护仪器设备及安装

环境保护仪器设备及安装指为了保护环境和开展监测工作所需的仪器设备及其安装。

4. 环境保护临时措施

环境保护临时措施指工程施工过程中为保护施工区及其周围环境和人群健康所采取的临时措施,如污(废)水处理、噪声防治、水环境保护、固体废物处理、环境空气质量控制、人群健康保护等临时措施。概估算编制时按具体的措施项目,进行单价分析计算。

5. 环境保护独立费用

环境保护独立费用包括工程建设管理费、环境监测费、科研勘测设计咨询费和工程质量检测费。

6. 预备费

预备费包括基本预备费及价差预备费。

7. 建设期融资利息

根据国家财政金融政策规定,工程在建设期内需偿还并应计入工程总投资的融资利息。

(三)环境保护工程总概(估)算表

环境保护工程总概(估)算表,可参考表 2-4 编制。

表 2-4　环境保护工程总概(估)算表

工程和费用名称	建筑工程措施费	植物工程措施费	仪器设备及安装费	非工程措施费	独立费用	合计	所占比例/%
第一部分:环境保护措施							
×××(一级项目)							
第二部分:环境监测措施							
×××(一级项目)							
第三部分:环境保护仪器设备及安装							
×××(一级项目)							
第四部分:环境保护临时措施							
×××(一级项目)							
第五部分:环境保护独立费用							
×××(一级项目)							
一至五部分合计							
基本预备费							
静态总投资							
价差预备费							
建设期融资利息							
环境保护总投资							

三、水土保持工程造价构成

(一)编制依据

1. 国家及宁夏回族自治区颁布的有关法律法规、制度、规程。

2. 水利部关于颁发《〈水土保持工程概(估)算编制规定和定额〉的通知》(水总〔2003〕67 号)。包括《水土保持工程概算定额》《开发建设项目水土保持工程概(估)算编制规定》《水土保持生态建设工程概(估)算编制规定》。

3. 国家部委及宁夏回族自治区发展和改革委员会、财政厅、水利厅等有关部门制定的水土保持补偿费的文件。

4. 其他。

(二)项目组成

1. 开发建设项目水土保持工程

开发建设项目水土保持工程由工程措施、植物措施、施工临时工程和独立费用四部分组成。

1)工程措施

工程措施指为减轻或避免因开发建设造成植被破坏和水土流失而兴建的永久性水土保持工程。通常包括拦渣工程、护坡工程、土地整治工程、防洪工程、机械固沙工程、泥石流防治工程、设备及安装工程等。

2)植物措施

植物措施指为防治水土流失而兴建的植物防护工程、植被恢复工程及绿化美化工程等。

3)施工临时工程

施工临时工程包括临时防护工程和其他临时工程。

(1)临时防护工程指为防止施工期水土流失而采取的各项防护措施。

(2)其他临时工程指施工期的临时仓库、生活用房、架设输电线路、施工道路等。

4)独立费用

独立费用包括建设管理费、工程建设监理费、科研勘测设计费、工程质量检测费、水土流失监测费。

2. 水土保持生态建设工程

水土保持生态建设工程由工程措施、林草措施、封育治理措施和独立费用组成。

1)工程措施

工程措施包括梯田工程,谷坊、水窖、蓄水池工程,小型蓄排、引水工程,治沟骨干工程,机械固沙工程,设备及安装工程,其他工程。

2)林草措施

林草措施包括水土保持造林工程、水土保持种草工程、苗圃。

3)封育治理措施

封育治理措施包括护栏设施、补植补种。

4)独立费用

独立费用包括建设管理费、工程建设监理费、科研勘测设计费、征地及淹没补偿费、工程质量检测费、水土流失监测费。

(三)水土保持工程总概(估)算表

1. 开发建设项目水土保持工程总概(估)算表可参考表 2-5。

表 2-5　开发建设项目水土保持工程总概(估)算表

序号	工程或费用名称	建安工程费	植物措施费		设备费	独立费用	合计
			栽(种)植费	苗木、草、种子费			
	第一部分:工程措施						
一	拦渣工程						
二	护坡工程						
	⋮						
	第二部分:植物措施						
一	植物防护工程						
二	植被恢复工程						
	⋮						
	第三部分:施工临时工程						
一	临时防护工程						
二	其他临时工程						
	第四部分:独立费用						
	⋮						
	一至四部分合计						
	基本预备费						
	静态总投资						
	价差预备费						
	建设期融资利息						
	水土保护工程总投资						
	水土保持设施补偿费						

2. 水土保持生态建设工程总概(估)算表可参考表 2-6 。

表 2-6　水土保持生态建设工程总概(估)算表

序号	工程或费用名称	建安工程费	林草工程费		设备费	独立费用	合计
			栽植费	林草及种子费			
	第一部分:工程措施						
一	梯田工程						
二	谷坊、水窖、蓄水池工程						
三	小型蓄排、引水工程						
四	治沟骨干工程						
五	机械固沙工程						
六	设备及安装工程						
七	其他工程						
	第二部分:林草措施						
一	水土保持造林工程						
二	水土保持种草工程						
三	苗圃						
	第三部分:封育治理措施						
一	护栏设施						
二	补植(补种)						
	第四部分:独立费用						
一	建设管理费						
二	工程建设监理费						
三	科研勘测设计费						
四	征地及淹没补偿费						
五	工程质量检测费						
六	水土流失监测费						
	一至四部分合计						
	基本预备费						
	静态总投资						
	价差预备费						
	建设期融资利息						
	工程总投资						

第四节　水文项目和水利信息化项目总投资及造价构成

一、水文设施(专项)工程造价构成

(一)编制依据

1. 国家及宁夏回族自治区颁布的有关法律法规、制度、规程。

2.《水利工程概算补充定额》(水文设施工程专项)(水总〔2006〕140号)。

3. 其他。

(二)项目组成

水文设施工程概算项目分为建筑工程、仪器设备及安装工程、施工临时工程及独立费用四部分。

1. 第一部分:建筑工程

建筑工程是指水文设施建筑物。包括测验河段基础设施工程,水位观测设施工程,流量与泥沙测验设施工程,降水与蒸发观测设施工程,水环境监测设施工程,实时水文图像监控设施工程,生产生活用房工程,供电给水排水、取暖与通信设施及其他设施工程等。

1)测验河段基础设施工程:包括断面标志、水准点、断面界桩、保护标志牌、测验码头、观测道路、护岸、护坡工程等。

2)水位观测设施工程:包括水尺、水位自记平台、仪器室、地下水监测井等。

3)流量与泥沙测验设施工程:包括水文测验缆道、浮标投掷器基础、缆道机房、浮标房、测流堰槽、水文测桥、流速仪检定槽、泥沙处理分析平台等。

4)降水与蒸发观测设施工程:包括降水观测场和蒸发观测场。

5)水环境监测设施工程:包括监测断面、自动监测站及水化学分析设施等。

6)实时水文图像监控设施工程:主要指监控设备支架及支架基础。

7)生产生活用房工程:包括巡测基地、水情(分)中心、水文数据(分)中心、水环境监测(分)中心和水文测站的办公室、水位观测房、泥沙处理室、水质分析室、水情报汛室、水情值班室、食堂、车库、仓库等。

8)供电给水排水、取暖与通信设施工程:

(1)供电设施工程包括供电线路、配电室等;

(2)给水排水设施工程包括水井、水塔(池)、供水管道以及排水管道、排水沟渠等;

(3)取暖设施工程指在符合国家规定取暖地区的驻测站、巡检基地等应建的取暖设施,包括供暖用房、供暖管道;

(4)通信设施工程指为满足水情中心、分中心和水文测站水情信息传输需要应建的通信设施,包括专用电话线路、通信塔基础及防雷接地沟槽等。

9)其他设施工程:包括测站标志、围墙、大门、道路、站院硬化绿化,以及消防、防盗设施等。

2. 第二部分:仪器设备及安装工程

仪器设备及安装工程是指构成水文设施工程固定资产的全部仪器设备及安装工程。

包括各种水文信息采集传输和处理仪器设备、实时水文图像监控设备、测绘仪器以及其他设备的购置和安装调试工程等。

1)水文信息采集仪器设备及安装工程。包括超声波水位计、气泡式水位计、压力式水位计、浮力式水位计、电子水尺等水位计的购置及安装调试工程。

2)流量、泥沙信息采集仪器设备及安装工程。包括水文测验缆道设备(缆道支架、缆索、水文绞车、测验控制系统、吊箱、铅鱼浮标投掷器等)的安装调试,水文巡测设备、水文测船,以及流量、泥沙信息采集处理、分析仪器和防雷接地设备等仪器设备的购买及安装调试工程。

3)降水蒸发等气象信息采集仪器设备及安装工程。包括蒸发皿、蒸发器、雨量器、雨量计、雨(雪)遥测采集系统等仪器设备的购买及安装调试工程。

4)水环境监测分析仪器设备及安装工程。包括水质监测分析仪器设备、水质自动监测站仪器设备、水质移动监测分析车仪器设备。

5)实时水文图像监控设备及安装工程。包括视频捕获单元设备、视频信号传输单元设备、视频编码单元设备、云台控制设备等仪器设备的购买及安装调试工程。

6)通信与水文信息传输设备及安装工程。外围设备、程控电话、卫星传输设备、无线对讲机、电台、中继站、网络通信设备、防雷接地设备等仪器设备的购买及安装调试工程。

7)其他设备及安装工程。包括供水供电设备、降温取暖设备、交通及安全设备等仪器设备的购买及安装调试工程。

3. 第三部分:施工临时工程

施工临时工程是指为辅助主体工程施工所必须修建的生产和生活用临时性工程。其组成内容如下:

1)施工围堰工程。指为水尺基础、水位计台基础、测验断面、整治测验码头等水下施工而修建的临时工程。

2)施工交通工程。指施工现场内为工程建设服务的临时交通工程,包括施工道路、简易码头等。

3)施工房屋建筑工程。指工程在建设过程中建造的临时房屋,包括施工仓库及施工单位住房等。

4)其他临时施工工程。主要包括施工给水排水、场外供电、施工通信、水文缆道、跨越架设等工程。

4. 第四部分:独立费用

独立费用由建设管理费、生产准备费、工程勘察设计费、建设及施工场地征用费和其他五项组成。

1)建设管理费。包括项目建设管理费、工程建设监理费。

2)生产准备费。包括生产及管理单位提前进场费、水文比测费、生产职工培训费、管理用具购置费、备品备件购置费和工器具及生产家具购置费。

3)工程勘察设计费。包括现场勘察费和设计费。

4)建设及施工场地征用费。包括永久征地和临时征地所发生的费用。

5)其他。包括工程质量检测费、工程保险费、环境影响评价费。

二、水利信息化工程造价构成

(一)编制依据

1. 国家及宁夏回族自治区颁布的有关法律法规、制度、规程。

2. 工业和信息化部《电子建设工程概(预)算编制办法及计价依据》以及《电子建设工程预算定额》。

3. 其他。

(二)项目组成

水利信息化建设内容如下:

1. 基础信息系统工程的建设。包括分布在全国的相关信息采集、信息传输、信息处理和决策支持等分系统建设。

2. 数据库的建设。水利专业数据库是国家重要的基础性的公共信息资源的一部分,也是决策者决策的重要依托凭据。

3. 综合管理信息系统的建设。具体到某一个信息化建设项目,需要根据项目本身的目标、任务、需求、功能、特点等要求来确定的。

(三)造价构成

水利信息化建设项目造价由信息采集(监测)、转换、接收、处理、应用等系统构成。

1. 信息采集(监测)系统。包括传感器、监测仪、测试仪、GPS 等仪器设备。

2. 信息转换系统。包括信息传输系统(通信系统)、有线传输(光纤、电缆、专线、公用电话网等)、无线传输(超短波、卫星、其他无线电通信工具)、传输网络系统等。

3. 信息接收系统。包括接收和转换信号(有线和无线)的装置、设备计算机等。

4. 信息处理系统。包括计算机硬件(工作站、服务器、存储器等)、软件(操作系统、处理系统、决策支持系统、数据库系统、管理系统、仿真系统、GTS 及其他专用软件等)。

5. 应用系统。包括显示、分析、指挥调度、管理控制等。

第三章 水利工程计量与计价

第一节 水利工程设计工程量计算

一、工程量计算

工程量计算的准确性,是衡量工程造价编制质量的重要标准。工程造价专业人员应按照造价文件编制有关规定和计算依据,掌握工程量计算规则,正确计算工程量。

(一)工程量计算依据

工程量计算主要依据如下:

1. 国家、行业发布的工程量清单计价规范、工程量计算规定及国家、地方和行业发布的概(预)算定额。

2. 经审查、审定的项目建议书、可行性研究、初步设计等各设计阶段的相关报告、图纸及其他附件资料。

3. 其他有关技术、经济文件。

(二)工程量计算规则

采用《水利水电工程设计工程量计算规定》(SL 328—2005)计算的设计工程量,不含施工中允许的超挖量、超填量、合理的施工附加量及施工操作损耗量。施工超挖量、超填量、合理的施工附加量及施工操作损耗量已计入概算定额,不应包括在设计工程量中。预算定额不包括施工中超挖、超填及施工附加量,因此若采用《宁夏水利建筑工程预算定额》(试行)编制项目概(估)算或工程标底,应考虑施工中超挖、超填及施工附加量等因素。

1. 永久工程建筑工程量

1)土石方工程

土石方开挖工程量应按岩土分类级别计算,并将明挖、暗挖分开。明挖宜分一般、坑槽、基础、坡面等;暗挖宜分平洞、斜井、竖井和地下厂房等。

土石方的填筑工程量应根据建筑物设计断面中不同部位、不同填筑材料的设计要求分别计算,以建筑物实体方计量。由于土石方填筑的概算定额相关子目说明已规定如何考虑施工期沉陷量和施工附加量等因素,因此设计填筑工程量只需按不同部位、不同材料考虑设计沉陷量后,再乘以阶段系数分别计算。

砌筑工程量应按不同砌筑材料、砌筑方式(干砌、浆砌等)和砌筑部位分别计算,以建筑物砌体方计量。

抛投工程量应按不同抛投方式、不同抛投机械分别计算,以抛投方计量。

2)混凝土工程

混凝土工程量计算应以成品实体方计量,并应符合下列规定:

(1)项目建议书阶段混凝土工程量宜按工程各建筑物分项、分强度、分级配计算。可行性研究、初步设计、招标设计和施工图设计阶段,混凝土工程量应根据设计图纸分部位、分强度、分级配计算。

(2)碾压混凝土宜提出工法,沥青混凝土宜提出开级配或密级配。混凝土衬砌板、墙等宜提出衬砌或者相应的厚度。

(3)初步设计阶段如果采用特种混凝土,其材料配合比应根据试验资料确定。

(4)现行概算定额已考虑了混凝土的拌制、运输、凿毛、干缩等损耗及允许的施工超填量,设计工程量中不再另行考虑。

(5)钢筋制作与安装过程中的加工损耗、搭接损耗及施工架立筋附加量已包括在钢筋概算定额消耗量中,不再另行计算。需要注意的是,若采用《宁夏水利建筑工程预算定额》(试行),定额中钢筋消耗量仅含加工损耗,并不包括搭接长度及架立筋用量,施工架立筋、搭接、焊接、套筒连接、安装过程中操作损耗等所发生的费用,应摊入有效工程量的工程单价中。

(6)施工过程中由于超挖引起的超填量,凿(冲)毛、拌和、运输和浇筑等操作损耗所发生的费用(不包括以总价承包的混凝土配合比试验费),应摊入有效工程量的工程单价中。

(7)计算地下工程(如隧洞、竖井、地下厂房等)混凝土的衬砌工程量时,若采用水利建筑工程概算定额,应以设计断面的尺寸为准;若采用水利建筑工程预算定额,计算衬砌工程量时应包括设计衬砌厚度和允许超挖部分的工程量,但不包括允许超挖范围以外增加超挖所充填的混凝土量。

3)基础处理及锚固工程

钻孔灌浆与锚固工程工程量的计算应符合下列规定:

(1)基础固结灌浆与帷幕灌浆工程量自起灌基面算起,钻孔长度自实际孔顶高程算起。基础帷幕灌浆采用孔口封闭的,还应计算灌注孔口管的工程量,根据不同孔口管长度以孔为单位计算。地下工程的固结灌浆,其钻孔和灌浆工程量根据设计要求以米计算。

(2)回填灌浆工程量按设计的回填接触面面积计算。

(3)接触灌浆和接缝灌浆的工程量按设计所需面积计算。

(4)混凝土地下连续墙的成槽和混凝土浇筑工程量应分别计算。成槽工程量根据不同墙厚、孔深和地层以面积计算;混凝土浇筑工程量根据不同墙厚和地层以成墙面积计算。

(5)混凝土灌注桩钻孔和灌注混凝土工程量应分别计算。钻孔工程量根据不同地层类别以钻孔长度计算,灌注混凝土工程量按不同桩径以桩长计。

(6)振冲碎石桩根据桩径、地层以桩长计算。振冲挤密砂桩以桩长计算。

(7)锚杆工程量根据锚杆类型、长度、直径、支护部位及相应岩石级别以根数计算。

(8)锚杆(索)工程量以嵌入岩石的设计有效长度计算,按规定应留的外露部分及加工损耗均已计入概算定额,不再另行计算。

(9)喷射混凝土工程量应按喷射厚度、部位及有无钢筋以体积计,回弹量不应计入。喷浆工程量应根据喷射对象以面积计。

(10)预应力锚索工程量根据不同预应力等级、长度、形式及锚固对象以束计算。

4)土工合成材料

土工合成材料工程量根据不同部位和材料,按设计铺设面积或长度计算,不应计入材料搭接及各种形式嵌固的用量。

2. 施工临时工程工程量

1)施工导流工程量包括围堰、明渠、隧洞、涵管、底孔等工程量,其计算要求与永久水工建筑物相同,其中与永久水工建筑物结合部分计入永久工程量中,不结合部分(如导流洞或底孔封堵、闸门等)计入施工临时工程量中。阶段系数按施工临时工程计取。

2)施工支洞工程量应按永久水工建筑物工程量计算要求计算,阶段系数按施工临时工程计取。

3)施工临时道路工程量可根据相应设计阶段施工总平面布置图或设计提出的运输线路,按等级以道路长度或具体工程量计算。

4)大型施工设施及施工机械布置所需土建工程量,按永久建筑物的要求计算工程量,阶段系数按施工临时工程计取。

5)施工供电线路工程量根据设计的线路走向、电压等级、回路数以长度或具体工程量计算。

3. 机电设备及金属结构设备工程量

1)机电设备工程量根据不同设计阶段按已建工程类比确定,或按设计图示的数量、有效长度、重量计算。

2)水工建筑物的各种钢闸门和拦污栅的工程量以吨计算。项目建议书阶段可按已建工程类比确定;可行性研究阶段可根据初选方案确定的类型和主要尺寸计算;初步设计阶段应根据选定方案的设计尺寸和参数计算。各种闸门和拦污栅的埋件工程量计算,均应与其主要设备工程量计算精度一致。

3)启闭设备工程量宜与闸门和拦污栅工程量计算精度相适应,并分别列出设备质量(t)和数量(台、套)。

4)压力钢管工程量应按钢管形式(一般、岔管)、直径和壁厚以吨计算,不应计入钢管制作与安装的操作损耗量。

(三)工程量计算顺序

为了避免漏算或重算,工程量的计算一般按照一定的顺序进行。

1. 独立建筑物的计算顺序

对于一个能独立发挥作用或具有独立施工条件的建筑物,其工程量计算顺序一般有以下几种:

1)按专业计算。可按水工、机电、金属结构分别计算工程量。

2)按项目编码计算。按设计工程量计算规定中项目划分编码或工程量清单计价规范附录中分项工程的项目编码,由前向后,分级对照,逐项计算。

3)按现行概(预)算定额的章节顺序计算。根据现行概(预)算定额的章节设置,由前向后，逐项对照计算。

4)按施工顺序计算。按施工顺序计算工程量，可以按先施工的先算、后施工的后算的方法进行。如大坝工程的工程量可从土石方开挖、边坡支护算起，再算坝基处理、土石方填筑（混凝土浇筑），直到计算完坝顶交通工程等施工内容。

2. 单个分项工程计算顺序

(1)按图纸上定位桩号顺序计算。为了计算和审核方便，可以根据图纸桩号顺序进行计算。

(2)按图纸上工程部位编号顺序计算法。即按照图纸上所标注结构构件的编号顺序进行计算。

(四)工程量阶段系数

为统一和完善设计工程量的计算工作，水利部发布了《水利水电工程设计工程量计算规定》(SL 328—2005)。大、中型水利工程项目的项目建议书、可行性研究和初步设计阶段的设计工程量计算，小型工程的设计工程量计算可参照执行。

各设计阶段计算的工程量乘以表3-1所列的相应阶段系数后，作为设计工程量提供给造价专业编制工程概（估）算。阶段系数为变幅值，可根据工程地质条件、工程复杂程度、前期设计工作深度、工程量大小等因素综合选取。

水利水电工程设计工程量阶段系数见表3-1。

表3-1　水利水电工程设计工程量阶段系数

类别	设计阶段	土石方开挖工程量/万 m^3				混凝土工程量/万 m^3			
		>500	500~200	200~50	<50	>300	300~100	100~50	<50
永久工程或建筑物	项目建议书	1.03~1.05	1.05~1.07	1.07~1.09	1.09~1.11	1.03~1.05	1.05~1.07	1.07~1.09	1.09~1.11
	可行性研究	1.02~1.03	1.03~1.04	1.04~1.06	1.06~1.08	1.02~1.03	1.03~1.04	1.04~1.06	1.06~1.08
	初步设计	1.01~1.02	1.02~1.03	1.03~1.04	1.04~1.05	1.01~1.02	1.02~1.03	1.03~1.04	1.04~1.05
施工临时工程	项目建议书	1.05~1.07	1.07~1.10	1.10~1.12	1.12~1.15	1.05~1.07	1.07~1.10	1.10~1.12	1.12~1.15
	可行性研究	1.04~1.06	1.06~1.08	1.08~1.10	1.10~1.13	1.04~1.06	1.06~1.08	1.08~1.10	1.10~1.13
	初步设计	1.02~1.04	1.04~1.06	1.06~1.08	1.08~1.10	1.02~1.04	1.04~1.06	1.06~1.08	1.08~1.10
金属结构工程	项目建议书	—	—	—	—	—	—	—	—
	可行性研究	—	—	—	—	—	—	—	—
	初步设计	—	—	—	—	—	—	—	—

续表 3-1

类别	设计阶段	土石方填筑、砌石工程量/万 m^3				钢筋	钢材	模板	灌浆
		>500	500~200	200~50	<50				
永久工程或建筑物	项目建议书	1.03~1.05	1.05~1.07	1.07~1.09	1.09~1.11	1.08	1.06	1.11	1.16
	可行性研究	1.02~1.03	1.03~1.04	1.04~1.06	1.06~1.08	1.06	1.05	1.08	1.15
	初步设计	1.01~1.02	1.02~1.03	1.03~1.04	1.04~1.05	1.03	1.03	1.05	1.10
施工临时工程	项目建议书	1.05~1.07	1.07~1.10	1.10~1.12	1.12~1.15	1.10	1.10	1.12	1.18
	可行性研究	1.04~1.06	1.06~1.08	1.08~1.10	1.10~1.13	1.08	1.08	1.09	1.17
	初步设计	1.02~1.04	1.04~1.06	1.06~1.08	1.08~1.10	1.05	1.05	1.06	1.12
金属结构工程	项目建议书	—	—	—	—	—	1.17	—	—
	可行性研究	—	—	—	—	—	1.15	—	—
	初步设计	—	—	—	—	—	1.10	—	—

注:①若采用混凝土立模面系数乘以混凝土工程量计算模板工程量,不应再考虑模板阶段系数。

②若采用混凝土含钢率或含钢量乘以混凝土工程量计算钢筋工程量,不应再考虑钢筋阶段系数。

③截流工程的工程量阶段系数可取 1.25~1.35。

④表中工程量是工程总工程量。

二、计量单位及精确程度

计量单位包含物理计量单位和自然计量单位。

物理计量单位是指以公制度量表示的长度、面积、体积和质量等计量单位。如质量以“t”或“kg”为单位,长度以“m”为单位,面积以“m^2”为单位,体积以“m^3”为单位。

自然计量单位是以物体的自然属性来作为计量单位,以“个”“件”“根”“组”“系统”为单位。

不同的计量单位汇总后的有效位数也不相同,根据清单计价规范规定,工程计量时每一项目汇总的有效位数应遵守下列规定:

1. 以“t”“km”为单位,应保留小数点后 3 位数字,第 4 位小数四舍五入。
2. 以“m”“m^2”“m^3”“kg”为单位,应保留小数点后 2 位数字,第 3 位小数四舍五入。
3. 以“个”“件”“根”“组”“系统”等为单位,应取整数。

第二节　水利工程定额分类、适用范围及作用

一、水利工程定额分类

水利工程定额一般分类如下所述。

(一)按照定额的编制程序和用途分类

按照定额的编制程序和用途可以把水利工程定额分为施工定额、预算定额、概算定额、概算指标、估算指标五类。

1. 施工定额

施工定额是完成一定计量单位的某一施工过程或基本工序所需消耗的人工、材料和施工机具台班数量标准。施工定额是施工企业组织生产和加强管理在企业内部使用的一种定额,属于企业定额的性质。施工定额的项目划分很细,是水利工程定额中分项最细、定额子目最多的一种定额,也是水利工程定额中的基础性定额。

2. 预算定额

预算定额是在正常的施工条件下,完成一定计量单位合格分项工程或结构构件所需消耗的人工、材料、施工机具台班数量及其费用标准,是一种计价性定额。从编制程序上看,预算定额是以施工定额为基础综合扩大编制的,同时也是编制概算定额的基础。

3. 概算定额

概算定额是完成单位合格扩大分项工程或扩大结构构件所需消耗的人工、材料和施工机具台班数量及其费用标准,是一种计价性定额。一般是在预算定额的基础上综合扩大编制而成的,每一扩大分项概算定额都包含了数项预算定额。

4. 概算指标

概算指标是以单位工程为对象,反映完成一个规定计量单位建筑安装产品的经济指标。概算指标是概算定额的扩大与合并,是以更为扩大的计量单位来编制的,概算指标的内容包含人工、材料、机械台班三个基本部分,同时还列出了分部工程量及单位工程的造价,是一种计价性定额。

5. 估算指标

估算指标是以建设项目、单项工程、单位工程为对象,反映建设项目总投资及其各项费用构成的经济指标。估算指标往往根据历史的预算、决算资料和价格变动等资料编制,但其编制基础仍然离不开预算定额和概算定额。

(二)按照生产要素消耗内容分类

按照水利工程的生产要素消耗内容可以把水利工程定额分为劳动消耗定额、材料消耗定额、机械消耗定额三类。

1. 劳动消耗定额

劳动消耗定额简称劳动定额或人工定额,是指在正常的施工技术和组织条件下,完成

规定计量单位合格的建筑安装产品所消耗的人工工日的数量标准。劳动定额的主要表现形式是时间定额和产量定额。时间定额与产量定额互为倒数。

2. 材料消耗定额

材料消耗定额简称材料定额,是指在正常的施工技术和组织条件下,完成规定计量单位合格的建筑安装产品所消耗的原材料、成品、半成品、构配件、燃料,以及水、电等动力资源的数量标准。

3. 机械消耗定额

机械消耗定额又称机械台班定额,是指在正常的施工技术和组织条件下,完成规定计量单位合格的建筑安装产品所消耗的施工机械台班的数量标准。机械消耗定额的主要表现形式是机械时间定额和机械产量定额。

(三)按照行业和管理权限分类

按照行业和管理权限水利工程定额可以分为全国统一定额、行业统一定额、地区统一定额、企业定额等。

1. 全国统一定额

全国统一定额是由国家建设行政主管部门综合全国工程建设中技术和施工组织管理的情况编制,并在全国范围内执行的定额。

2. 行业统一定额

行业统一定额是考虑到各行业专业工程特点,以及施工生产和管理水平编制的。一般只在本行业和相同专业性质的范围内使用。

3. 地区统一定额

地区统一定额包括省(自治区、直辖市)定额,主要是考虑地区性特点和全国统一定额水平做适当调整和补充编制的。

4. 企业定额

企业定额是施工单位根据本企业的施工技术、机械装备和管理水平编制的人工、材料、机械台班等的消耗标准。

二、水利工程定额适用范围及作用

(一)施工定额

施工定额是施工企业进行施工组织、成本管理、经济核算和投标报价的重要依据,是编制施工预算、施工作业计划、竣工结(决)算、实行内部经济核算(或承包)的依据。施工定额也是编制预算定额和编制补充单价表的基础。

(二)预算定额

预算定额是编制工程预算、确定工程造价、控制建设工程投资、编制招标控制价、编制投标报价的依据,也是编制概算定额的基础。

(三)概算定额

概算定额是编制建设项目可行性研究概(估)算投资、初步设计概算和修正概算的依据,是确定工程造价、选择优化设计方案的依据,也是编制概算指标和估算指标的基础。

第三节　水利工程造价文件类型及作用

我国现行水利工程建设程序一般分为项目建议书、可行性研究报告、初步设计、施工准备、建设实施、生产准备、竣工验收、后评价等阶段。各阶段工作深度和要求都不同,其造价文件的类型也不同。水利工程造价文件类型主要包括投资估算、设计概算、施工图预算、招标控制价、投标报价、完工结算、竣工决算等。

一、投资估算

投资估算是项目建议书及可行性研究报告的重要组成部分,是项目法人(项目建设单位)科学决策选定近期开发项目并开展下阶段工作的重要依据,也是工程造价全过程管理的"龙头",合理预测投资估算具有十分重要的意义。

投资估算应充分考虑建设项目各种可能的需要、风险、价格上涨等因素。

工程投资估算编制根据项目建议书或可行性研究报告提供的工程规模、工程等级、主要工程项目的工程量及主要设备数量、建设工期、建设融资方案等资料,参考概算定额和概算估算编制规定,其主体建筑工程及主要设备安装工程单价套用概算定额并考虑单价扩大系数,次要项目按经验指标估算。

二、设计概算

设计概算是初步设计报告的重要组成部分。初步设计概算是在已经批准的可行性研究投资估算的控制下编制的。经批准的设计概算是国家确定和控制工程建设投资规模、政府有关部门对工程项目造价进行审计和监督、项目法人(项目建设单位)筹措工程建设资金和管理工程项目造价的依据,也是编制建设计划、编制项目管理预算和招标控制价、考核工程造价、编制完工结算和竣工决算以及项目法人(项目建设单位)向银行贷款的依据。

设计概算编制根据初步设计报告提供的工程规模、建筑物布置、施工组织设计方案、工程项目的工程量、设备数量及参数、建设总工期、建设期融资方案、有关合同协议等资料,采用概算定额及相应编制规定对工程造价进行测算。

经投资主管部门或者其他有关部门核定的投资概算是控制政府投资项目总投资的依据。

三、施工图预算

施工图预算是在施工图设计完成后,由项目法人(项目建设单位)组织,一般根据施工图纸、施工组织设计、预算定额、取费要求和工程量计算规定等编制的单位工程或单项工程预算价格的文件。

施工图预算用于建设实施阶段控制工程造价。施工图预算是确定工程计划成本的依据,投资方按施工图预算造价筹集建设资金,合理安排资金建设计划,确保建设资金的有效使用。施工图预算是确定工程招标控制价的基础。

四、招标控制价

招标控制价一般由项目法人(项目建设单位)组织编制,一般根据国家或省级、行业建设主管部门颁发的有关计价依据和办法、招标文件、图纸、招标工程量清单,结合工程具体情况和施工方案,以及招标文件载明的风险费用等计算出的合理工程价格。招标控制价一般在开标前公布。

五、投标报价

投标报价是由投标人按照招标文件的要求和有关计价规定,依据发包人提供的工程量清单、图纸、施工现场情况和投标时拟定的施工组织设计或者施工方案,结合项目工程特点、企业成本、市场价格以及招标文件载明的风险费用等,自主确定的工程造价。相对于国家或省级、行业建设计价标准而言,它反映的是市场价,体现了企业的经营管理和技术、装备水平。

六、完工结算

完工结算指承包人完成合同规定的内容并经验收合格后,根据合同约定的计价和调价方法、确认的工程量、变更及索赔事项处理结果等资料,与发包人共同确认的最终工程价款。

七、竣工决算

竣工决算是指在工程竣工验收阶段,由项目法人(项目建设单位)编制的建设项目从筹建到竣工验收、交付使用全过程中实际支付的全部建设费用。

竣工决算是整个建设工程的最终价格,是建设单位财务部门汇总固定资产的主要依据。

第四节　水利工程概(估)算文件编制

一、工程取费等级

编制概算时,应首先根据水利工程设计概算编制工程取费等级划分表确定工程等级,再按确定的工程等级采用相应分等取费标准。取费等级标准共分大型、中型、小型三个取费等级。工程取费等级标准根据工程性质、工程规模、建筑物形式、施工技术的复杂程度和难易程度等因素进行划分。

宁夏水利工程取费等级标准确定原则如下:

1. 工程取费分为大型、中型、小型三个等级,如表 3-2 所示。大型取费按照水利部水总〔2014〕429 号文的标准确定,中、小型取费按照《宁夏水利工程设计概(估)算编制规定》(宁水计发〔2016〕10 号)确定。

2. 当同一工程条件分属于几种不同工程等级时,按其中高等级确定。

3. 扩建、续建、除险加固工程按原工程等级确定。

4. 灌溉工程采用渠道流量和灌溉面积两个指标确定取费等级时，按照其中较高指标值确定。

5. 区内黄河干流及清水河、苦水河、都思兔河等重要支流的堤防工程一般按照中型取费标准，其他Ⅲ、Ⅳ级堤防一般执行小型取费标准。

表 3-2　宁夏水利工程设计概算编制工程取费等级划分

序号	工程分类				取费标准			
					划分依据	大型	中型	小型
1	水利工程	枢纽工程	水库		总库容	≥1. 0×10^8 m^3	0. 10×10^8～1. 0×10^8 m^3	<0. 10×10^8 m^3
2			水电站		装机容量	≥30×10^4 kW	5×10^4～30×10^4 kW	<5×10^4 kW
3			独立建筑物	拦河水闸工程	过闸流量	≥100 m^3/s	20～100 m^3/s	<20 m^3/s
4		引水及河道工程	供水工程	人畜饮水工程	日供水量	≥5 000 m^3/d	500～5 000 m^3/d	<500 m^3/d
				工业供水工程	引水流量	≥10 m^3/s	1～10 m^3/s	<1 m^3/s
5			灌溉工程	灌溉	渠道流量	—	≥1 m^3/s	<1 m^3/s
					灌溉面积	≥50 万亩	1～50 万亩	<1 万亩
				治涝	治涝面积	≥60 万亩	15～60 万亩	<15 万亩
				灌、排泵站	装机容量	≥50 m^3/s	10～50 m^3/s	<10 m^3/s
					装机功率	≥1×10^4 kW	0. 1×10^4～1×10^4 kW	<0. 1×10^4 kW
6			堤防工程		防洪标准	Ⅰ、Ⅱ级堤防（≥50 年）	Ⅲ、Ⅳ级堤防（<50 年，≥20 年）	Ⅳ级堤防以下（<20 年）
7			河湖整治工程			—	—	全按此类

二、基础价格

基础价格包括人工预算价格，材料预算价格，施工用电、水、风预算价格，施工机械台时费，砂、碎石、块石，混凝土及砂浆预算价格等。

（一）人工预算单价

根据宁夏回族自治区水利厅《宁夏水利工程设计概（估）算编制规定的通知》（宁水计发〔2016〕10 号），宁夏水利工程人工分普工和技工两类，人工预算单价计算标准见表 3-3。

表 3-3　人工预算单价计算标准（宁夏地区）

序号	项目	人工工资/（元/h）
1	普工	5. 77
2	技工	8. 10

(二)材料预算价格

1. 主要材料预算价格组成

材料预算价格包括材料原价(或供应价格)、运杂费、采购及保管费、运输保险费等,以上价格均不含增值税进项税额,计算公式为:

材料预算价格 = (材料原价 + 运杂费) × (1 + 采购及保管费费率) + 运输保险费

1)材料原价指工程所在地区就近大型物资供应公司、材料交易中心的市场成交价,选定的生产厂家的出厂价,其他信息来源获取的价格。

材料增值税适用税率标准见表3-4。

表3-4　材料增值税适用税率标准

序号	材料种类	增值税适用税率/%
1	砂(卵)石、块石、砖、自来水、商品混凝土、石灰、土	3
2	原木、苗木	13
3	钢筋、钢材等金属	13
4	其他材料	13

同一种材料,来源地、交货地、供货单位、生产厂家不同时,以供货数量为权重,采取加权平均的方法计算其综合材料原价,计算公式如下:

$$综合材料原价 = (K_1C_1 + K_2C_2 + \cdots + K_NC_N)/(K_1 + K_2 + \cdots + K_N)$$

式中,$K_1,K_2,\cdots,K_N$ 为不同来源的材料供应量;$C_1,C_2,\cdots,C_N$ 为不同来源的材料原价。

2)运杂费根据运输方式,按相关行业规定计算,主要包括运输费和装卸费。

3)采购及保管费费率见表3-5,采购及保管费以材料原价和运杂费之和作为计算基数。

4)运输保险费计算按宁夏回族自治区或中国人民保险公司的有关规定执行。

表3-5　采购及保管费费率

序号	材料名称	费率/%
1	水泥、碎(砾)石、砂、块石	3
2	钢材	2
3	油料	2
4	其他材料	2.5

注:根据《宁夏水利工程营业税改征增值税计价依据调整办法》(宁水办发〔2017〕32号),采购及保管费费率乘以1.10调整系数。

2. 其他材料预算价格

其他材料预算价格参考工程所在地区的工业与民用建筑安装工程材料预算价格或其他信息来源价格,不含增值税进项税额。

3. 材料补差

主要材料预算价格超过表3-6规定的基价(不含增值税进项税额)时,应按基价计入工程单价参与取费,预算价与基价的差值以材料补差形式计算,列于工程单价税金之前,并计取税金(增值税销项税额)。

表 3-6　主要材料基价

序号	材料名称	单位	基价/元
1	柴油	t	2 990
2	汽油	t	3 075
3	钢筋	t	2 560
4	水泥	t	255
5	炸药	t	5 150

注:1. 主要材料预算价格低于基价时,按预算价计入工程单价;计算施工用电、风、水价格时,按预算价格参与计算。
2. 主要材料基价已按《宁夏水利工程营业税改征增值税计价依据调整办法》(宁水办发〔2017〕32 号)进行调整。

(三)施工用电、风、水预算价格

1. 施工用电预算价格

水利工程施工用电价格一般包括当地电网的外购价格和施工企业自发电价格。有两种供电方式时,以不同供电方式的供电量为权重计算施工用电价格。

当地电网的外购价格由基本电价、电能损耗摊销费和供电设施维修摊销费组成。基本电价按宁夏回族自治区发展和改革委员会发布的不含增值税进项税额的电网电价和规定的加价进行计算。电能损耗摊销费指从外购电接入点起到现场各施工点最后一级降压变压器低压侧止,在所有变配电设备和输电线路上所发生的电能损耗摊销费用,包括高压输电线路损耗、变配电设备及配电线路损耗。供电设施维修摊销费指摊入电价的变配电设备的基本折旧费、修理费、安装拆除费、设备及输配电线路的运行维护费。

自发电机供电价格中的柴油发电机组(台)时总费用应按《自治区水利厅关于调整我区水利工程计价依据有关税率及计价系数的通知》(2019 年 4 月 3 日)计算。

电价计算公式:

1)电网供电价格计算公式为

$$\text{电网供电价格} = \text{基本电价} \div (1 - \text{高压输电线路损耗率}) \div (1 - 35\ \text{kV以下变配电设备及配电线路损耗率}) + \text{供电设施维修摊销费(变配电设备除外)}$$

基本电网电价可直接按国家公布的宁夏回族自治区电网趸售电价确定。

2)柴油发电机供电价格[元/(kW·h)](自设水泵供冷却水)计算公式为

$$\text{柴油发电机供电价格} = \frac{\text{柴油发电机组(台)时总费用} + \text{水泵组(台)时总费用}}{\text{柴油发电机额定容量之和} \times \text{发电机出力系数} \times (1 - \text{厂用电率})} \div (1 - \text{变配电设备及配电线路损耗率}) + \text{供电设施维修摊销费}$$

3)柴油发电机供电如采用循环冷却水,不用水泵,电价计算公式为

$$\text{柴油发电机供电价格} = \frac{\text{柴油发电机组(台)时总费用}}{\text{柴油发电机额定容量之和} \times \text{发电机出力系数} \times (1 - \text{厂用电率})} \div (1 - \text{变配电设备及配电线路损耗率}) + \text{单位循环冷却水费} + \text{供电设施维修摊销费}$$

式中,发电机出力系数一般取 0.8~0.85;厂用电率取 3%~5%;高压输电线路损耗率取 3%~5%;变配电设备及配电线路损耗率取 4%~7%;供电设施维修摊销费取 0.04~0.05

元/(kW·h);单位循环冷却水费取 0.05~0.07 元/(kW·h)。

电价一般可参考宁夏回族自治区或工程所在地县级以上电力主管部门定期公布价确定。

2. 施工用水预算价格

水利工程施工用水一般包括施工企业自取水价格和外供水价格。自取水价格由基本水价、供水损耗摊销费和供水设施维修摊销费组成;外供水价格由基本水价、供水损耗摊销费组成。基本水价按不含增值税进项税额的信息价格及有关规定计算。

1)基本水价。是根据施工组织设计所配置的供水系统设备,按组(台)时总费用除以组(台)时总有效供水量计算。台时费根据《宁夏水利工程施工机械台时费定额》、人工预算单价、不含增值税进项税额的动力燃料价格及有关规定计算。

2)供水损耗摊销费。指施工用水在储存、输送、处理过程中所造成的水量损失摊销费用。

3)供水设施维修摊销费。指摊入水价的取水建筑物、水池、供水管路等供水设施的单位维护费用。

$$\text{施工用水价格} = \frac{\text{水泵组(台)时总费用}}{\text{水泵额定容量之和} \times K} \div (1 - \text{供水损耗率}) + \text{供水设施维修推销费}$$

式中,K 为能量利用系数,取 0.75~0.85;供水损耗率取 6%~10%;供水设施维修摊销费取 0.04~0.05 元/m^3。

注:① 施工用水为多级提水并中间有分流时,要逐级计算水价。②施工用水有循环用水时,水价要根据施工组织设计的供水工艺流程计算。③施工用水若采用购水(抽水)拉运时,水价按供水(抽水)价+运费计算(不计装卸费及采购及保管费,按宁夏回族自治区发展和改革委员会、交通厅发布的一等货物运输价格计算)。

3. 施工用风预算价格

施工用风价格由基本风价、供风损耗摊销费和供风设施维修摊销费组成。不同的供风方式用风预算价格以供风方式的供风量为权重计算综合施工用风预算价格。

1)基本风价是根据施工组织设计所配置的供风系统设备(不含备用设备),按台时产量分析计算的单位用风量的价格。按台时总费用除以台时总有效供风量计算,台时费根据《宁夏水利工程施工机械台时费定额》、人工预算单价、不含增值税进项税额的动力燃料价格及有关规定计算。

2)供风损耗摊销费指由压气站至用风工作面的固定供风管道在输送压气过程中所发生的风量损耗摊销费用。风动机械本身的用风及移动的供风管道损耗包括在该机械的台时耗风定额内,不在风价中计算。

3)供风设施维修摊销费指摊入风价的供风设施的单位维护费用。

风价计算公式为

$$\text{施工用风价格} = \frac{\text{空气压缩机组(台)时总费用} + \text{水泵组(台)时总费用}}{\text{空气压缩机额定容量之和} \times 60\ \text{min} \times K} \div (1 - \text{供风损耗率}) + \text{供风设施维修摊销费}$$

空气压缩机系统如采用循环冷却水,不用水泵,则风价计算公式为

$$\text{施工用风价格}=\frac{\text{空气压缩机组(台)时总费用}}{\text{空气压缩机额定容量之和}\times 60\ \text{min}\times K}\div(1-\text{供风损耗率})+\text{单位循环冷却水费}+\text{供风设施维修摊销费}$$

式中,K 为能量利用系数,取 0.70~0.85;供风损耗率取 6%~10%;单位循环冷却水费取 0.007 元/m^3;供风设施维修摊销费取 0.004~0.005 元/m^3。

施工用风价格一般可按 0.14~0.16 元/m^3 确定。

(四)施工机械使用费

施工机械使用费是指一个台时中为使机械正常工作所分摊和支出的各项费用之和,由一类费用和二类费用组成。一类费用包括折旧费、修理及替换设备费(含大修理费、经常性修理费)和安装拆卸费;二类费用包括机上人工费、动力燃料费和消耗材料费。

施工机械使用费根据《宁夏水利工程施工机械台时费定额》、人工预算单价、不含增值税进项税额的动力燃料价格及有关规定计算。采用《宁夏水利工程施工机械台时费定额》计算机上人工费时按照技工单价进行计算。

根据《宁夏水利工程营业税改征增值税计价依据调整办法》(宁水办发〔2017〕32号)、《自治区水利厅关于调整我区水利工程计价依据有关税率及计价系数的通知》(2019年4月3日)的规定,折旧费除以 1.15 调整系数;修理及替换设备费除以 1.09 调整系数;安装拆卸费不变;掘进机及其他由建设单位采购、设备费单独列项的施工机械,台时费中不计折旧费,设备费除以 1.13 调整系数。对于定额缺项的施工机械,可补充编制台时费定额。

(五)砂石料预算价格

水利工程砂石料由承包商自行开采时,砂石料单价应根据料源情况、开采条件和工艺流程按相应定额和不含增值税进项税额的基础价格进行计算,并计取间接费、利润及税金。

外购砂石料价格不包含增值税进项税额,基价按 70 元/m^3 计算,并计取间接费、利润及税金。

外购砂、碎石(砾石)、块石、料石等材料预算价格超过 70 元/m^3 时,应按基价 70 元/m^3 计入工程单价参加取费,预算价格与基价的差额以材料补差形式进行计算,材料补差列入单价表中并计取税金。

(六)混凝土预算价格

混凝土材料来源分为自拌与成品两种方式。

自拌混凝土预算价格为混凝土配比中各种材料用量的费用之和。若无试验资料,可参照《宁夏水利建筑工程预算定额》(试行)附录中的混凝土材料配合比表计算。

成品混凝土预算价格采用供货方的不包含增值税进项税额到货价格。其预算价格按基价 200 元/m^3 计入工程单价参加取费,预算价格与基价的差额以材料补差形式进行计算,材料补差列入单价表中并计取税金。

在使用《宁夏水利建筑工程预算定额》(试行)编制混凝土预算单价时,应特别注意定额附录中的几个换算关系。

1. 混凝土强度等级与设计龄期的换算系数。除碾压混凝土材料配合参考表外,水泥混凝土强度等级均以 28 d 龄期用标准试验方法测得的具有 95%保证率的抗压强度标准值确定,如设计龄期超过 28 d,则需按表 3-7 中的系数进行换算。计算结果如介于两种强度等级之间应选用高一级的强度等级。

表 3-7　混凝土设计龄期与强度等级换算系数

设计龄期/d	28	60	90	180
强度等级换算系数	1.00	0.83	0.77	0.71

2. 混凝土配合比中的卵石、粗砂混凝土，如改用碎石或中、细砂，按表 3-8 中的系数进行换算。

表 3-8　混凝土骨料换算系数

项目	水泥	砂	石子	水
卵石换为碎石	1.10	1.10	1.06	1.10
粗砂换为中砂	1.07	0.98	0.98	1.07
粗砂换为细砂	1.10	0.96	0.97	1.10
粗砂换为特细砂	1.16	0.90	0.95	1.16

注：①水泥按重量计，砂、石子、水按体积计。

②若实际采用碎石及中、细砂，则总的换算系数应为各单项换算系数的连乘积。

③粉煤灰的换算系数同水泥的换算系数。

3. 大体积混凝土，为了节约水泥和温控的需要，常常采用埋块石混凝土。计算混凝土材料用量时，应将混凝土配合比表中的材料用量扣除埋块石实体的数量。

埋块石混凝土材料用量 = 定额混凝土配合比表中的材料用量×(1−埋块石率)

埋块石混凝土中块石用量 = 埋块石率×1.67 m^3

1 m^3 实体方 = 1.67 m^3 码方

因埋块石增加的人工按表 3-9 调整换算。

表 3-9　埋块石混凝土浇筑定额应增加的人工工时数量

埋块石率/%	5	10	15	20
每 100 m^3 块石混凝土增加的人工/工时	24	32	42.4	56.8

注：表中所列工时不包括块石运输及影响浇筑的工时。

三、建筑、安装工程单价编制

(一) 建筑工程单价

1. 直接费

1) 基本直接费：

人工费 = 定额劳动量(工时)×人工预算单价(元/工时)

材料费 = 定额材料用量×材料预算单价

机械使用费=定额机械使用量(台时)×施工机械台时费(元/台时)

2)其他直接费：

其他直接费=基本直接费×其他直接费费率之和

2. 间接费

间接费=直接费×间接费费率

3. 利润

利润=(直接费+间接费)×利润率

4. 材料补差

材料补差=(材料预算价格-材料基价)×材料消耗量

5. 税金

税金=(直接费+间接费+利润+材料补差)×税率

6. 建筑工程单价

建筑工程单价=直接费+间接费+利润+材料补差+税金

注:建筑工程单价含有未计价材料(如输水管道)时,其格式参照安装工程单价。

(二)安装工程单价

1. 按实物量形式的安装单价

1)直接费

(1)基本直接费：

人工费=定额劳动量(工时)×人工预算单价(元/工时)

材料费=定额材料用量×材料预算单价

机械使用费=定额机械使用量(台时)×施工机械台时费(元/台时)

(2)其他直接费：

其他直接费=基本直接费×其他直接费费率之和

2)间接费

间接费=人工费×间接费费率

3)利润

利润=(直接费+间接费)×利润率

4)材料补差

材料补差=(材料预算价格-材料基价)×材料消耗量

5)未计价装置性材料费

未计价装置性材料费=未计价装置性材料用量×材料预算单价

6)税金

税金=(直接费+间接费+利润+材料补差+未计价装置性材料费)×税率

7)安装单价

单价=直接费+间接费+利润+材料补差+未计价装置性材料费+税金

2. 按费率形式的安装单价

1)直接费(%)

(1)基本直接费(%)：

人工费(%)=定额人工费(%)

材料费(%)=定额材料费(%)

装置性材料费(%)=定额装置性材料费(%)

机械使用费(%)=定额机械使用费(%)

(2)其他直接费(%):

其他直接费(%)=基本直接费(%)×其他直接费费率之和

2)间接费

间接费(%)=人工费(%)×间接费费率(%)

3)利润(%)

利润(%)=[直接费(%)+间接费(%)]×利润率(%)

4)税金(%)

税金(%)=[直接费(%)+间接费(%)+利润(%)]×税率(%)

5)安装工程单价

单价(%)=直接费(%)+间接费(%)+利润(%)+税金(%)

单价=单价(%)×设备原价

(三)其他直接费

1. 冬雨季施工增加费:根据不同工程等级,按基本直接费的百分率计算。

2. 夜间施工增加费:根据不同工程等级,按基本直接费的百分率计算。

3. 特殊地区施工增加费:在高海拔、原始森林、沙漠等特殊地区施工而增加的费用,其中高海拔地区施工增加费已计入定额,其他特殊费应按工程所在地区规定标准计算,地方没有规定的不得计算此项费用。

4. 临时设施费:根据不同工程等级,按基本直接费的百分率计算。

5. 其他:按基本直接费的百分率计算。

具体费率见表 3-10。

表 3-10　其他直接费费率

费用名称	工程类别	费率/%
冬雨季施工增加费	建筑工程及安装工程	2.5~3.0
夜间施工增加费	建筑工程	0.3
	安装工程	0.5~0.6
临时设施费	建筑工程及安装工程	1.5~2.5
其他	建筑工程	0.5~0.6
	安装工程	1.0~1.1

注:其他直接费费率已按照《宁夏水利工程营业税改征增值税计价依据调整办法》(宁水办发〔2017〕32 号)进行调整。

(四)间接费

根据不同工程类别,间接费费率标准见表 3-11。

表 3-11　间接费费率

序号	工程类别	计算基础	费率/%
一	建筑工程		
1	土方工程	直接费	4.0~6.0
2	石方工程	直接费	8.5~11.5
3	砌石工程	直接费	8.5~11.5
4	混凝土浇筑工程	直接费	7.0~9.5
5	钢筋工程	直接费	5.0
6	钻孔灌浆及锚固工程	直接费	9.25~10.5
7	疏浚工程	直接费	6.25~7.25
8	其他工程	直接费	7.25~9.5
二	安装工程	人工费	70

注:间接费费率已按照《宁夏水利工程营业税改征增值税计价依据调整办法》(宁水办发〔2017〕32 号)进行调整。

工程类别划分说明:

1. 土方工程:包括土方开挖与填筑工程等。

2. 石方工程:包括石方开挖与填筑工程、砂石备料工程等。

3. 砌石工程:包括砌筑块石、砖、混凝土块板及抛石工程等。

4. 混凝土浇筑工程:包括现浇和预制各种混凝土、伸缩缝、止水、防水层、温控措施、输水管道等。

5. 钢筋工程:包括钢筋制作与安装工程等。

6. 钻孔灌浆及锚固工程:包括各种类型的钻孔灌浆、防渗墙及锚杆(索)、喷浆(混凝土)工程等。

7. 疏浚工程:指用挖泥船、水力冲挖机组等机械疏浚江河、湖泊的工程。

8. 其他工程:指除上述工程外的工程,如围堰工程、土工膜铺设、土工布铺设、管道铺设、砌体拆除等。

9. 安装工程:包括水轮机、发电机、抽水机组、变配电设备、闸门、启闭机、工程设备、各种钢管的安装等。

(五)利润

利润按直接费和间接费之和的百分率计算,见表 3-12。

(六)税金

为计算方便,在编制概算时,可按下列公式和税率计算:

税金=(直接费+间接费+利润+材料补差)×计算税率

注:若安装工程中含未计价装置性材料费,则计算税金时应计入未计价装置性材料费。

税金应计入建筑安装工程费用内增值税销项税额,现行税率为 9%。

(七)单价编制

依据《宁夏水利工程设计概(估)算编制规定》(宁水计发〔2016〕10 号)、《宁夏水利工程营业税改征增值税计价依据调整办法》(宁水办发〔2017〕32 号)及《自治区水利厅关于调整我区水利工程计价依据有关税率及计价系数的通知》(2019 年 4 月 3 日),采用 2009 年《宁夏水利建筑工程预算定额》(试行)编制单价时应按以下方法计算。

表 3-12　利润率

序号	工程类别	计算基础	利润率/%
一	建筑工程		
1	土方工程	直接费+间接费	5.0~7.0
2	石方工程	直接费+间接费	5.0~7.0
3	砌石工程	直接费+间接费	7.0
4	混凝土浇筑工程	直接费+间接费	7.0
5	钢筋工程	直接费+间接费	7.0
6	钻孔灌浆及锚固工程	直接费+间接费	7.0
7	疏浚工程	直接费+间接费	5.0
8	其他工程	直接费+间接费	5.0~7.0
二	安装工程	直接费+间接费	7.0

1. 建筑工程单价计算

建筑工程单价计算见表 3-13。

表 3-13　建筑工程单价计算

序号	项目	计算方法
(一)	直接费	(1)+(2)
(1)	基本直接费	①+②+③
①	人工费	Σ[定额劳动量(工时)×人工预算单价(元/工时)]
②	材料费	Σ[定额材料用量×材料预算价格]
③	施工机械使用费	Σ[定额机械使用量(台时)×施工机械台时费(元/台时)]
(2)	其他直接费	(1)×其他直接费费率之和(%)
(二)	间接费	(一)×间接费费率(%)
(三)	利润	[(一)+(二)]×利润率(%)
(四)	材料补差	Σ[(材料预算价格-材料基价)×材料消耗量]
(五)	税金	[(一)+(二)+(三)+(四)]×税率(%)
(六)	建筑工程单价	(一)+(二)+(三)+(四)+(五)

注:建筑工程单价含有未计价材料(如输水管道)时,其格式参照安装工程单价。

2. 安装工程单价计算

(1)以实物量形式安装工程单价计算见表 3-14。

表 3-14　安装工程单价以实物量形式计算

序号	项目	计算方法
(一)	直接费	(1)+(2)
(1)	基本直接费	①+②+③
①	人工费	Σ[定额劳动量(工时)×人工预算单价(元/工时)]
②	材料费	Σ[定额材料用量×材料预算价格]
③	施工机械使用费	Σ[定额机械使用量(台时)×施工机械台时费(元/台时)]
(2)	其他直接费	(1)×其他直接费费率之和(%)
(二)	间接费	人工费×间接费费率(%)
(三)	利润	[(一)+(二)]×利润率(%)
(四)	材料补差	Σ[(材料预算价格-材料基价)×材料消耗量]
(五)	未计价装置性材料费	Σ[未计价装置性材料用量×材料预算价格]
(六)	税金	[(一)+(二)+(三)+(四)+(五)]×税率(%)
(七)	安装工程单价合计	(一)+(二)+(三)+(四)+(五)+(六)

(2)以费率形式的安装工程单价计算见表 3-15。

表 3-15　安装工程单价按费率形式计算

序号	项目	计算方法
(一)	直接费	(1)+(2)
(1)	基本直接费	①+②+③+④
①	人工费	定额人工费费率(%)×人工费调整系数×设备原价
②	材料费	定额材料费费率(%)×设备原价
③	装置性材料费	定额装置性材料费费率(%)×设备原价
④	机械使用费	定额机械使用费费率(%)×设备原价
(2)	其他直接费	(1)×其他直接费费率之和(%)
(二)	间接费	人工费×间接费费率(%)
(三)	利润	[(一)+(二)]×利润率(%)
(四)	税金	[(一)+(二)+(三)]×税率(%)
(五)	安装工程单价合计	(一)+(二)+(三)+(四)

注:依据《宁夏水利工程营业税改征增值税计价依据调整办法》(宁水办发〔2017〕32 号)及《自治区水利厅关于调整我区水利工程计价依据有关税率及计价系数的通知》(2019 年 4 月 3 日),以费率形式(%)表示的安装工程定额,其人工费费率不变,材料费费率除以 1.03,机械使用费费率除以 1.10,装置性材料费费率除以 1.13。计算基数不变,仍为含增值税的设备费。

(八)建筑工程单价编制时定额使用注意事项

宁夏回族自治区以中小型施工机械和人工施工为主的新建、扩建、改建中小型水利基本建设及河沟道治理工程,编制投资概估算、控制价、投标报价一般使用《宁夏水利建筑工程预算定额》(试行),使用该定额编制建筑工程单价时应注意定额相关章节说明,具体如下。

1.定额总说明

1)《宁夏水利建筑工程预算定额》(试行)适用于海拔小于或等于2 000 m地区的工程项目。海拔大于2 000 m的地区应按建设项目主体工程所在地的海拔及规定的调整系数计算。一个建设项目只能采用一个调整系数。

2)《宁夏水利建筑工程预算定额》(试行)不包括冬季、雨季和特殊地区气候影响施工因素及增加的设施费用。

3)《宁夏水利建筑工程预算定额》(试行)按一日三班作业施工、每班八小时工作制拟定。若部分工程项目采用一日一班或两班制的,定额不做调整。

4)《宁夏水利建筑工程预算定额》(试行)的"工作内容",仅扼要说明各章节的主要施工过程及工序。次要的施工过程及必要的辅助工作所需的人工、材料、机械也已包括在定额内。

5)定额中的材料:

(1)凡一种材料名称之后,同时并列了几种不同型号规格的,如石方工程导线的火线和电线,表示这种材料只能选用其中一种型号规格的定额进行计价。

(2)凡一种材料分几种型号规格与材料名称同时并列的,如石方工程中同时并列导火线和导电线,则表示这些名称相同而规格不同的材料都应计价。

6)定额中的机械:

(1)凡一种机械名称之后,同时并列了几种不同型号规格的,如运输定额中的自卸汽车等,表示这种机械只能选用其中一种型号规格的定额进行计价。

(2)凡一种机械分几种型号规格与机械名称同时并列的,表示这些名称相同而规格不同的机械定额都应同时进行计价。

7)其他材料费和零星材料费是指完成一个定额子目的工作内容所必需的未计量材料费。如工作面内的脚手架、排架、操作平台等的摊销费,地下工程的照明费,混凝土工程的养护用材料,石方工程的钻杆、空心钢等以及其他用量较少的材料。

8)材料从分仓库或相当于分仓库材料堆放地至工作面的场内运输所需的人工、机械及费用,已包括在各定额子目中。

9)定额中其他材料费、零星材料费、其他机械费,均以费率形式表示,其计算基数如下:

(1)其他材料费,以主要材料费之和为计算基数。

(2)零星材料费,以人工费、机械费之和为计算基数。

(3)其他机械费,以主要机械费之和为计算基数。

10)定额用数字表示的适用范围:

(1)只用一个数字表示的,仅适用于该数字本身。当需要选用的定额介于两子目之间时,可用插入法计算。

(2)数字用上下限表示的,如2 000~2 500,适用于大于2 000、小于或等于2 500的数字范围。

11)挖掘机挖土方定额均按液压挖掘机拟定,机械及施工条件不同时应按机械定额调整系数进行调整。例如采用反铲挖掘机挖土时定额乘以1.24调整系数,挖移松土时定额乘以0.8调整系数。

12)《宁夏水利建筑工程预算定额》(试行)中的汽车运输定额,适用于宁夏水利工程施工路况10 km以内的场内运输,运距超过10 km时按公路运输价格计算。特别需要注意的是,不同的定额对运距计算规定不同。例如:水利部《水利建筑工程概算定额》中规定运距超过10 km时,超过部分按增运1 km的台时数乘以0.75系数计算。

13)使用《宁夏水利建筑工程预算定额》(试行)编制初步设计概算时,定额扩大3%;编制可行性研究投资估算时,定额扩大13.3%。

2. 土石方工程单价编制

在编制土石方工程单价时,应注意定额相关章节的说明。

1)土石方定额的计量单位,除注明外,均按自然方计算。

定额中使用的计量单位有自然方、松方和实方。自然方,指未经扰动的自然状态的土方;松方,指自然方经人工或机械开挖而松动过的土方;实方,指填筑(回填)并经过压(夯)实过的成品方。三者之间可以相互换算,换算系数见表3-16。

表3-16 土石方松实系数

项目	自然方	松方	实方	码方
土方	1	1.33	0.85	
石方	1	1.53	1.31	
砂方	1	1.07	0.94	
混合料	1	1.19	0.88	
块石	1	1.75	1.43	1.67

注:①松实系数是指土石料体积的比例关系,供一般土石方工程换算时参考。
②块石实方指堆石坝坝体方,块石松方即块石堆方。

2)土壤的分类除注明外,一般按土石十六级分类法的前四级划分土类级别。

3)砂砾和碎石土开挖和运输定额按Ⅲ类土定额计算;砂砾(卵)石应按Ⅳ类土定额进行计算。

4)土方开挖和填筑工程,除定额规定的工作内容外,还包括挖小排水沟、修坡、清除场地草皮杂物、交通指挥、安全设施及取土场和卸土场的小路修筑与维护等工作。

5)一般土方开挖定额适用于一般明挖土方工程和上口宽超过16 m的渠道及上口面积大于80 m^2的柱坑土方工程。

6)沟槽土方开挖定额适用于上口宽小于或等于4 m的矩形断面或边坡陡于1∶0.5的梯形断面,长度大于宽度3倍的长条形,只修底不修边坡的土方工程,如截水墙、齿墙等各类墙基和电缆沟等。

7)柱坑土方开挖定额适用于上口面积小于或等于 80 m^2,长度小于宽度的 3 倍,深度小于上口短边长度或直径,四侧垂直或边坡陡于 1∶0.5,不修边坡只修底的坑挖工程,如集水坑工程、柱坑、基座等工程。

8)推土机的推土距离和运输定额的距离,均指取土中心至卸土中心的平均距离,工程量很大的可以划分几个区域加权平均计算。若推土机推松土,定额中推土机的台时数量应乘以 0.8 的系数。

9)当采用挖掘机或装载机挖装土料、自卸汽车运输的施工方案时,定额适用于Ⅲ类土,Ⅰ、Ⅱ土按定额乘以 0.91 的系数,Ⅳ类土按定额乘以 1.09 的系数。挖掘机或装载机装土自卸汽车运输各节已包括卸料场配备的推土机定额在内,且一般土方工程不另行计算运输和其他损耗。

10)压实定额适用于水利筑坝工程和渠、堤、堰填筑工程。压实定额按压实成品方计。根据技术要求和施工必须增加的损耗,在计算压实工程的备料量和运输量时,按下式计算:

$$每\ 100\ m^3\ 压实方需自然方量=(100+A)\times 设计干密度\div 天然干密度$$

综合系数 A 包括开挖、上坝运输、雨后清理、边坡削坡、接缝削坡、施工沉陷、取土坑、试验坑和不可避免的压坏等损耗因素,其值应根据不同的施工方法和坝料按表 3-17 选取,使用时不再调整。公式中设计干密度和天然干密度按照设计资料计取,若资料不足,可参考《宁夏水利建筑工程预算定额》(试行)进行换算。

表 3-17 综合系数选用

项目	A 值/%
机械填筑混合坝坝体土料	5.86
机械填筑均质坝坝体土料	4.93
机械填筑心(斜)墙土料	5.70
人工填筑心(斜)墙土料	3.43
坝体砂砾料、反滤料	2.20
坝体堆石料	1.40

11)一般石方开挖定额,适用于一般明挖石方工程,底宽超过 7 m 的沟槽,上口大于 160 m^2 的石方坑挖工程,倾角小于或等于 20°、开挖厚度大于 5 m(垂直于设计面的平均厚度)的坡面石方开挖。

12)一般坡面石方开挖定额,适用于设计倾角大于 20°和厚度 5 m 以内的石方开挖。

13)沟槽石方开挖定额,适用于底宽小于或等于 7 m、两侧垂直或有边坡的长条形石方开挖工程,如渠道、截水槽、排水沟、地槽等。底宽超过 7 m 的按一般石方开挖定额计算,有保护层的,按一般石方和保护层比例综合计算。

14)坡面沟槽石方开挖定额,适用于槽底轴线与水平夹角大于 20°的沟槽石方开挖工程。

15)坑石方开挖定额,适用于上口面积小于或等于 160 m^2、深度小于或等于上口短边长度或直径的工程。如集水坑、墩基、桩基、机座、混凝土基坑等。上口面积大于 160 m^2 的坑挖工程按一般石方开挖定额计算,有保护层的,按一般石方和保护层比例综合计算。

16)平洞石方开挖定额,适用于洞轴线与水平夹角小于或等于 6°的洞挖工程。

17)斜井石方开挖定额,适用于水平夹角 45°~75°的井挖工程。水平夹角 6°~45°的斜井,按斜井石方开挖定额乘以 0.9 系数计算。

18)竖井石方开挖定额,适用于水平夹角大于 75°、上口面积大于 5 m^2、深度大于上口短边长度或直径的石方开挖工程,如调压井、闸门井等。

19)洞、井石方开挖定额中各子目标示的断面面积是指设计开挖断面面积,不包括超挖部分。规范容许超挖部分的工程量,应执行超挖定额。

20)计算开挖工程量,应按设计开挖的尺寸及允许超挖部分的工程量计算,超出允许超挖范围的,不作为预算工程量。

21)石方洞(井)开挖中通风机台时量是按一个工作面长 200 m 拟定的。如超过 200 m,按表 3-18 的调整系数计算。

表 3-18　调整系数

隧洞工作面长/m	0~200	200~600	600~1 000	1 000~1 400
系数	1.00	1.23	1.63	2.17

3. 堆砌石工程单价编制

在编制堆砌石工程单价时,应注意定额相关章节说明。

1)堆砌石工程章节的计量单位,除注明外,均按“成品方”计算。

2)堆砌石工程章节石料规格及标准说明。

块石:指厚度大于 20 cm,长、宽各为厚度的 2~3 倍,上下两面平行且大致平整,无尖脚、薄边的石块。

碎石:指经破碎、加工分级后,粒径大于 5 mm 的石块。

卵石:指最小粒径大于 20 cm 的天然卵石。

毛条石:指一般长度大于 60 cm 的长条形四棱方正的石料。

粗料石:指毛条石经修边打荒加工,外露面方正,各相邻面正交,表面凹凸面不超过 10 mm 的石料。

料石:指外露面四楞见线,表面凹凸不超过 5 mm 的石料。

砂砾料:指天然砂卵石混合料。

堆石料:指山场岩石经爆破后,无一定规格、大小的任意石料。

反滤料、过渡料:指土石坝或一般堆砌石工程的防渗体与坝壳之间的过渡区石料,由粒径、级配均有一定要求的砂、砾石(碎石)组成。

3)堆砌石工程章节护底、护坡、挡土墙、墩墙、基础的区分。

护底:坡面与水平面夹角在 10°以上、30°以下,平均砌体厚度在 0.5 m 以内,主要起护面作用的砌体。

护坡:坡面与水平面夹角在10°以上,砌体平均厚度在0.5 m以内,主要起护面作用,不承受侧压力的砌体。曲面护坡亦适用于锥体护坡。

挡土墙:指坡面与水平面的夹角在30°以上、90°以内,主要起挡土作用,承受设计要求的侧向压力的砌体。

墩墙:砌体与地面垂直,能承受设计要求的垂直荷载与水平荷载的砌体。

基础:四面不要求平正的,在地槽、地坑内的砌体。

4)堆砌石工程各章节材料定额中石料计量单位:砂、碎石为堆方,块石、卵石为码方,条石、料石为清料方。

4. 混凝土工程单价编制

在编制混凝土工程单价时,应注意定额相关章节说明:

1)混凝土定额的计量单位除注明者外,均为建筑物及构筑物的成品实体方。

2)混凝土章节定额的工作内容。

现浇混凝土包括冲(凿)毛、冲洗、清仓、铺水泥砂浆、拌制、平仓浇筑、振捣、养护,模板制作、安装、拆除、修整,工作面运输及辅助工作。

预制混凝土包括预制场冲洗、清理、配料、拌制、浇筑、振捣、养护,模板制作、安装、拆除、修整,预制场内的混凝土运输,材料场内运输和辅助工作,预制件场内吊移、堆放。

3)现浇混凝土定额中,有关模板定额的问题。

定额项目中,除规定全部用木模板或其他模板外,均采用组合钢模板编制。

模板定额中,根据水利工程混凝土构筑物的施工需要,已包括部分平面木模板或异形模板、曲面模板、键槽模板所耗用的木材在内。实际施工所用的模板类型、含量、比例不同时,不做调整。

模板材料均按预算消耗量计算,包括制作、安装、拆除、维修的消耗、损耗,并考虑了周转和回收。

模板材料的预算消耗量,已包括孔洞、键槽、平面、曲面、承重、悬臂等各种模板的综合摊销量。

使用拉模、滑模和钢模台车施工的,按钢模摊销量计。钢模的单价按小型金属结构材料制作单价计算。

拉模、滑模和钢模台车的支撑、构架、滑轨和直接有关的金属构件,按大型临时设施计算。

拉模、滑模定额中的动力设备一项,是指拉滑模板或台车行走时配备的电动机、卷扬机、千斤顶及直接驱动有关设备的组时数,按设计配置数量和台时费综合为组时单价计算。

4)材料定额中的"混凝土"一项,是指完成单位产品所需的混凝土半成品量,其中包括冲(凿)毛、干缩、施工损耗、运输损耗和接缝砂浆等的消耗量在内。混凝土半成品的单价,只计算配制混凝土所需水泥、砂石骨料、水、掺合料及其外加剂等的用量及价格。各项材料的用量,应按试验资料计算;没有试验资料时,可采用《宁夏水利建筑工程预算定额》(试行)附录中的混凝土材料配合表列示量。

5)混凝土拌制及运输。

混凝土工程定额混凝土拌制统一按照搅拌机 0.4 m^3 拟订，如实际需调整为搅拌机 0.8 m^3 时，定额中人工和搅拌机的工时、台时量可按表 3-19 进行调整。

表 3-19　人工和搅拌机的工时、台时量调整

项目	单位	搅拌机出料/m^3		由 0.4 m^3 调整为 0.8 m^3	
		0.4	0.8	调整数量	调整系数/%
技工	工时	122.5	91.1	-31.4	74.3
普工	工时	162.4	120.7	-41.7	74.3
合计	工时	284.9	211.8	-73.1	74.3
混凝土搅拌机	台时	18.00	8.64	-9.36	48.0

6)混凝土运输单价，应根据设计选定方式、机械类型，按相应运输定额计算综合单价。

7)混凝土构件的预制、运输及吊(安)装定额，若预制混凝土构件重量超过定额中起重机械起重量时，可用相应起重机械替换，台时数不做调整。

8)隧洞、竖井、地下厂房、明渠等混凝土衬砌定额中所列示的开挖断面及衬砌厚度按设计尺寸选取。计算衬砌工程量应包括设计应衬厚度加允许超挖部分的工程量，但不包括允许超挖范围以外的工程量。

9)钢筋制作安装定额，不分部位、规格、型号综合计算。

10)混凝土拌制及浇筑定额中，不包括加冰、骨料预冷、通水等温控所需的费用。

11)混凝土浇筑的仓面清洗及养护用水，地下工程混凝土浇筑施工照明用电，已分别计入浇筑定额的用水量及其他材料费中。

12)预制混凝土构件吊(安)装定额，仅是吊(安)装过程中所需的人工、材料、机械使用量。制作和运输的费用，包括在预制混凝土构件的预算单价中，另按预制构件制作及运输定额计算。

13)隧洞衬砌定额，适用于水平夹角小于或等于 6°的平洞和单独作业，如开挖、衬砌平行作业时，人工和机械定额乘以 1.1 系数；水平夹角大于 6°的斜洞衬砌，按平洞定额的人工、机械乘以 1.23 系数执行。

5. 钻孔灌浆工程单价编制

在编制钻孔灌浆工程单价时，应注意定额相关章节说明：

1)灌浆工程定额中的水泥用量是指预算基本量，如有实际资料，可按实际消耗量调整。

2)钻机钻灌浆孔、坝基岩石帷幕灌浆、压水试验等定额，终孔孔径大于 91 mm 或孔深超过 70 m 时改用 300 型钻机。在廊道或隧洞内施工时，其人工、机械定额乘以表 3-20 所列的调整系数。

表 3-20 调整系数

廊道或隧洞高度/m	0~2.0	2.0~3.5	3.5~5.0	>5.0
系数	1.19	1.1	1.07	1.05

3)本章钻孔定额按平均孔深 30~50 m 拟定,孔深小于 30 m 或大于 50 m 时,人工、机械定额乘以表 3-21 所列的调整系数。

表 3-21 不同孔深的调整系数

孔深/m	<30	30~50	50~70	70~90	>90
系数	0.94	1	1.07	1.17	1.31

4)地质钻机钻灌不同角度的灌浆孔或观察孔、试验孔时,人工、机械、合金片、钻头和岩芯管定额乘以表 3-22 所列的调整系数。

表 3-22 不同钻孔与水平夹角的调整系数

钻孔与水平夹角	0°~60°	60°~75°	75°~85°	85°~90°
系数	1.19	1.05	1.02	1.00

5)高压管道回填灌浆适用于钢板与混凝土接触面回填灌浆。高压管道回填灌浆按钢管外径面积计算工程量。

6)隧洞回填灌浆适用于混凝土与岩石面接触回填灌浆。隧洞回填灌浆按顶拱 120°角拱背面积计算工程量。

7)冲击钻造灌注桩钻孔定额适用于冲击钻钻孔,孔深 60 m 以内,桩径 0.8 m。不同桩径,人工、电焊条、钢材、钢板、冲击钻机、电焊机、自卸汽车需根据桩径按定额规定乘以相应调整系数。孔深小于 40 m 时,人工、机械乘以 0.9 系数。

6. 输水管道与小型金属结构工程单价编制

在编制输水管道与小型金属结构工程单价时,应注意定额相关章节说明:

1)输水管道定额仅适用于中小型水利建设工程,工作压力不超过 10 MPa 的给水、排水管道,以及室外长途输水管道的安装(铺设);不适用于室内、厂内的管道安装(铺设)。

2)管道铺设的坡度按 30°以下考虑,如超过 30°,其人工、机械定额乘以 1.3 系数。

3)管道铺设不包括土石方开挖、回填、排水等费用,这些费用按有关章节另行计算。

4)输水管道与小型金属结构工程定额内其他费用已包括小型机械费和其他材料费,使用时不再另计。

注:实际定额使用过程中,应随时关注水利部、宁夏回族自治区水利厅有关计价依据(补充定额、取费标准调整等政策性文件)。

四、分部工程概算编制

分部工程概算依据《宁夏水利工程设计概(估)算编制规定》(宁水计发〔2016〕10 号)、《宁夏水利工程营业税改征增值税计价依据调整办法》(宁水办发〔2017〕32 号)、《自治区水利厅关于调整我区水利工程计价依据有关税率及计价系数的通知》(2019 年 4 月 3 日)、《宁夏水利建筑工程预算定额》(试行)编制。

(一)第一部分:建筑工程

建筑工程按主体建筑工程、交通工程、房屋建筑工程、供电设施工程、其他建筑工程分别采用不同的方法编制。

1. 主体建筑工程

1)主体建筑工程概算按设计工程量乘以工程单价进行编制。

2)主体建筑工程量应遵照《水利水电工程设计工程量计算规定》(SL 328—2005),按项目划分要求,计算到三级项目。

3)当设计对混凝土施工有温控要求时,应根据温控措施设计,计算温控措施费用,也可以经过分析确定指标后,按建筑物混凝土方量进行计算。

4)细部结构工程。参照水工建筑工程细部结构指标按表 3-23 确定。

表 3-23　水工建筑工程细部结构指标

项目名称	混凝土重力坝、重力拱坝、宽缝重力坝、支墩坝		混凝土双曲拱坝	土坝、堆石坝	水闸	冲沙闸、泄洪闸
单位	元/m^3(坝体方)		元/m^3(坝体方)	元/m^3(坝体方)	元/m^3(混凝土)	元/m^3(混凝土)
综合指标	16.2		17.2	1.15	48	42
项目名称	进水口、进水塔		溢洪道	隧洞	竖井、调压井	高压管道
单位	元/m^3(混凝土)		元/m^3(混凝土)	元/m^3(混凝土)	元/m^3(混凝土)	元/m^3(混凝土)
综合指标	19		18.1	15.3	19	4
项目名称	电(泵)站地面厂房	电(泵)站地下厂房	船闸	倒虹吸、暗渠	渡槽	明渠(衬砌)
单位	元/m^3(混凝土)	元/m^3(混凝土)	元/m^3(混凝土)	元/m^3(混凝土)	元/m^3(混凝土)	元/m^3(混凝土)
综合指标	37	57	30	17.7	54	8.45

注:1. 表中综合指标包括多孔混凝土排水管、廊道木模制作与安装、止水工程、伸缩缝工程、接缝灌浆管路、冷却水管路、栏杆、照明工程、爬梯、通气管道、排水工程、排水渗井钻孔及反滤料、坝坡踏步、孔洞钢盖板、厂房内上下水工程、防潮层、建筑钢材及其他细部结构工程。

2. 表中综合指标仅包括基本直接费内容。

3. 改扩建及加固根据设计确定细部结构工程的工程量。其他工程,如工程设计能够确定细部结构工程的工程量,可按设计工程量乘以工程单价进行计算,不再按本表中的指标计算。

2. 交通工程

交通工程概算按设计工程量乘以单价进行计算,也可根据工程所在地区造价指标或有关实际资料,采用扩大单位指标编制。

3. 房屋建筑工程

1) 永久房屋建筑

(1)用于生产、管理办公的房屋建筑面积,由设计单位按有关规定结合工程规模确定,单位造价指标根据当地相应建筑造价水平确定。

(2)值班宿舍及文化福利建筑的投资按主体建筑工程投资的百分率计算。

引水工程:0.4%~0.6%,河道工程:0.4%。

注:投资小或工程位置偏远者取大值,反之取小值。

(3)除险加固工程(含枢纽工程、引水工程、河道工程)、灌溉田间工程的永久房屋建筑面积由设计单位根据有关规定结合工程建筑需要确定。

2) 室外工程投资

一般按房屋建筑工程投资的15%~20%计算。

4. 供电设施工程

供电设施工程根据设计的电压等级、线路架设长度及所需配备的变配电设施要求,采用工程所在地区造价指标或有关实际资料计算。

5. 其他建筑工程

1)安全监测设施工程,指属于建筑工程性质的内外部观测设施。安全监测工程项目投资应按设计资料计算。如无设计资料,可根据坝型或其他工程形式,按照主体建筑工程投资的百分率计算。

当地材料坝:0.9%~1.1%。

混凝土坝:1.1%~1.3%。

引水式电站(引水建筑物):1.1%~1.3%。

堤防工程:0.2%~0.3%。

2)照明线路、通信线路等工程投资按设计工程量乘以单价或采用扩大单位指标编制。

3)其余各项按设计要求分析计算。

(二)第二部分:机电设备及安装工程

机电设备及安装工程投资由设备费和安装工程费两部分组成。

1. 设备费

设备费包括设备原价、运杂费、运输保险费和采购及保管费等。

1) 设备原价

以含增值税进项税额的出厂价或设计单位分析论证后的询价为设备原价。

2) 运杂费

运杂费分主要设备运杂费和其他设备运杂费,均按占设备原价的百分率计算。主要设备运杂费费率见表3-24。

3) 运输保险费

运输保险费按有关规定计算。

4) 采购及保管费

采购及保管费按设备原价、运杂费之和的0.7%计算。

表 3-24　主要设备运杂费费率

序号	设备分类	费率/%
1	泵站的机泵、阀、电气设备	7
2	起重机、水力机械、启闭机、闸门设备等	5

注:其他设备运杂费费率按照 7%计取。

5)运杂综合费费率

运杂综合费费率=运杂费费率+(1+运杂费费率)×采购及保管费费率+运输保险费费率

上述运杂综合费费率,适用于计算国产设备运杂费。

6)交通工具购置费

交通工具购置费指工程竣工后,为保证建设项目初期生产管理单位正常运行必须配备的车辆和船只所产生的费用。

计算方法:按照工程等级指标控制,见表 3-25。

表 3-25　交通工具购置指标

指标	工程等级		
	小(2)型	小(1)型	中型
购置费/万元	0~10	5~20	20~60

注:防洪及河道治理工程根据需要适当配置。

2. 安装工程费

安装工程费按设备数量乘以安装单价进行计算。

(三)第三部分:金属结构设备及安装工程

编制方法同第二部分机电设备及安装工程。

(四)第四部分:施工临时工程

1. 导流工程

导流工程按设计工程量乘以工程单价进行计算。

2. 施工交通工程

施工交通工程按设计工程量乘以单价进行计算,也可根据工程所在地区造价指标或有关实际资料,采用扩大单位指标编制。

3. 施工场外供电工程

施工场外供电工程根据设计的电压等级、线路架设长度及所需配备的变配电设施要求,采用工程所在地区造价指标或有关实际资料计算。

4. 施工房屋建筑工程

施工房屋建筑工程包括施工仓库和办公、生活及文化福利建筑两部分。施工仓库,指为工程施工而临时兴建的设备、材料、工器具等仓库;办公、生活及文化福利建筑,指施工单位、建设单位(包括监理)及设计代表在工程建设期所需的办公室、宿舍、招待所和其他文化福利设施等房屋建筑工程。

施工房屋建筑工程不包括列入临时设施和其他施工临时工程项目内的电、风、水、通信系统,砂石料系统,混凝土拌和及浇筑系统,木工、钢筋、机修等辅助加工厂,混凝土预制构件厂,混凝土制冷、供热系统,施工排水等生产用房。

施工房屋建筑工程指标见表3-26。

表3-26 施工房屋建筑工程指标

序号	工期	百分率/%
1	≤3年	1.5~2.0
2	>3年	1.0~1.5

注:河道整治、堤防工程、人畜饮水工程取中低值,枢纽工程、灌溉工程、引水工程取中高值。

1)施工仓库。

建筑面积由施工组织设计确定,单位造价指标根据当地生活福利建筑的相应造价水平确定。

2)办公、生活及文化福利建筑按一至四部分建安工作量之和的百分率计算。

5. 其他施工临时工程

按工程一至四部分建安工作量(不包括其他施工临时工程)之和的百分率计算。

其他施工临时工程取费见表3-27。

表3-27 其他施工临时工程取费

序号	工程类别	计算基础	百分率/%
1	中型	建安工作量	1.5~3.0
2	小型	建安工作量	0.5~2.0

注:河道整治、堤防工程、人畜饮水工程取中低值,枢纽工程、灌溉工程、引水工程取中高值。

(五)第五部分:独立费用

1. 建设管理费

建设管理费是经批准单独设置管理机构,为筹建、建设和竣工验收前的生产准备等工作所发生的管理费用。一般包括:

1)建设单位开办费。指新建项目为保证筹建和建设工作正常进行所需的办公设备、生活家具、用具、交通工具等的购置费用。

2)建设单位经费。包括建设单位工作人员的基本工资、工资性补贴、施工现场津贴、职工福利费、劳动保护费、住房基金、劳动保险费、办公费、差旅交通费、工会经费、职工教育经费、固定资产使用费、工具用具使用费、技术图书资料费、生产人员招募费、工程招标费、审计费、合同契约公证费、工程质量监督检测费、工程咨询费、法律顾问费、设计审查费、业务招待费、排污费、竣工交付使用清理及竣工验收费、后评估费用、印花税和其他管理性开支等。

不包括:应计入设备、材料预算价格的建设单位采购及保管设备材料所需的费用。

建设管理费以工程一至四部分建安工作量为计算基数,按表3-28所列费率,以超额累进办法计算。原则上应按整体工程投资统一计算,工程规模较大时可分段计算。

简化计算公式为

一至四部分建安工作量×该档费率+辅助参数

表 3-28　建设单位管理费费率

序号	一至四部分建安工作量/万元	费率/%	辅助参数/万元
1	≤500	6.0	0
2	500~1 000	4.7	6.5
3	1 000~3 000	4.2	11.5
4	3 000~5 000	3.7	26.5
5	5 000~8 000	3.2	51.5
6	8 000~10 000	2.8	83.5
7	>10 000	2.5	113.5

其中:

建设管理费中技术咨询费可参考国家发展计划委员会计价格〔1999〕1283 号文颁布的《建设项目前期工作咨询收费暂行规定》和宁夏回族自治区物价局宁价费发〔2005〕101 号文颁发的《宁夏回族自治区建设项目前期工作咨询收费暂行规定》及其他相关规定执行。

建设管理费中招标业务费可参考国家发展计划委员会计价格〔2002〕1980 号文颁发的《招标代理服务收费管理暂行办法》及其他相关规定执行。

2. 工程建设监理费

按照国家发展和改革委员会发改价格〔2007〕670 号文颁发的《建设工程监理与相关服务收费管理规定》及其他相关规定执行。

3. 联合试运转费

费用指标见表 3-29。

表 3-29　联合试运转费费率

水电站工程	单机容量/万 kW	≤0.05	≤0.1	≤0.15	≤0.2	≤0.25	≤0.5	≤1	≤2
	费用/(万元/台)	1.8	2.4	3.0	3.6	4.2	4.8	6.0	8.0
泵站工程	电力泵站	50~60 元/kW							

4. 生产准备费

1) 生产及管理单位提前进场费

按一至四部分建安工作量的 0.15%~0.35%计算。

新建灌溉工程、引水工程可取中值或高值,改扩建与加固工程、堤防及沟渠改造工程原则上不计此项费用。如确实需要可按低值计算。

2) 生产职工培训费

按一至四部分建安工作量的 0~0.55%计算。

新建灌溉工程、引水工程可取中值或高值,改扩建工程可取低值,加固工程、堤防及农水工程原则上不计此项费用。

3)管理用具购置费

按一至四部分建安工作量的0.03%计算。加固工程、堤防及农水工程原则上不计此项费用。

4)备品备件购置费

按占设备费的0.6%计算。

注:①设备费应包括机电设备、金属结构设备以及运杂费等全部设备费。②电站、泵站同容量、同型号机组超过1台时,只计算1台的设备费。

5)工器具及生产家具购置费

按占设备费的0.2%计算。

5. 科研勘测设计费

1)工程科学研究试验费

按建安工作量的百分率计算。其中:枢纽及引水工程取0.7%,河道工程取0.3%。灌溉田间工程一般不计此项费用。

2)工程勘测设计费

项目建议书、可行性研究阶段勘测设计费:执行国家发展和改革委员会发改价格〔2006〕1352号文颁布的《水利、水电、电力建设项目前期工作工程勘察收费暂行标准》和国家发展计划委员会计价格〔1999〕1283号文颁布的《建设项目前期工作咨询收费暂行规定》。

初步设计、招标设计及施工图设计阶段勘测设计费:执行国家发展计划委员会、建设部计价格〔2002〕10号文颁布的《工程勘察设计收费标准》。

应根据所完成的相应勘测设计工作阶段确定工程勘测设计费,未发生的工作阶段不计相应阶段勘测设计费。

6. 其他

1)安全生产措施费

根据《水利部办公厅关于调整水利工程计价依据安全生产措施费计算标准的通知》(办水总函〔2023〕38号),安全生产措施费按工程一至四部分建安工作量的2.5%计算。

注:执行时应根据最新文件进行调整。

2)工程质量检测费

按工程一至四部分建安工作量的0.3%~0.5%计取。

3)工程保险费

按工程一至四部分投资合计的0.45%~0.50%计算,田间工程原则上不计此项费用。

4)其他税费

按国家有关规定计取。

五、总概算编制

(一)预备费

预备费包括基本预备费和价差预备费。

1. 基本预备费

基本预备费计算方法：根据工程规模、施工年限和工程地质条件等不同情况，按工程一至五部分投资合计的百分率计算。

初步设计阶段为5%~8%。

技术复杂、建设难度大的工程项目取大值，其他工程取中小值。

2. 价差预备费

价差预备费主要为解决在工程建设过程中，因人工工资、材料和设备价格上涨以及费用标准调整而增加的投资。

价差预备费计算标准：根据施工年限，以各分年静态投资为计算基数，按有关部门适时发布的年物价指数计算。计算公式为

$$E=\sum_{n=1}^{N}F_n[(1+P)^n-1]$$

式中，E为价差预备费；N为合理建设工期；n为施工年度；F_n为建设期间内第n年的静态投资；P为年物价指数。

(二) 建设期融资利息

计算公式为

$$S=\sum_{n=1}^{N}\left[\left(\sum_{m=1}^{n}F_m b_m-\frac{1}{2}F_n b_n\right)+\sum_{m=0}^{n-1}S_m\right]i$$

式中，S为建设期融资利息；N为合理建设工期；n为施工年度；m为还息年度；F_n、F_m分别为建设期资金流量表内第n、m年的投资；b_n、b_m分别为各施工年份融资额占当年投资的比例；i为建设期融资利率；S_m为第m年的付息额度。

(三) 工程静态总投资

一至五部分投资与基本预备费之和构成工程部分静态总投资。编制工程部分总概算表时，在第五部分独立费用之后，应顺序计列以下项目：

1. 一至五部分投资合计。
2. 基本预备费。
3. 静态总投资。

工程部分、建设征地移民补偿、环境保护工程、水土保持工程静态投资之和构成静态总投资。

(四) 总投资

静态总投资、价差预备费、建设期融资利息之和构成总投资。编制工程概算总表时，在工程投资总计中应顺序计列以下项目：

1. 静态总投资（汇总各种部分静态投资）。
2. 价差预备费。
3. 建设期融资利息。

第五节　水利工程工程量清单编制

水利枢纽、水力发电、引(调)水、供水、灌溉、河湖整治、堤防等新建、扩建、改建、加固工程的招标投标工程量清单编制和计价活动应遵循《水利工程工程量清单计价规范》(GB 50501—2007)。

一、工程量清单编制

工程量清单一般有招标工程量清单和已标价工程量清单。

招标工程量清单是由招标人在招标前根据国家标准、招标文件、设计文件以及施工现场实际情况编制的作为招标文件组成部分,用于投标人统一报价的工程量清单。招标工程量清单应由具有编制能力的招标人或受其委托具有相应资质的中介机构进行编制。采用工程量清单方式招标,招标工程量清单必须作为招标文件的组成部分,其准确性和完整性由招标人负责。

已标价工程量清单是由投标人投标前按照招标人提供的招标工程量清单格式和要求,填写并标明价格的工程量清单,是投标文件的重要组成部分。

水利工程工程量清单应由分类分项工程量清单、措施项目清单、其他项目清单和零星工作项目清单组成。

(一)工程量清单编制依据

1.《水利工程工程量清单计价规范》(GB 50501—2007)。

2. 国家或省级、行业建设主管部门颁发的预算定额和计价文件。

3. 建设工程设计文件、招标文件及相关资料。

4. 施工现场情况、地勘水文资料、工程特点及施工组织设计方案等。

5. 其他。

(二)工程量清单编制步骤

1. 根据设计文件(含设计报告、设计图纸、设计概算书)、招标文件及技术条款、本地区相关的计价依据及造价信息、工程项目现场施工条件等,确定清单分项并计算清单工程量。

2. 根据招标工程量清单、招标文件及其他相关计价依据编制已标价工程量清单。

(三)分类分项工程量清单

分类分项工程量清单应包括序号、项目编码、项目名称、计量单位、工程数量、主要技术条款编码和备注。分类分项工程量清单应根据《水利工程工程量清单计价规范》(GB 50501—2007)附录 A 和附录 B 规定的项目编码、项目名称、项目主要特征、计量单位、工程量计算规则、主要工作内容和一般适用范围进行编制。

分类分项工程量清单通过序号反映招标项目的各层次项目划分,通过项目编码约束各分类分项工程项目的主要特征、主要工作内容、适用范围和计量单位。通过工程量计算规则,明确招标项目计列的工程数量为有效工程量,施工过程中被迫发生的一切非有效工程量均不得计列,相应所需费用均应摊入有效工程量单价中。分类分项工程项目应执行相应主要技术条款,以确保施工质量符合合同约定的标准。

1. 项目编码

分类分项工程量清单的项目编码采用五级十二位阿拉伯数字表示(由左至右计位,下同)。一至九位为统一编码,应按《水利工程工程量清单计价规范》(GB 50501—2007)附录A和附录B的规定设置。十至十二位为清单项目名称顺序码,应根据招标工程的工程量清单项目名称由编制人设置。其中,一、二位为水利工程顺序码50;三、四位为专业工程顺序码,建筑工程为01、安装工程为02;五、六位为分类工程顺序码,其编码见表3-30与表3-31;七、八、九位为分项工程顺序码。水利建筑工程工程量清单项目自001起顺序编码,水利安装工程工程量清单项目自000起顺序编码,且应保证在分类分项工程量清单中不出现相同的十二位清单项目编码。分类分项工程量清单项目编码如图3-1所示。

表3-30 建筑工程分类工程顺序码一览

序号	分类项目名称	分类项目顺序码
1	土方开挖工程	01
2	石方开挖工程	02
3	土石方填筑工程	03
4	疏浚和吹填工程	04
5	砌筑工程	05
6	锚喷支护工程	06
7	钻孔和灌浆工程	07
8	基础防渗和地基加固工程	08
9	混凝土工程	09
10	模板工程	10
11	钢筋、钢构件加固及安装工程	11
12	预制混凝土工程	12
13	原料开采及加工工程	13
14	其他建筑工程	14

表3-31 安装工程分类工程顺序码一览

序号	分类项目名称	分类项目顺序码
1	机电设备安装工程	01
2	金属结构设备安装工程	02
3	安全监测设备采购及安装工程	03

2. 项目名称

分类分项工程量清单的项目名称应按下列规定确定:

1)项目名称应按《水利工程工程量清单计价规范》(GB 50501—2007)附录A和附录B的项目名称及项目主要特征并结合招标工程的实际确定。

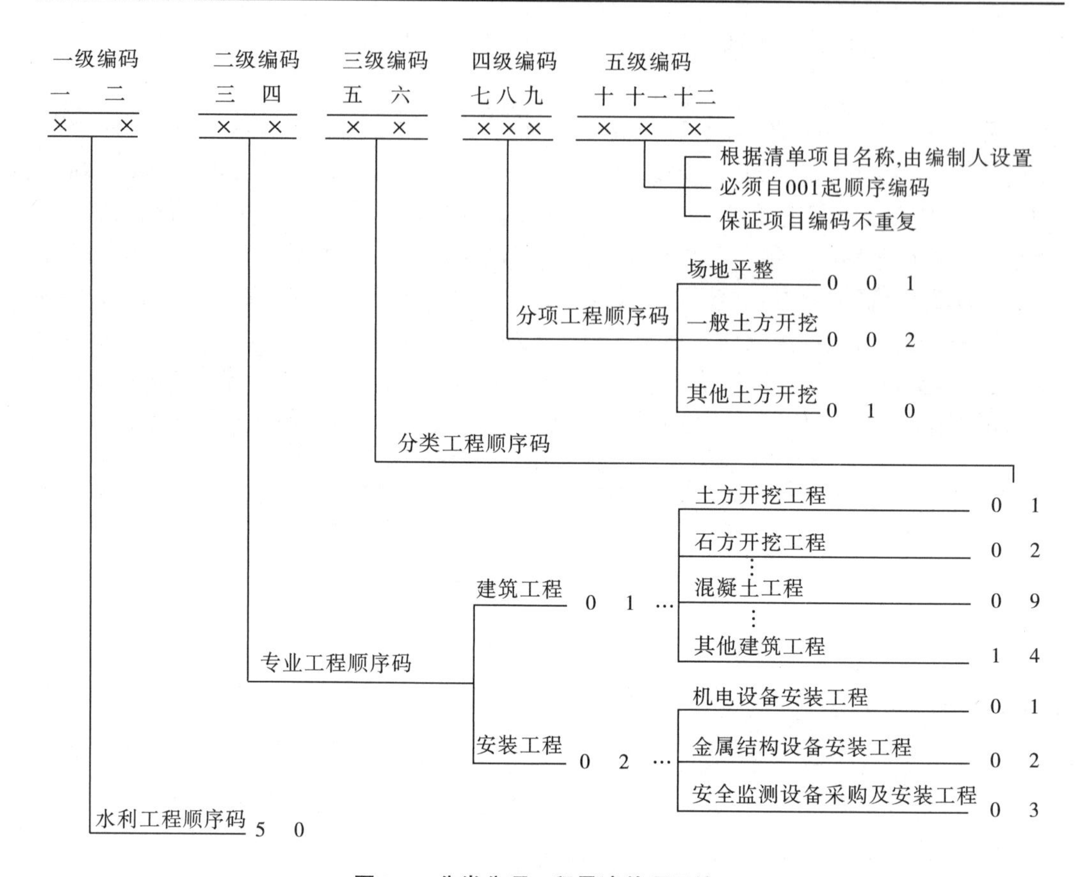

图3-1 分类分项工程量清单项目编码

2)编制工程量清单,出现《水利工程工程量清单计价规范》(GB 50501—2007)附录A、附录B中未包括的项目时,编制人可做补充。

3.计量单位

分类分项工程量清单的计量单位应按《水利工程工程量清单计价规范》(GB 50501—2007)附录A和附录B中规定的计量单位确定。

4.工程数量

工程数量应按下列规定进行计算:

1)工程数量应按《水利工程工程量清单计价规范》(GB 50501—2007)附录A和附录B中规定的工程量计算规则和相关条款说明计算。

2)工程数量的有效位数应遵守下列规定:

以“m^3”“m^2”“m”“kg”“个”“项”“根”“块”“台”“组”“面”“只”“相”“站”“孔”“束”为单位的,应取整数;以“t”“km”为单位的,应保留小数点后2位数字,第3位数字四舍五入。

(四)措施项目清单

措施项目是为完成工程项目施工、发生于该工程施工前和施工过程中招标人不要求列示工程量的施工项目,也是为了保证工程建设质量、工期、进度、环保、安全与社会和谐而必须采取的措施项目。一般情况下,措施项目清单应根据招标工程的具体情况,参照表3-32中的项目列项。

表 3-32　措施项目一览

序号	项目名称
1	环境保护措施
2	文明施工措施
3	安全防护措施
4	小型临时工程
5	施工企业进退场费
6	大型施工设备安拆费
⋮	⋮

编制措施项目清单,出现表 3-32 未列项目时,根据招标工程的规模、涵盖的内容等具体情况,编制人可做补充。

一般情况下,措施项目清单应编制一个“其他”作为最末项。措施项目清单中的措施项目,通常以总价按“项”为单位结算,凡能计算出工程数量并按工程单价结算的措施项目,均应列入分类分项工程量清单。

(五)其他项目清单

其他项目是为完成工程项目施工,发生于该工程施工过程中招标人要求计列的费用项目,该费用由招标人掌握,为暂定项目和可能发生的合同变更而预留的费用。其他项目清单一般包括暂定金额(或称“预留金”)和暂估价。暂列预留金一项,编制人可在符合相关法规的前提下,根据招标工程具体情况调整补充。

(六)零星工作项目清单

零星工作项目清单,编制人应根据招标工程具体情况,对工程实施过程中可能发生的变更或新增加的零星项目,列出人工(按工种)、材料(按名称和型号规格)、机械(按名称和型号规格)的计量单位,并随工程量清单发至投标人,由投标人填报单价。由于零星工作项目清单费用不计入总报价,投标人可能填报较高单价,为此,招标人可在商务评标办法中通过采取对零星工作项目单价评分方式,对投标人报价水平予以约束。

二、水利建筑工程工程量清单项目及计算规则

《水利工程工程量清单计价规范》(GB 50501—2007)附录包含附录 A 与附录 B 两部分,其中附录 A 主要规定了水利建筑工程工程量清单项目及计算规则,附录 B 主要规定了水利安装工程工程量清单项目及计算规则,实际应用时应特别注意相关计算规则要求。

(一)水利建筑工程工程量清单项目及主要计算规则

现行水利建筑工程工程量清单项目包括土方开挖工程、石方开挖工程、土石方填筑工程、砌筑工程、混凝土工程等 14 节,共计 130 个子目。

1. 土方开挖工程

1)工程量清单的项目编码、项目名称、计量单位、工程量计算规则及主要工作内容,应按表 3-33 的规定执行。

表 3-33　土方开挖工程(编码:500101)

项目编码	项目名称	项目主要特征	计量单位	工程量计算规则	主要工作内容	一般适用范围
500101001×××	场地平整	1. 土类分级 2. 土量平衡 3. 运距	m^2	按招标设计图示场地平整面积计量	1. 测量放线标点 2. 清除植被及废弃物处理 3. 推、挖、填、压、找平 4. 弃土(取土)装、运、卸	挖(填)平均厚度在 0.5 m 以内
500101002×××	一般土方开挖	1. 土类分级 2. 开挖厚度 3. 运距	m^3	按招标设计图示尺寸计算的有效自然方体积计量	1. 测量放线标点 2. 处理渗水、积水 3. 支撑挡土板 4. 挖、装、运、卸 5. 弃土场平整	除渠道、沟、槽、坑土方开挖外的一般性土方明挖
500101003×××	渠道土方开挖	1. 土类分级 2. 断面形式及尺寸 3. 运距				底宽>3 m、长度>3 倍宽度的土方明挖
500101004×××	沟、槽土方开挖					底宽≤3 m、长度>3 倍宽度的土方明挖
500101005×××	坑土方开挖					底宽≤3 m、长度≤3 倍宽度、深度≤上口短边或直径的土方明挖
500101006×××	砂砾石开挖	1. 土类分级 2. 土石分界线 3. 开挖厚度 4. 运距	m^3	按招标设计图示尺寸计算的有效自然方体积计量	1. 测量放线标点,校验土石分界线 2. 挖、装、运、卸 3. 弃土场平整	岩层上部的风化砂土层或砂卵石层明挖
500101007×××	平洞土方开挖	1. 土类分级 2. 断面形式及尺寸 3. 洞(井)长度 4. 运距			1. 测量放线标点 2. 处理渗水、积水 3. 通风、照明 4. 挖、装、运、卸 5. 安全处理 6. 弃土场平整	水平夹角≤6°的土方洞挖
500101008×××	斜洞土方开挖					水平夹角为 6°~75°的土方洞挖
500101009×××	竖井土方开挖					水平夹角>75°、深度大于上口短边或直径的土方井挖
500101010×××	其他土方开挖					

注:表中项目编码以×××表示的十至十二位由编制人自 001 起顺序编码,如坝基覆盖层一般土方开挖为 500101002001、溢洪道覆盖层一般土方开挖为 500101002002、进水口覆盖层一般土方开挖为 500101002003 等,依此类推。

2)其他相关问题应按下列规定处理:

(1)土方开挖工程的土类分级,按表3-34确定。

(2)土方开挖工程工程量清单项目的工程量计算规则:按招标设计图示轮廓尺寸范围以内的有效自然方体积计量。施工过程中增加的超挖量和施工附加量所发生的费用,应摊入有效工程量的工程单价中。

(3)夹有孤石的土方开挖,大于0.7 m^3 的孤石按石方开挖计量。

(4)土方开挖工程均包括弃土运输的工作内容,开挖与运输不在同一标段的工程,应分别选取开挖与运输的工作内容计量。

表3-34　一般工程土类分级

土质级别	土质名称	坚固系数 f	自然湿重度/(kN/m^3)	外形特征	鉴别方法
Ⅰ	1. 砂土 2. 种植土	0.5~0.6	16.19~17.17	疏松,黏着力差或易透水,略有黏性	用锹或略加脚踩开挖
Ⅱ	1. 壤土 2. 淤泥 3. 含壤种植土	0.6~0.8	17.17~18.15	开挖时能成块,并易打碎	用锹需用脚踩开挖
Ⅲ	1. 黏土 2. 干燥黄土 3. 干淤泥 4. 含少量砾石黏土	0.8~1.0	17.66~19.13	黏手,看不见砂粒或干硬	用锹需用力加脚踩开挖
Ⅳ	1. 坚硬黏土 2. 砾质黏土 3. 含卵石黏土	1.0~1.5	18.64~20.60	土壤结构坚硬,将土分裂后成块状或含黏粒砾石较多	用镐、三齿耙撬挖

2. *石方开挖工程*

1)工程量清单的项目编码、项目名称、计量单位及工程量计算规则,应按《水利工程工程量清单计价规范》(GB 50501—2007)附录A中表A.2.1确定。

2)其他相关问题应按下列规定处理:

(1)石方开挖工程的岩石级别,按《水利工程工程量清单计价规范》(GB 50501—2007)附录A中表A.2.2确定。

(2)石方开挖工程量清单项目的工程量计算规则:按设计图示轮廓尺寸计算的有效自然方体积计量。施工过程中增加的超挖量和施工附加量所发生的费用,应摊入有效工程量的工程单价中。

(3)石方开挖均包括弃渣运输的工作内容,开挖与运输不在同一标段的工程,应分别选取开挖与运输的工作内容计量。

3. 土石方填筑工程

1)工程量清单的项目编码、项目名称、计量单位及工程量计算规则,应按《水利工程工程量清单计价规范》(GB 50501—2007)附录 A 中表 A. 3. 1 确定。

2)其他相关问题应按下列规定处理:

(1)填筑土石料的松实系数换算,无现场土工试验资料时,参照表 3-16 确定。

(2)土石方填筑工程工程量清单项目的工程量计算规则:按招标设计图示尺寸计算填筑体的有效压实方体积计量。施工过程中增加的超填量、施工附加量、填筑体及基础的沉陷损失、填筑操作损耗等所发生的费用,应摊入有效工程量的工程单价中;抛投水下的抛填物,石料抛投体积按堆方体积计量,钢筋笼块石或混凝土块抛投体积按钢筋笼或混凝土块的规格尺寸计算的体积计量。

(3)钢筋笼块石的钢筋笼加工,按设计文件要求和钢筋加工及安装工程的计量计价规则计算摊入钢筋笼块石抛投有效工程量的工程单价中。

4. 疏浚和吹填工程

1)工程量清单的项目编码、项目名称、计量单位及工程量计算规则,应按《水利工程工程量清单计价规范》(GB 50501—2007)附录 A 中表 A. 4. 1 确定。

2)疏浚和吹填工程工程量清单项目的工程量计算规则如下:

(1)在江河、水库、港湾、湖泊等处的疏浚工程(包括排泥于水中或陆地),按招标设计图示轮廓尺寸计算的水下有效自然方体积计量。施工过程中疏浚设计断面以外增加的超挖量、施工期自然回淤量、开工展布与收工集合、避险与防干扰措施、排泥管安拆移动以及使用辅助船只等所发生的费用,应摊入有效工程量的工程单价中,辅助工程(如浚前扫床和障碍物清除、排泥区围堰、隔埂、退水口及排水渠等项目)另行计量计价。

(2)吹填工程应按招标设计图示轮廓尺寸计算(扣除吹填区围堰、隔埂等的体积)的有效吹填体积计量,施工过程中吹填土体沉陷量、原地基因上部吹填荷载而产生的沉降量和泥沙流失量、对吹填区平整度要求较高的工程配备的陆上土方机械等所发生的费用,应摊入有效工程量的工程单价中。辅助工程(如浚前扫床和障碍物清除、排泥区围堰、隔埂、退水口及排水渠等项目)另行计量计价。

(3)利用疏浚工程排泥进行吹填的工程,疏浚和吹填价格分界按招标设计文件的规定执行。

5. 砌筑工程

1)工程量清单的项目编码、项目名称、计量单位及工程量计算规则,应按《水利工程工程量清单计价规范》(GB 50501—2007)附录 A 中表 A. 5. 1 确定。

2)其他相关问题应按下列规定处理:

(1)砌筑工程工程量清单项目的工程量计算规则:按设计图示尺寸计算的有效砌筑体积计量。施工过程中的超砌量、施工附加量、砌筑操作损耗等所发生的费用,应摊入有效工程工程量的工程单价中。

(2)钢筋(铅丝)石笼笼体加工和砌筑体拉结筋,按设计图示要求和钢筋加工及安装工程的计量计价规则计算,分别摊入钢筋(铅丝)石笼和埋有拉结筋砌筑体的有效工程量的工程单价中。

6. 喷锚支护工程

1）工程量清单的项目编码、项目名称、计量单位、工程量计算规则及主要工作内容，应按《水利工程工程量清单计价规范》（GB 50501—2007）附录 A 中表 A. 6. 1 确定。

2）其他相关问题应按下列规定处理：

（1）锚杆和锚索钻孔的岩石分级，按《水利工程工程量清单计价规范》（GB 50501—2007）附录 A 中表 A. 2. 2 确定。

（2）喷锚支护工程工程量清单项目的工程量计算规则如下：

①锚杆（包括系统锚杆和随机锚杆）应按招标设计图示尺寸计算的有效根（或束）数计量。钻孔、锚杆和锚杆束、附件、加工和安装过程中操作损耗等所发生的费用，均应摊入有效工程量的工程单价中。

②锚索应按招标设计图示尺寸计算的有效束数计量。钻孔、锚索、附件、加工和安装过程中操作损耗等所发生的费用，应摊入有效工程量的工程单价中。

③喷浆按招标设计图示范围的有效面积计量，喷混凝土按招标设计图示范围的有效实体方体积计量。由于被喷表面超挖等因素引起的超喷量、施喷回弹物损耗量、操作损耗等所发生的费用，应摊入有效工程量的工程单价中。

④钢支撑加工、钢支撑安装、钢筋格构架加工、钢筋格构架安装，按招标设计图示尺寸计算的钢支撑或钢筋格构架及附件的重量（含两榀钢支撑或钢筋格构架间连接钢材、钢筋等的用量）计量。计算钢支撑或钢筋格构架重量时，不扣除孔眼的重量，也不增加电焊条、铆钉、螺栓等的重量。一般情况下钢支撑或钢筋格构架不拆除，如需拆除，招标人应另外支付拆除费用。

⑤木支撑安装按所耗用木材体积计量。

3）喷浆和喷混凝土工程中如设有钢筋网，可按钢筋、钢构件加工及安装工程的计量计价规则另行计量计价。

7. 钻孔和灌浆工程

1）工程量清单的项目编码、项目名称、计量单位、工程量计算规则及主要工作内容，应按《水利工程工程量清单计价规范》（GB 50501—2007）附录 A 中表 A. 7. 1 的规定执行。

2）其他相关问题应按下列规定处理：

（1）岩石层钻孔的岩石分级，按《水利工程工程量清单计价规范》（GB 50501—2007）附录 A 中表 A. 2. 2 和表 A. 7. 2-1 确定。

（2）砂砾石层钻孔地层分类，按《水利工程工程量清单计价规范》（GB 50501—2007）附录 A 中表 A. 7. 2-2 确定。

3）钻孔和灌浆工程工程量清单项目的工程量计算规则：

（1）砂砾石层帷幕灌浆、土坝坝体劈裂灌浆，应按招标设计图示尺寸计算的有效灌浆长度计量。钻孔、检查孔钻孔灌浆、浆液废弃和钻孔灌浆操作损耗等所发生的费用，应摊入砂砾石层帷幕灌浆、土坝坝体劈裂灌浆有效工程量的工程单价中。

（2）岩石层钻孔、混凝土层钻孔，按招标设计图示尺寸计算的有效钻孔进尺，按用途和孔径分别计量。有效钻孔进尺按钻机钻进工作面的位置开始计算。先导孔和观测孔取芯、灌浆孔取芯和扫孔等所发生的费用,应摊入岩石层钻孔、混凝土层钻孔有效工程量的工程单价中。

(3)直接用于灌浆的水泥与掺合料的干耗量按设计净耗灰量计量。

(4)岩石层帷幕灌浆、固结灌浆,应按招标设计图示尺寸计算的有效灌浆长度或设计净干耗灰量(水泥及掺合料的注入量)计量。补强灌浆、浆液废弃和灌浆操作损耗等所发生的费用,应摊入岩石层帷幕灌浆、固结灌浆有效工程量的工程单价中。

(5)隧洞回填灌浆按招标设计图示尺寸规定的计量角度,计算设计衬砌外缘弧长与灌浆段长度乘积的有效灌浆面积计量。混凝土层钻孔、预埋灌浆管路、预留灌浆孔的检查和处理、检查孔钻孔和压浆封堵、浆液废弃和灌浆操作损耗等所发生的费用,应摊入有效工程量的工程单价中。

(6)高压钢管回填灌浆,应按招标设计图示衬砌钢板外缘全周长乘以回填灌浆钢板衬砌段长度计算的有效灌浆面积计量。连接灌浆管、检查孔回填灌浆、浆液废弃和灌浆操作损耗等所发生的费用,均应摊入有效工程量的工程单价中。钢板预留灌浆孔封堵不属回填灌浆的工作内容,应计入压力钢管的安装费中。

(7)接缝灌浆和接触灌浆,应按招标设计图示尺寸计算的混凝土施工缝(或混凝土坝体与坝基、岸坡岩体的接触缝)有效灌浆面积计量。灌浆管路、灌浆盒和止浆片的制作、埋设、检查和处理,钻混凝土孔、灌浆操作损耗等所发生的费用,应摊入接缝灌浆、接触灌浆有效工程量的工程单价中。

(8)化学灌浆应按招标设计图示化学灌浆区域需要各种化学灌浆材料的有效总重量计量。化学灌浆试验以及灌浆过程中的操作损耗等所发生的费用,应摊入有效工程量的工程单价中。

(9)《水利工程工程量清单计价规范》(GB 50501—2007)附录 A 表 A. 7. 1 钻孔和灌浆工程的工作内容不包括招标文件规定按总价报价的钻孔取芯的试验费和灌浆试验费。

8. 基础防渗和地基加固工程

1)工程量清单的项目编码、项目名称、计量单位、工程量计算规则及主要工作内容,应按《水利工程工程量清单计价规范》(GB 50501—2007)附录 A 中表 A. 8. 1 的规定执行。

2)其他相关问题应按下列规定处理:

(1)土类分级,按《水利工程工程量清单计价规范》(GB 50501—2007)附录 A 中表 A. 1. 2 确定。岩石分级,按《水利工程工程量清单计价规范》(GB 50501—2007)附录 A 中表 A. 2. 2 和表 A. 7. 2-1 确定。

(2)基础防渗和地基加固工程工程量清单项目的工程量计算规则如下:

①混凝土地下连续墙、高压喷射注浆连续防渗墙,应按招标设计图示尺寸计算不同墙厚的连续墙体截水面积计量;高压喷射水泥搅拌桩,按招标设计图示尺寸计算的有效成孔长度计量。造(钻)孔、灌注槽孔混凝土(灰浆)及操作损耗等所发生的费用,应摊入有效工程量的工程单价中。混凝土地下连续墙与帷幕灌浆结合的墙体内预埋灌浆管、墙体内观测仪器(观测仪器的埋设、率定、下设桁架等)及钢筋笼下设(指保护预埋灌浆管的钢筋笼的加工、运输、垂直下设及孔口对接等),另行计量计价。

②地下连续墙施工的导向槽、施工平台,应另行计量计价。

③混凝土灌注桩应按招标设计图示尺寸计算的钻孔(沉管)灌注桩灌注混凝土的有效体积(不含灌注于桩顶设计高程以上需要挖去的混凝土)计量。检验试验、灌注于桩顶设计高程以上需要挖去的混凝土、钻孔(沉管)灌注混凝土的操作损耗等所发生的费用和周转使用沉管的费用,应摊入有效工程量的工程单价中。钢筋笼按钢筋、钢构件加工及安装工程的计量计价规则另行计量计价。

④钢筋混凝土预制桩应按招标设计图示桩径、桩长,以根数计量。地质复勘、检验试验、预制桩制作(或购置)及在运桩、打桩和接桩过程中的操作损耗等所发生的费用,应摊入有效工程量的工程单价中。

⑤振冲桩加固地基应按招标设计图示尺寸计算的振冲成孔长度计量。振冲试验、振冲桩体密实度和承载力等的检验、填料以及在振冲造孔填料振密过程中的操作损耗等所发生的费用,应摊入有效工程量的工程单价中。

⑥沉井按符合招标设计图示尺寸需要形成的水面(或地面)以下有效空间体积计量。地质复勘、试验检验和沉井制作、运输、清基或水中筑岛、沉放、封底、操作损耗等所发生的费用,应摊入有效工程量的工程单价中。

9. 混凝土工程

1)工程量清单的项目编码、项目名称、计量单位及工程量计算规则,应按《水利工程工程量清单计价规范》(GB 50501—2007)附录 A 中表 A. 9. 1 的规定执行。

2)其他相关问题应按下列规定处理。

(1)混凝土工程工程量清单项目的工程量计算规则如下:

①普通混凝土应按招标设计图示尺寸计算的有效实体方体积计量。体积小于 0. 1 m^3 的圆角或斜角、钢筋和金属件占用的空间体积小于 0. 1 m^3 或截面面积小于 0. 1 m^2 的孔洞、排水管、预埋管和凹槽等的工程量不予扣除。按设计要求对上述临时孔洞所回填的混凝土也不重复计量。施工过程中由于超挖引起的超填量,凿(冲)毛、拌和、运输和浇筑等操作损耗所发生的费用(不包括以总价承包的混凝土配合比试验费),应摊入有效工程量的工程单价中。

②温控混凝土与普通混凝土的工程量计算规则相同。温控措施费应摊入相应温控混凝土的工程单价中。

③混凝土冬季施工中对原材料(如砂石料)加温、热水拌和、成品混凝土的保温等措施所发生的冬季施工增加费应包含在相应混凝土的工程单价中。

④碾压混凝土应按招标设计图示尺寸计算的有效实体方体积计量。施工过程中由于超挖引起的超填量,冲(刷)毛、拌和、运输和碾压过程中的操作损耗所发生的费用(不包括配合比试验和生产性碾压试验的费用),应摊入有效工程量的工程单价中。

⑤水下浇筑混凝土应按招标设计图示浇筑前后水下地形变化计算的有效体积计量。拌和、运输和浇筑过程的操作损耗所发生的费用,应摊入有效工程量的工程单价中。

⑥预应力混凝土应按招标设计图示尺寸计算的有效实体方体积计量。钢筋、锚索、钢管、钢构件、埋件等所占用的空间体积不予扣除。锚索及其附件的加工、运输、安装、张拉、注浆封闭和混凝土浇筑过程中的操作损耗等所发生的费用,应摊入有效工程量的工程单

价中。

⑦二期混凝土应按招标设计图示尺寸计算的有效实体方体积计量。钢筋和埋件等所占用的空间不予扣除。拌和、运输和浇筑过程中的操作损耗所发生的费用,应摊入有效工程量的工程单价中。

⑧沥青混凝土应按招标设计防渗心墙及防渗面板的防渗层、整平胶结层和加厚层沥青混凝土图示尺寸计算的有效体积计量;封闭层按招标设计图示尺寸计算的有效面积计算。施工过程中由于超挖引起的超填量及拌和、运输和摊铺碾压过程中的操作损耗所发生的费用(不包括室内试验、现场试验和生产性试验的费用),应摊入有效工程量的工程单价中。

⑨止水工程应按招标设计图示尺寸计算的有效长度计量。止水片的搭接长度、加工及安装过程中操作损耗所发生的费用,应摊入有效工程量的工程单价中。

⑩伸缩缝应按招标设计图示尺寸计算的有效面积计量。缝中填料及其在加工及安装过程中操作损耗所发生的费用,应摊入有效工程量的工程单价中。

⑪混凝土工程中的小型钢构件,如温控需要的冷却水管、预应力混凝土中固定锚索位置的钢管等所发生的费用,应分别摊入相应混凝土的工程单价中。

(2)混凝土拌和与浇筑分属两个投标人时,其含税价格的分界点应按招标文件的规定计算。

(3)当开挖与混凝土浇筑分属两个投标人时,混凝土工程按开挖实测断面计算,相应由于超挖引起的超填量所发生的费用,不摊入混凝土有效工程量的工程单价中。

(4)招标人如要求将模板使用费摊入混凝土工程单价,各摊入模板使用费的混凝土工程单价中应包括模板周转使用摊销费。

10. 钢筋、钢构件加工及安装工程

1)工程量清单的项目编码、项目名称、计量单位及工程量计算规则,应按《水利工程工程量清单计价规范》(GB 50501—2007)附录A中表A. 11. 1确定。

2)钢筋加工及安装工程工程量清单项目的工程量计算规则如下:

(1)钢筋加工及安装按设计图示计算的有效重量计量。施工架立筋、搭接、焊接、套筒连接、加工及安装过程中操作损耗等所发生的费用,应摊入有效工程量的工程单价中。

(2)钢构件加工及安装,指用钢材(如型材、管材、板材、钢筋等)制成的构件、埋件,按设计图示钢构件的有效重量计量。有效重量中不扣减切肢、切边和孔眼的重量,不增加电焊条、铆钉和螺栓的重量。施工架立件、搭接、焊接、套筒连接、加工及安装过程中操作损耗等所发生的费用,应摊入有效工程量的工程单价中。

11. 预制混凝土工程

1)工程量清单的项目编码、项目名称、计量单位、工程量计算规则及主要工作内容,应按《水利工程工程量清单计价规范》(GB 50501—2007)附录A中表A. 12. 1的规定执行。

2)其他相关问题应按下列规定处理:

(1)预制混凝土工程工程量清单项目的工程量计算规则:按招标设计图示尺寸计算的有效实体方体积计量。预应力钢筒混凝土(PCCP)管道按有效安装长度计量。计算有效体积时,不扣除埋设于构件体内的埋件、钢筋、预应力锚索及附件等所占体积。预制混凝土价格包括预制、预制场内吊运、堆存等所发生的全部费用。

(2)构成永久结构混凝土工程有效实体、不周转使用的预制混凝土模板,按预制混凝土构件计量。

(3)预制混凝土工程中的模板、钢筋、埋件、预应力锚索及附件、加工及安装过程中操作损耗等所发生的费用,应摊入有效工程量的工程单价中。

12.其他建筑工程

1)工程量清单的项目编码、项目名称、计量单位、工程量计算规则及主要工作内容,应按《水利工程工程量清单计价规范》(GB 50501—2007)附录 A 中表 A.14.1 的规定执行,见表 3-35。

表 3-35　其他建筑工程(编码:500114)

项目编码	项目名称	项目主要特征	计量单位	工程量计算规则	主要工作内容	一般适用范围
500114001×××	其他永久建筑工程			按招标设计要求计量		
500114002×××	其他临时建筑工程					

2)其他相关问题应按下列规定处理:

(1)土方开挖工程至原料开采及加工工程未涵盖的其他建筑工程项目,如厂房装修工程,水土保持、环境保护工程中的林草工程等,按其他建筑工程编码。

(2)其他建筑工程可按"项"为单位计量。

注:《水利工程工程量清单计价规范》(GB 50501—2007)附录 A 中水利建筑工程中模板工程(附录表 A10)、原料开采与加工工程(附录表 A13)未在本书中列出。

(二)水利安装工程工程量清单项目及计算规则

水利安装工程工程量清单项目包括机电设备安装工程、金属结构设备安装工程和安全监测设备采购及安装工程 3 节,共 56 个子目。

1.机电设备安装工程

1)工程量清单的项目编码、项目名称、计量单位及工程量计算规则,应按《水利工程工程量清单计价规范》(GB 50501—2007)附录 B 中表 B.1.1(见表 3-36)的规定执行。

2)其他相关问题应按下列规定处理:

(1)机电设备安装工程项目编码的十至十二位均为 000,如果各项目下需要设置明细项目,则明细项目编码的十至十二位分别自 001 起顺序编制。

(2)机电主要设备安装工程项目组成内容包括水轮机(水泵-水轮机)、大型泵站水泵、调速器及油压装置、发电机(发电机-电动机)、大型泵站电动机、励磁系统、主阀、桥式起重机、主变压器等设备,均由设备本体和附属设备及埋件组成。

表 3-36　机电设备安装工程(编码:500201)(部分)

项目编码	项目名称	项目主要特征	计量单位	工程量计算规则	主要工作内容	一般适用范围
500201001000	水轮机设备安装	1. 型号、规格 2. 外形尺寸 3. 重量	套	按招标设计图示的数量计量	1. 主机埋件和本体安装 2. 配套管路和部件安装 3. 调试	新建、扩建、改建、加固的水利机电设备安装工程
500201002000	水泵-水轮机设备安装					
500201003000	大型泵站水泵设备安装				1. 真空破坏阀、泵座、人孔及止水埋件安装 2. 泵体组合件及支撑件安装 3. 止水密封件安装 4. 仪器、仪表、管路附件安装 5. 调试	
500201004000	调速器及油压装置设备安装				1. 基础、本体、反馈机构、事故配压阀、管路等安装 2. 集油槽、压油槽、漏油槽安装 3. 油泵、管道及辅助设备安装 4. 设备滤油、充油 5. 调试	
500201005000	发电机设备安装	1. 型号、规格 2. 外形尺寸 3. 重量	套	按招标设计图示的数量计量	1. 基础埋设 2. 机组及辅助设备安装 3. 配套管路和部件安装 4. 定子、转子安装及干燥 5. 发电机(发电机-电动机)与水轮机(水泵-水轮机)联轴前后的检查 6. 调试	新建、扩建、改建、加固的水利机电设备安装工程
500201006000	发电机-电动机设备安装					
500201007000	大型泵站电动机设备安装				1. 电动机基础埋设 2. 定子、转子安装 3. 附件安装 4. 电动机干燥 5. 调试	
500201008000	励磁系统设备安装	1. 型号、规格 2. 电气参数 3. 重量			1. 基础安装 2. 设备本体安装 3. 调试	
…	…	…	…	…	…	…

注:表中项目编码的十至十二位均为 000,如各项目下需设置明细项目,由编制人自 001 起顺序编码,如 1#水轮机座环为 500201001001、1#水轮机导水机构为 500201001002、1#水轮机转轮为 500201001003 等,依此类推。

(3)机电其他设备安装工程项目组成内容如下:

①轨道安装。包括起重设备、变压器设备等所用轨道。

②滑触线安装。包括各类移动式起重机设备滑触线。

③水力机械辅助设备安装。包括全厂油、水、气系统的透平油、绝缘油、技术供水、水力测量、消防用水、设备检修排水、渗漏排水、上库及压力钢管充水、低压压气和高压压气等系统设备和管路。

④发电电压设备安装。包括发电机中性点设备、发电机定子主引出线至主变压器低压套管间的电气设备、分支线电气设备、断路器、隔离开关、电流互感器、电压互感器、避雷器、电抗器、电气制动开关等,抽水蓄能电站与启动回路器有关的断路器和隔离开关等设备。

⑤发电机-电动机静止变频启动装置(SFC)安装。包括抽水蓄能电站机组和大型泵站机组静止变频启动装置的输入及输出变压器、整流及逆变器、交流电抗器、直流电抗器、过电压保护装置及控制保护设备等。

⑥厂用电系统设备安装。包括厂用电和厂坝区用电系统的厂用变压器、配电变压器、柴油发电机组、高低压开关柜(屏)、配电盘、动力箱、启动器、照明屏等设备。

⑦照明系统安装。包括照明灯具、开关、插座、分电箱、接线盒、线槽板、管线等器具和附件。

⑧电缆安装及敷设。包括35 kV及以下高压电缆、动力电缆、控制电缆和光缆及其附件、电缆支架、电缆桥架、电缆管等。

⑨发电电压母线安装。包括发电电压主母线、分支母线及发电机中性点母线、套管、绝缘子及金具等。

⑩接地装置安装。包括全厂公用和分散设备的接地网的接地极、接地母线、避雷针等。

⑪高压电气设备安装。包括高压组合电器(GIS)、六氟化硫(SF_6)断路器、少油断路器、空气断路器、隔离开关、互感器、避雷器、高频阻波器、耦合电容器、结合滤波器、绝缘子、110 kV及以上高压电缆、高压管道母线等设备及配件。

⑫一次拉线安装。包括变电站母线、母线引下线、设备连接线、架空地线、绝缘子和金具。

⑬控制、保护、测量及信号系统设备安装。包括发电厂和变电站控制、保护、操作、计量、继电保护信息管理、安全自动装置等的屏、台、柜、箱及其他二次屏(台)等设备。

⑭计算机监控系统设备安装。包括全厂计算机监控系统的主机、工作站、服务器、网络、现地控制单元(LCU)、不间断电源(UPS)、全球卫星定位系统(GPS)等。

⑮直流系统设备安装。包括蓄电池组、充电设备、混合充电设备、直流配电屏(柜)等。

⑯工业电视系统设备安装。包括主控站、分控站、转换站、前端等设备及光缆、视频电缆、控制电缆、电源电缆(线)等设备。

⑰通信系统设备安装。包括载波通信、程控通信、生产调度通信、生产管理通信、卫星通信、光纤通信、信息管理系统等设备及通信线路等。

⑱电工实验室设备安装。包括为电气试验而设置的各种设备、仪器、表计等。

⑲消防系统设备安装。包括火灾报警及其控制系统、水喷雾及气体灭火装置、消防电话广播系统、消防器材及消防管路等设备。

⑳通风、空调、采暖及其监控设备安装。包括全厂制冷(热)机组及水泵、风机、空调器、通风空调监控系统、采暖设备、风管及管路、调节阀和风口等。

㉑机修设备安装。包括为机组、金属结构及其他机械设备的检修所设置的车、刨、铣、锯、磨、插、钻等机床,以及电焊机、空气锤等机修设备。

㉒电梯设备安装。包括工作电梯、观光电梯等电梯设备及电梯电气设备。

㉓其他设备安装。包括小型起重设备、保护网、铁构件、轨道阻进器等。

(4)以长度或重量计算的机电设备装置性材料,如电缆、母线、轨道等,按招标设计图示尺寸计算的有效长度或重量计量。运输、加工及安装过程中的操作损耗所发生的费用,应摊入有效工程量的工程单价中。

(5)机电设备安装工程费。包括设备安装前的开箱检查、清扫、验收、仓储保管、防腐、油漆、安装现场运输、主体设备及随机成套供应的管路与附件安装、现场试验、调试、试运行及移交生产前的维护、保养等工作所发生的费用。

2. 金属结构设备安装工程

1)工程量清单的项目编码、项目名称、计量单位及工程量计算规则,应按《水利工程工程量清单计价规范》(GB 50501—2007)附录B中表B.2.1的规定执行。

2)其他相关问题应按下列规定处理:

(1)金属结构设备安装工程项目编码的十至十二位均为000,如果各项目下需要设置明细项目,则明细项目编码的十至十二位分别自001起顺序编制。

(2)金属结构设备安装工程项目组成内容如下:

①启闭机、闸门、拦污栅设备,均由设备本体和附属设备及埋件组成。

②升船机设备。包括各型垂直升船机、斜面升船机、桥式平移及吊杆式升船机等设备本体和附属设备及埋件等。

③其他金属结构设备。包括电动葫芦、清污机、储门库、闸门压重物、浮式系船柱及小型金属结构构件等。

(3)以重量为单位计算工程量的金属结构设备或装置性材料,如闸门、拦污栅、埋件、高压钢管等,按招标设计图示尺寸计算的有效重量计量。运输、加工及安装过程中的操作损耗所发生的费用,应摊入有效工程量的工程单价中。

(4)金属结构设备安装工程费。包括设备及附属设备验收、接货、涂装、仓储保管、焊缝检查及处理、安装现场运输、设备本体和附件及埋件安装、设备安装调试、试运行、质量检查和验收、完工验收前的维护等工作内容所发生的费用。

3. 安全监测设备采购及安装工程

1)工程量清单的项目编码、项目名称、计量单位及工程量计算规则,应按《水利工程工程量清单计价规范》(GB 50501—2007)附录 B 中表 B. 3. 1 的规定执行。

2)其他相关问题应按下列规定处理:

(1)安全监测设备采购及安装工程项目编码的十至十二位均为 000,如果各项目下需要设置明细项目,则明细项目编码的十至十二位分别自 001 起顺序编制。

(2)安全监测工程中的建筑分类工程项目执行水利建筑工程工程量清单项目及计算规则,安全监测设备采购及安装工程包括设备费和安装工程费,在分类分项工程量清单中的单价或合价可分别以设备费、安装费分列表示。

3)安全监测设备采购及安装工程工程量清单项目的工程量计算规则,按招标设计文件列示安全监测项目的各种仪器设备的数量计量。施工过程中仪表设备损耗、备品备件等所发生的费用,应摊入有效工程量的工程单价中。

第六节　投标报价的编制

一、概述

投标报价是投标人在招标人统一提供的工程量清单中标价并汇总所有项目后报出的总价,是投标文件的重要组成部分。

二、投标报价的编制原则与依据

(一)投标报价的编制原则

1. 自主确定、实质响应。
2. 实事求是、科学合理。
3. 因地制宜、严谨务实。

(二)投标报价的编制依据

1. 招标文件(含招标图纸、招标工程量清单)及其补充通知、答疑纪要。
2. 本招标项目的招标控制价。
3. 施工现场情况、工程特点及投标时拟定的施工组织设计或施工方案。
4. 市场价格信息或工程造价管理机构发布的工程造价信息。
5. 企业定额、企业管理水平,国家或省级、行业建设主管部门颁发的定额和相关规定。
6. 与建设项目相关的标准、规范、技术要求。
7. 其他。

三、投标报价编制准备工作

在报价编制之前,首先要认真阅读、理解招标文件,包括商务条款、技术条款、图纸及补遗文件,并对招标文件中有疑问的地方以书面形式向招标单位去函要求澄清。

(一)研究招标文件

投标人获取招标文件后,为保证工程量清单报价的合理性,应对投标人须知、合同条件、技术规范、图纸和工程量清单等重点内容进行分析,深刻而正确地理解招标文件和招标人的意图。

1. 投标人须知

投标人须知反映了招标人对投标人的要求,特别要注意项目的资金来源、投标书的编制和递交、投标保证金、更改或备选方案、评标方法等,重点在于防止投标被否决。

2. 合同分析

1)合同背景分析。投标人有必要了解与自己拟承包的工程内容有关的合同背景,了解监理方式及合同的法律依据,为报价和合同实施及索赔提供依据。

2)合同形式分析。主要分析承包方式(如分项承包、施工总承包、设计与施工总承包和管理承包等)和计价方式(如单价方式、总价方式等)。

3)合同条款分析,主要包括以下几点:

(1)承包人的任务、工作范围和责任。

(2)工程变更及相应的合同价款调整。

(3)付款方式、时间。应注意合同条款中关于工程预付款、材料预付款的规定。根据这些规定和预计的施工进度计划,计算出占用资金的数额和时间,从而计算出需要支付的利息数额并计入投标报价。

(4)施工工期。合同条款中关于合同工期、竣工日期、部分工程分期交付工期等规定是投标人制订施工进度计划的依据,也是报价的重要依据。要注意合同条款中有无奖罚的规定,尽可能做到在工期符合要求的前提下使报价有竞争力,或在报价合理的前提下使工期有竞争力,或在报价合理、工期符合要求的前提下使工程质量有竞争性。

(5)项目法人责任。投标人所制订的施工进度计划和做出的报价,都是以发包人履行责任为前提的,所以应注意合同条款中关于发包人责任措辞的严密性,以及关于变更和索赔的有关规定。

3. 技术标准和要求分析

工程技术标准是按工程类型来描述工程技术和工艺内容特点,对设备、材料、施工安装方法等所规定的技术要求,有的是对工程质量进行检验、试验和验收所规定的方法和要求。它们与工程量清单中各子项工作密不可分,报价人员应在准确理解招标人要求的基础上对有关工程内容进行报价。任何忽视技术标准的报价都是不完整、不可靠的,有时甚至可能导致工程承包出现重大失误和亏损。

4. 图纸分析

图纸是确定工程范围、内容和技术要求的重要文件,也是投标人确定施工方法等施工计划的主要依据。图纸的详细程度取决于招标人提供的招标图或施工图设计所达到的深度和所采用的合同形式。详细的设计图纸可使投标人比较准确地计价,而不够详细的图纸则需要投标人采用综合估价方法进行计价,其结果通常不精准,并有一定的风险。

水利工程由于项目的功能要求与自然条件的不同,工程特性有很大差异。了解工程特性与相关的施工特性是熟悉招标文件的首要任务。除一般性的要求外,要特别熟悉招标文件所载明的特殊要求。其中,有工程技术标准方面的,如采用的新技术、新工艺、新设备、新材料；有工期要求方面的，赶工期的项目须在投标报价时考虑赶工措施费；有质量要求方面的，一般工程质量要求为合格，但有的项目要求达到优良，有的项目要求获得国家、省、市级奖项；有的项目要求进行标准化工地施工；也有商务方面的，尤其要十分注意对投标报价的要求。

对于联合体投标或有专业分包内容的，还要组织协作单位或分包单位对招标文件进行共同研究，确定总体施工方案、报价计算原则、基础价格等编制条件。有关单位分工编制完所负责项目的报价后，投标人应通盘进行必要的调整。项目规模较小时，也可由主投标人独立完成调整工作。

投标人要求招标人对招标文件进行答疑，其目的是使编制的投标文件内容较好地响应招标文件。招标人以补充通知或澄清函的方式回答其问题，是对招标文件的解释、补充或修正。投标人既要慎重对待提问，也要慎重对待补充通知等，这是许多投标人经常忽视的、易造成投标失误的一个因素，但其也是研究招标文件的一个重要方面。

（二）调查工程现场

目前，招标人为防止投标人串标，一般不组织踏勘现场，而是由投标人根据招标文件中提供的信息自行踏勘现场。投标人踏勘现场能收集很多招标文件无法提供的信息，因此应重视踏勘现场。投标人调查工程现场重点应注意以下几个方面。

1. 自然条件调查

自然条件调查主要包括对气象资料，水文资料，地震、洪水及其他自然灾害情况，地质情况等的调查。

2. 施工条件调查

施工条件调查的内容主要有：工程现场的用地范围、地形、地貌、地物、高程，地上或地下障碍物，现场的三通一平情况；工程现场周围的道路、进出场条件、有无特殊交通限制或管制；工程现场施工临时设施、大型施工机具、材料堆放场地安排的可能性，是否需要二次搬运；工程现场邻近建筑物与招标工程的间距、结构形式、基础埋深、新旧程度、高度；对于在市区及邻近地区施工的项目还要了解市政给水及污水、雨水排放管线位置、高程、管径、压力，废水、污水处理方式，市政、消防供水管道管径、压力、位置等；当地供电方式、方位、距离、电压、容量等；当地煤气供应能力，管线位置、高程等；工程现场通信线路的连接和铺设；当地政府有关部门对施工现场管理的一般要求、特殊要求及规定，是否允许节假日和夜间施工等；当地对施工噪声和扬尘的要求等。

3. 市场环境调查

市场环境调查主要包括调查生产要素市场的价格，各种构件、半成品及商品混凝土供应能力，采购或租赁施工机械的渠道，当地分包人和协作加工的情况，现场附近的生活设施、治安情况以及民风，当地政府的税收规定及居民或移民对项目的支持程度。上述市场环境因素对报价编制工作有很大影响，应该认真对待。

四、询价、复核工程量与制订施工方案

（一）询价

询价是投标报价的一个非常重要的环节。工程投标活动中，投标人不仅要考虑投标

报价能否得分最高,还要考虑中标后所承担的风险。因此,在报价前必须通过各种渠道了解生产要素价格以及分析影响价格的各种因素,这样才能够为投标报价提供可靠的依据。询价时要特别注意两个问题,一是产品质量必须可靠,并满足招标文件的有关规定;二是供货方式、时间、地点和供货数量必须明确,有无附加条件和费用。

1. 询价的渠道

1)直接与生产厂商联系。

2)了解生产厂商的代理人或从事该项业务的经纪人。

3)了解经营该项产品的销售商。

4)向咨询公司进行询价。通过咨询公司所得到的询价资料比较可靠,但需要支付一定的咨询费用;也可向同行了解。

5)向工程所在地附近其他项目承包人(尤其是水利水电项目的承包人)了解情况。

6)通过互联网查询。

7)自行进行市场调查或信函询价。

2. 生产要素询价

1)材料询价。材料询价的内容包括调查并对比材料来源地、材料质量等级、材料价格、供应数量、包装方式、运输方式、保险和有效期、不同买卖条件下的支付方式以及税票提供情况等。询价人员在施工方案初步确定后,立即发出材料询价单,并催促材料供应商及时报价。收到询价单后,询价人员应将从各种渠道所获得的材料价格及其他有关资料汇总整理。对同种材料从不同途径所得到的所有资料进行比较分析(由于材料质量等级不同或价格组成内容不同会导致价格出入比较大,所以比较分析时一定要注意统一口径),选择合适、可靠的材料供应商的报价,提供给工程报价人员参考使用。

2)施工机械询价。在外地施工需用的施工机械,有时在当地租赁或采购可能更为有利,因此事前有必要进行施工机械的询价。必须采购的施工机械,可向供应厂商询价;对于租赁的施工机械,可向专门从事租赁业务的机构询价,并应详细了解其计价方法。例如,各种施工机械每台班的租赁费、最低计费起点、施工机械停滞时租赁费及进出场费的计算,燃料费及机上人员工资是否在台班租赁费之内,如需另行计算,这些费用项目的具体数额为多少等。

3)劳务询价。如果投标人准备在工程所在地招募工人,则劳务询价是必不可少的。劳务询价主要有两种情况:一种是向成建制的劳务公司询价,相当于劳务分包,一般费用较高,但工人素质较高、工效较高,投标人的管理工作较轻松;另一种是在劳务市场招募零散劳动力,可以根据项目需要进行灵活选择,这种方式虽然劳务价格较低,但有时工人素质达不到要求或工效较低,且投标人将来的管理工作较繁重。投标人应在对劳务市场充分了解的基础上决定采用哪种方式,并以此为依据进行投标报价。

(二)复核工程量

投标人通过复核工程量,考虑复核后的工程量与招标工程量清单之间的差距,制定相应的投标策略,并根据工程量的大小采取合适的施工方案,选择适用、经济的施工机械设备,投入使用相应的劳动力数量等。

复核工程量要与工程量清单所提供的工程量进行对比,需注意以下几方面:

1. 投标人应认真根据招标说明,图纸,水文、地质资料等招标文件资料,计算主要清单工程量,复核工程量清单。其中特别注意,需按一定顺序进行复核,避免漏算或重算;正确划分分类分项工程项目,与《水利工程工程量清单计价规范》(GB 50501—2007)保持一致。

2. 复核工程量的目的不是修改工程量清单,即使发现有误,投标人也不能擅自修改工程量清单中的工程量,因为修改了清单将导致在评标时认为投标文件未响应招标文件而被否决。对工程量清单存在的错误,可以向招标人提出,由招标人统一修改并把修改情况通知所有投标人。

3. 针对工程量清单中工程量的遗漏或错误,投标人应向招标人提出。

4. 通过工程量计算复核还能准确地确定订货及采购物资的数量,防止由于超量或少购等带来的浪费、积压或停工待料风险。

在核算完全部工程量清单中的项目后,投标人应按大项分类汇总主要工程总量,以便获得对整个工程施工规模的整体概念,并据此研究合适的施工方法,选择适用的施工设备等。

(三)制订施工方案

1. 施工方案是编制投标报价的基础。投标报价中主体工程的单价、各临时工程的总价、各项独立费用的确定,都离不开所选择的施工方案。主体工程因其工程量大,其施工单价与施工组织、施工机构配置、施工工艺流程密切相关,更应高度重视。

2. 施工方案要体现施工特性的要求。在研究招标文件时,应了解工程特性与相应施工特性。制订施工方案时,要体现两者的紧密关联性。对于投标人源于现有机械装备情况并具备优势的"习惯性"施工方法,只要满足招标文件关于招标工程的质量、工期、安全、环保等要求,也可以选用。

3. 施工方案应采用成熟的技术和落实的机械及人力资源配置。制订的施工方案要确保中标后能顺利组织实施,相应的报价也应合理。采用成熟的技术与落实的资源配置是为了减少施工风险与报价风险。编制投标文件时不可能对诸多施工方案进行优化比选,也不可能涉及施工组织的全部内容。在内容上应着重对主体工程进行叙述,对附属设施仅提出规模、生产能力指标及总体布置、工艺流程即可。

五、投标报价的编制方法

投标报价是按招标文件给定的计价方法和计价格式进行编制的。水利工程在招标投标阶段按《水利工程工程量清单计价规范》(GB 50501—2007)的规定,要求投标人按工程量清单计价方法进行报价。各项目清单的报价编制方法如下。

(一)分类分项工程报价

1. 分类分项工程量清单计价方式。分类分项工程量清单计价采用工程单价计价。一般情况下,投标人应按照招标文件的规定,根据招标项目涵盖的内容和自身的经营状况,采用自己的企业定额编制人工费单价,主要材料预算价格,电、风、水单价,砂石料单价,混凝土配合比材料费,施工机械台班费等基础单价,作为编制分类分项工程单价的依据。

2. 分类分项工程量清单的工程单价计算。分类分项工程量清单的工程单价应根据工程量清单项目特征描述、设计文件及招标文件技术条款确定工程单价组成内容,按企业定额或参考水利工程预算定额,并将有效工程量以外的超挖、超填工程量,施工附加量,加工、运输损耗量,所消耗的人工、材料和机械费用以及可能的风险费用等均摊入相应有效工程量的工程单价之内。分类分项工程量清单项目的工程单价是有效工程量的单价。

(二)措施项目报价

措施项目清单的金额,应根据招标文件的要求以及投标人的施工方案,按措施项目清单中所列项目计量单位计价。可以计算工程量的措施项目,应按分类分项工程量清单的方式采用工程单价计价。

(三)其他项目报价

其他项目按招标文件确定的其他项目名称、金额填写报价。

(四)零星工作项目报价

零星工作项目由投标人按招标文件规定分别填写报价。

六、投标报价常见方法

(一)差异化报价法

所谓差异化报价,是指在保证工程总报价不变的基础上,人为调整某些工程项目价格,使之高于或低于其实际价格,以达到既不削弱标价竞争力,又能在履约阶段增加工程经营收益的目的。

(二)多方案报价法

利用招标文件中不够明确的地方,以争取达到修改工程说明书和合同为目的的一种报价方法。按原招标文件报一个单价,并加以注释,如按工程说明书和合同条款可做某些改变时,可降低某项费用等,使报价成为最低价,以吸引业主修改招标文件某些条款。

(三)增加建议方案法

招标文件允许招标人提出建议时,可以对原设计方案提出新的建议,投标人可以提出技术上先进、操作上可行、经济上合理的建议。提出建议后要与原报价进行对比且有所降低,但要注意对原招标方案一定也要报价。建议方案不要写得太具体,要保留方案的技术关键,防止招标人将此方案交给其他投标人。同时要强调的是,建议方案一定要比较成熟,有很好的可操作性。

综上所述,投标人在制定报价策略的时候,首先要对工程项目尽可能多地收集资料,包括工程本身、业主、竞争对手、施工情况等具体资料,然后进行具体分析,根据具体的情况,再运用各种合理方法,努力达到报价的目的,提高中标率。

【案例一】 某水利工程建设项目水泥从两个地方采购,其采购量有关费用如表 3-37 所示,求该工地水泥的单价(表中原价、运杂费均为含税价格,材料价格适用于 13%增值税率,运杂费适用 9%增值税率)。

表 3-37 材料采购信息

采购处	采购量/t	原价/(元/t)	运杂费/(元/t)	采购及保管费率/%
来源一	300	340	20	3
来源二	200	350	15	

解:将含税的原价和运杂费调整为不含税价格,具体过程如表3-38所示。

表3-38　材料价格信息不含税价格计算

采购处	采购量/t	不含税原价/(元/t)	不含税运杂费/(元/t)	采购及保管费率/%
来源一	300	340/1.13=300.88	20/1.09=18.35	3
来源二	200	350/1.13=309.73	15/1.09=13.76	

加权平均原价=(300×300.88+200×309.73)/(300+200)=304.42(元/t)。

加权平均运杂费=(300×18.35+200×13.76)/(300+200)=16.51(元/t)。

水泥单价=(304.42+16.51)×(1+3%×1.10)=331.52(元/t)。

【案例二】　某小型水利水电工程施工用电,由国家供电网供电90%,自发电10%。基本资料如下,计算其综合电价。

(1)外购电:不含增值税进项税额的基本电价为0.618 2元/(kW·h);损耗率:高压输电线路取5%,变配电设备和输电线路取6%;供电设备维修摊销费0.04元/(kW·h)。

(2)自发电:自备柴油发电机,容量250 kW,1台,台时费用210.68元/台时;200 kW,1台,台时费用176.22元/台时。2.2 kW潜水泵2台,供给冷却水,每台台时费用13.52元/台时。发电机出力系数取0.80,供电设施维修摊销费取0.05元/(kW·h),厂用电率取5%。

解:(1)电网供电价格。

电网供电价格=基本电价÷(1-高压输电线路损耗率)÷(1-35 kV以下变配电设备及配电线路损耗率)+供电设施维修摊销费

=0.618 2÷(1-5%)÷(1-6%)+0.04=0.732[元/(kW·h)]

(2)自发电的电价(自设水泵供冷却水)。

组时总费用=210.68×1+176.22×1+13.52×2=413.94(元/台时)

额定容量=250×1+200×1=450(kW)

柴油发电机供电价=413.94÷[450×0.80×(1-5%)×(1-6%)]+0.05

=1.338[元/(kW·h)]

(3)综合电价=0.732×90%+1.338×10%=0.793[元/(kW·h)]。

取定综合电价为0.79元/(kW·h)。

【案例三】　某工程由某电网供电占97%,自备柴油发电供电占3%。电网单价为0.399元/(kW·h),建设基金和其他加价为0.077元/(kW·h),高压输电线路损耗率为6%,变配电设备及线路损耗率为10%,供电设施维修摊销费为0.035元/(kW·h);柴油发电基本电价为0.89元/(kW·h),变配电设备及线路损耗率为10%,供电设施维修摊销费为0.035元/(kW·h)。试计算其综合电价。

解:(1)电网电价预算价=(0.399+0.077)/[(1-6%)×(1-10%)]+0.035=0.598[元/(kW·h)]。

(2)柴油发电预算价=0.89/(1-10%)+0.035=1.024[元/(kW·h)]。

(3)综合电价=0.598×97%+1.024×3%=0.611[元/(kW·h)]。

【案例四】 某水利工程施工用水设两级供水,各级泵站出水口处均设有调节水池,供水系统主要技术指标及各级水泵不含增值税进项税额的台时单价费分别为一级 56.35 元/台时,二级 35.33 元/台时。一级泵站水泵 2 台,额定流量 160 m^3/h,设计用水量 150 m^3/h;二级泵站水泵 1 台,额定流量 85 m^3/h,设计用水量 55 m^3/h。各级水泵出力系数为 0.8,供水设施维修摊销费取 0.03 元/m^3,水量损耗率 12%。试计算施工用水综合水价。

解:1. 计算各级泵站组时出水量

组时出水量=水泵额定容量之和×水泵出力系数

一级泵站组时出水量=160×2×0.8=256(m^3)

二级泵站组时出水量=85×1×0.8=68(m^3)

2. 计算施工用水价格

(1)各级泵站组时总费用:

一级泵站组时总费用=56.35×2=112.70(元)

二级泵站组时总费用=35.33×1=35.33(元)

(2)计算各级用水基本价:

基本水价=组时总费用÷组时出水量

一级基本水价=112.70÷256=0.44(元/m^3)

二级基本水价=0.44+35.33÷68=0.96(元/m^3)

(3)计算各级泵站供水比例:

一级泵站供水比例=150÷(150+55)= 73.17%

二级泵站供水比例=55÷(150+55)= 26.83%

(4)计算施工用水综合价:

施工用水综合单价=(0.44×73.17%+0.96×26.83%)÷0.8÷(1-12%)+0.03=0.85(元/m^3)

【案例五】 某水利工程渠道砌护改造工程,工程量清单中格宾块石共计 13 000 m^3,块石的材料价格是影响报价的重要因素。块石产地价:68.56 元/m^3(不含税),拉至工程运距 59 km,块石密度 1 800 kg/m^3。运费:0.48 元/(t·km),装卸费 2 元/t。计算块石预算价格,应该以多少钱计入单价计算表参与取费?材料调差是多少?

解:根据《宁夏水利工程设计概(估)算编制规定》(宁水计发〔2016〕10 号)并结合水利厅营业税改征增值税相关文件规定计算。

材料预算价格=(材料原价+运杂费)×(1+采购保管费费率)+运输保险费=(68.56+1.8×59×0.48+2×1.8)×(1+3%×1.10)+0=123.14×1.033=127.20(元/m^3)。

分析:1.8×59×0.48 是计算运费,乘以 1.8 是调成每立方米的价格。

采购及保管费费率是 3%,乘以 1.1 是营业税改征增值税文件规定。

地方材料一般不需要运输保险费,如果有根据每立方米价格加上即可。

块石按 70 元/ m^3 计入单价计算表中参与取费,材料调差金额:127.2-70=57.2(元)。

【案例六】 某水利工程工程量清单中底板 C30W4F100 混凝土(二级配)浇筑共计 56.58 m^3,使用水利定额计算纯混凝土配合比预算价格和混凝土拌和物预算价格。其中,42.5 级水泥价格 480 元/t,粗砂价格 80 元/m^3,卵石价格 85 元/m^3,水价格 5 元/m^3。

解:根据《宁夏水利建筑工程预算定额》(试行)表 6-4 :W4 水灰比 0.6~0.65, F100 水灰比<0.55。

选用《宁夏水利建筑工程预算定额》(试行)C30 混凝土水灰比 0.5 计算,其中水泥 310 kg、粗砂 0.47 m^3、卵石 0.81 m^3、水 0.15 m^3。

依据宁水办发〔2017〕32 号自治区水利厅关于印发《宁夏水利工程营业税改征增值税计价依据调整办法》的通知中限价水泥 255 元/t、砂石料 70 元/m^3。

C30 混凝土预算价格 = 310×0.255+0.47×70+0.81×70+0.15×5 = 169.4(元/m^3);

C30 混凝土拌和物 56.58 m^3 预算价格共计 = 56.58×169.4 = 9 584.65(元)。

拓展:各材料超出部分调差计算,计税不取费。

【案例七】 某水利工程地处县城以外,其土方开挖工程采用 1 m^3 挖掘机装 10 t 自卸汽车运输 4.3 km 至弃土场,已知基本条件如下:

(1)一般土方为Ⅲ类土;

(2)柴油价格为 5 490 元/t;

(3)机械台时费查 2009 年《宁夏水利建筑工程预算定额》(试行),1 m^3 挖掘机折旧费 35.63 元/台时,修理及替换设备费 25.46 元/台时,安装拆卸费 2.18 元/台时,机上人工工时数 2.7 工时/台时,柴油消耗量 14.9 kg/台时;59 kW 推土机折旧费 5.7 元/台时,修理及替换设备费 6.84 元/台时,安装拆卸费 0.37 元/台时,机上人工工时数 2.4 工时/台时,柴油消耗量 7.94 kg/台时,10 t 自卸汽车折旧费 30.49 元/台时,修理及替换设备费 18.3 元/台时,机上人工工时数 1.3 工时/台时,柴油消耗量 10.8 kg/台时。定额见表 3-39。

表 3-39 1 m^3 挖掘机挖装土自卸汽车运输

适用范围:Ⅲ类土、露天作业

工作内容:挖装、运输、卸除、空回 单位:100 m^3

项目	单位	运距/m								增运 1 km
		≤0.25	0.25~0.5	0.5~1	1~1.5	1.5~2	2~3	3~4	4~5	
技工	工时									
普工	工时	5.2	5.2	5.2	5.2	5.2	5.2	5.2	5.2	
合计	工时	5.2	5.2	5.2	5.2	5.2	5.2	5.2	5.2	
零星材料费	%	5	5	5	5	5	5	5	5	
挖掘机 1 m^3	台时	1.04	1.04	1.04	1.04	1.04	1.04	1.04	1.04	
推土机 59 kW	台时	0.52	0.52	0.52	0.52	0.52	0.52	0.52	0.52	
自卸汽车 5 t	台时	5.35	6.29	8.39	9.89	11.89	14.17	16.97	18.88	2.24
8 t	台时	3.70	4.35	5.67	6.62	7.88	9.32	11.10	12.30	1.41
10 t	台时	3.39	3.99	5.19	6.05	7.18	8.50	10.10	11.18	1.28
编号		1156	1157	1158	1159	1160	1161	1162	1163	1164

问题:计算该项目土方开挖运输的工程单价。

解:分析与解答。

第一步:分析基本资料,该工程性质属于河道工程,普工 5.77 元/工时,技工 8.10 元/工时;该工程性质属于河道工程,确定取费费率,其他直接费费率取 4.4%,间接费费率取 4.5%,企业利润率为 7%,税率取 9%(按照"营改增"文件调整税率)。

第二步:根据工程特征和施工组织设计确定的施工条件、施工方法、土类级别及采用的机械设备情况,选用宁夏回族自治区 2009 年《宁夏回族自治区水利建筑工程预算定额》第一章-24 节,并考概算扩大系数 3%,定额如表 3-40 所示。

表 3-40 土方开挖运输单价

定额编号:1163		项目:土方开挖工程			定额单位:100 m^3
施工方法	1 m^3 挖掘机挖装 10 t 自卸汽车运 4.3 km 弃土				
序号	名称及规格	单位	数量	单价/元	合价/元
一	直接费	元			1 413.86
(一)	基本直接费	元			1 354.27
1	人工费(普工)	工时	5.2	5.77	30.00
2	零星材料费	%	5	1 289.78	64.49
3	机械使用费	元			1 259.78
	挖掘机 1 m^3	台时	1.04	137.29	142.78
	推土机 59 kW	台时	0.52	60.00	31.20
	自卸汽车 10 t	台时	11.18	97.12	1 085.80
(二)	其他直接费	%	4.4	1 354.27	59.59
二	间接费	%	4.5	1 413.86	63.62
三	利润	%	7	1 477.48	103.42
四	材料补差				351.53
	柴油	kg	140.61	2.50	351.53
五	税金	%	9	1 932.43	173.92
六	小计	元			2 106.35
七	概算扩大系数	%	3	2 106.35	63.19
八	合计	元			2 169.54
九	单价	元			21.70

注:土方开挖运输单价计算时机械使用费台时单价及材料补差的计算。

第三步:根据定额子项 1163 确定汽车运距 4.3 km 时 10 t 自卸汽车的定额值套用 11.18 台时。

第四步:将定额中查出的人工、材料、机械台时消耗量填入数量栏。将相应的人工预算单价、材料预算单价和机械台时费填入单价栏中。按"消耗量×单价"得出相应的人工费、材料费和机械使用费填入合价栏中，相加得出基本直接费。

第五步：根据已取定的各项费率，计算出直接费、间接费、企业利润、材料补差、税金等，汇总后即得出该工程项目的工程单价。

计算结果见表 3-41。

【案例八】　某渠道工程采用 U 形板砌护，混凝土强度等级为 C20，板缝比为 0.10，U 形混凝土板由建设单位提供，不计算混凝土板材料价格，砌护板的运距为 2 km，请计算每方砌护板的砌筑单价，资料如表 3-41～表 3-44 所示。

表 3-41　混凝土配合比及材料用量

序号	混凝土强度等级	水泥强度等级	水灰比	级配	最大粒径/mm	预算量			
						水泥/kg	砂子/m^3	石子/m^3	水/m^3
1	C10	32.5	0.75	2	40	208	0.55	0.79	0.15
2	C15	32.5	0.65	2	40	242	0.52	0.81	0.15
3	C20	32.5	0.55	1	20	321	0.54	0.72	0.17

表 3-42　人工、材料及机械价格

序号	材料名称	单位	基价	预算价	说明
1	技工	工时		8.1	
2	普工	工时		5.77	
3	水泥 325	t	255	356.7	
4	砂子	m^3	70	72	
5	石子	m^3	70	75	
6	水	m^3		2	
7	柴油	kg	2.99	5.22	
8	搅拌机 0.4 m^3	台时		24.69	
9	胶轮车	台时		0.81	
10	拖拉机 11 kW	台时		15.91	柴油含量 1.7 kg/台时
11	其他直接费	%	5.80		
12	间接费	%	10.00		
13	利润	%	7.00		
14	税金	%	9.00		

表 3-43　人工装、卸手扶拖拉机运混凝土预制件

适用范围:预制混凝土衬砌板及小型构件

工作内容:装、运、卸、堆放、空回　　单位:100 m^3

项目	单位	运距/km			
		0.5	1	1.5	2
技工	工时				
普工	工时	176.6	176.6	176.6	176.6
合计	工时	176.6	176.6	176.6	176.6
零星材料费	%	3	3	3	3
拖拉机 11 kW	台时	66.36	78.96	91.56	104.16
编号		4216	4217	4218	4219

表 3-44　渠道预制板混凝土构件砌筑

工作内容:拌浆、砌筑、填缝、养护、预制构件运输　　单位:100m^3 砌体

项目	单位	缝板比			
		0.1	0.14	0.21	0.28
技工	工时	867.9	855.6	818.4	775.1
普工	工时	372	366.7	350.8	332.2
合计	工时	1 239.9	1 222.3	1 169.2	1 107.3
混凝土预制构件	m^3	92	90	84.3	79.5
砂浆或细粒混凝土	m^3	21.7	23.7	29.4	34.2
其他材料费	%	0.5	0.5	0.5	0.5
搅拌机 0.4 m^3	台时	2.56	2.95	3.92	4.81
胶轮车	台时	119.47	120.33	121.66	123.27
预制板运输	m^3	92	90	84.3	79.5
编号		3052	3053	3054	3055

解:砌护板的砌筑单价计算见表3-45、表3-46。

表3-45　建筑工程单价表(一)

单价名称	人工装、卸手扶拖拉机运混凝土预制件2 km			单价编号	
定额编号:	4219			定额单位	100 m^3
内容:					
序号	项目名称	单位	数量	单价/元	合价/元
①	人工费				1 018.98
	技工	工时		8.10	0
	普工	工时	176.6	5.77	1 018.98
②	材料费				80.28
	零星材料费	元	3.00%	2 676.09	80.28
③	机械费				1 657.11
	拖拉机11 kW	台时	104.16	15.91	1 657.11
(1)	基本直接费(①+②+③)				2 756.37

表3-46　建筑工程单价表(二)

单价名称	渠道预制板混凝土构件砌筑(缝板比0.10)			单价编号	
定额编号:	3052			定额单位	100 m^3
内容:					
序号	项目名称	单位	数量	单价/元	合价/元
①	人工费				9 176.43
	技工	工时	867.90	8.10	7 029.99
	普工	工时	372.00	5.77	2 146.44
②	材料费				3 716.17
	混凝土预制构件	m^3	92.00		0
	细石混凝土C20	m^3	21.70	170.40	3 697.68
	其他材料	元	0.50%	3 697.68	18.49
③	机械费				2 695.50
	搅拌机0.4 m^3	台时	2.56	24.69	63.21
	胶轮车	台时	119.47	0.81	96.77
	预制板运输	m^3	92.00	27.56	2 535.52

续表 3-46

序号	项目名称	单位	数量	单价/元	合价/元
(1)	基本直接费(①+②+③)				15 588.10
(2)	其他直接费	%	5.80		904.11
一	直接费				16 492.21
二	间接费	%	10.00		1 649.22
三	利润	%	7.00		1 269.90
四	材料补差				1 173.68
	水泥	t	6.97	101.70	708.85
	砂子	m^3	11.72	2.00	23.44
	石子	m^3	15.62	5.00	78.10
	柴油	kg	162.91	2.23	363.29
五	税金	%	9.00		1 852.65
合计					22 437.66

答:砌筑的价格为 224.38 元/m^3。

【案例九】 某水利骨干工程建设内容主要包括小型渠首提水泵站、渠首和隧洞。初步设计阶段工程部分投资见表 3-47。

表 3-47 工程部分费用

序号	工程或费用名称	金额/万元	序号	工程或费用名称	金额/万元
1	渠道工程	2 260	12	机电设备安装费	312
2	隧洞工程	46 215	13	导流工程	217
3	泵站工程	4 525	14	施工交通工程	1 314
4	永久道路	850	15	施工场外供电工程	520
5	供电设施工程	486	16	施工仓库	565
6	办公用房	650	17	联合试运转费	12
7	泵站压力钢管制作费	1 216	18	建设管理费	2 553
8	泵站压力钢管安装费	485	19	工程建设监理费	1 145
9	其他金属结构设备费	350	20	生产准备费	426
10	其他金属结构设备安装费	105	21	工程勘测设计费	4 339
11	机电设备费	2 150			

已知:

值班宿舍及文化福利建筑费率 0.6%，室外工程费率 20%，其他建筑工程费率 3%，施工办公、生活及文化福利建筑费率 2%，其他施工临时工程费率 3.0%，工程科学研究试验费率 0.7%，工程保险费费率 0.45%。

问题：

根据《宁夏水利工程设计概(估)算编制规定》(宁水计发〔2016〕10 号)，计算：①房屋建筑工程投资、其他建筑工程投资；②施工房屋建筑工程投资、其他施工临时工程投资；③计算独立费用。(计算结果保留整数)

解：

问题 1：

房屋建筑工程(永久性辅助生产建筑、仓库、办公、生活及文化福利房屋建筑和室外工程)

值班宿舍及文化福利建筑工程投资 = 主体建筑工程投资×费率
= (2 260+46 215+4 525)×0.6% = 53 000×0.6%
= 318(万元)

室外工程投资 = 房屋建筑工程投资×费率
= (办公用房投资+值班宿舍及文化福利建筑工程投资)×费率
= (650+318)×20% = 193.6(万元)

房屋建筑工程投资 = 办公用房投资+值班宿舍及文化福利建筑工程投资+室外工程投资
= 650+318+193.6 = 1 161.6(万元)

其他建筑工程投资 = 主体建筑工程投资×费率
= 53 000×3% = 1 590(万元)

问题 2：

施工房屋建筑工程投资：施工办公、生活及文化福利建筑投资 = 一至四部分建安工作量之和×百分率。

建筑工程投资 = 53 000+850+1 161.6+486+1 590 = 57 087.6(万元)

机电设备及安装工程投资 = 312(万元)

金属结构设备及安装工程投资 = 1 216+485+105 = 1 806(万元)

一至四部分建安工作量投资(不含施工办公、生活及文化福利建筑和其他施工临时工程)

= 建筑工程投资+机电设备及安装工程投资+金属结构设备及安装工程投资+施工临时工程(导流工程+施工交通工程+施工场外供电工程+施工仓库)

= 57 087.6+312+1 806+(217+1 314+520+565) = 61 821.6(万元)

施工办公、生活及文化福利建筑投资 = 61 821.6×2% = 1 236.43(万元)

施工房屋建筑工程投资 = 施工仓库投资+施工办公、生活及文化福利建筑投资
= 565+1 236.43 = 1 801.43(万元)

其他施工临时工程投资 = 一至四部分建安投资(不包括其他施工临时工程)×3.0%
= (61 821.6+1 236.43)×3.0% = 1 891.74(万元)

问题 3：

一至四部分建安工程投资=61 821.6+1 236.43+1 891.74=64 949.77(万元)

工程科学研究试验费=64 949.77×0.7%=454.65(万元)

工程保险费=一至四部分投资合计×0.45%=(64 949.77+350+2 150)×0.45%=303.52(万元)

独立费用=建设管理费+工程建设监理费+联合试运转费+生产准备费+科研勘测设计费+其他

=2 553+1 145+12+426+(454.65+4 339)+303.52=8 929.65(万元)

【案例十】 某一堤防工程，根据初步设计成果，其设计概算部分成果如下：

建筑工程投资 11 307.93 万元；机电设备及安装工程中，设备费 156.72 万元，安装费 117.56 万元；金属结构设备及安装工程中，设备费 418.20 万元，安装费 68.32 万元；导流工程投资 14.08 万元；施工交通工程投资 258.00 万元；施工场外供电工程投资 20.00 万元；施工房屋建筑工程投资 222.33 万元；工程勘测设计费 945.81 万元；独立费用中其他为 64.14 万元，工程建设监理费 196.49 万元。

已知：

其他施工临时工程按一至四部分建安工作量之和的 1.5%计算。

建设管理费费率见表 3-48。

表 3-48　建设管理费费率

序号	一至四部分建安工作量/万元	费率/%	辅助参数/万元
1	≤500	6.0	0
2	500~1 000	4.7	6.5
3	1 000~3 000	4.2	11.5
4	3 000~5 000	3.7	26.5
5	5 000~8 000	3.2	51.5
6	8000~10 000	2.8	83.5
7	>10 000	2.5	113.5

简化计算公式为：一至四部分建安工作量×该档费率+辅助参数。

科研勘测设计费中工程科学研究试验费按一至四部分建安工作量的百分率计算，其中枢纽工程取 0.7%，引水工程及河道工程取 0.3%。

本工程不包含生产准备费、联合试运转费。

问题：

1. 宁夏水利工程按工程性质划分为哪几类？本工程属于哪一类？
2. 简要回答施工临时工程和独立费用的组成。
3. 计算施工临时工程投资。
4. 计算独立费用。

(以上计算结果均保留两位小数)

解：

问题1：

宁夏水利工程按工程性质划分为枢纽工程、引水工程及河道工程。本工程属于引水及河道工程中的堤防工程。

问题2：

施工临时工程由导流工程、施工交通工程、施工场外供电工程、施工房屋建筑工程和其他施工临时工程组成。

独立费用由建设管理费、工程建设监理费、联合试运转费、生产准备费（包括生产及管理单位提前进场费、生产职工培训费、管理用具购置费、备品备件购置费和工器具及生产家具购置费）、科研勘测设计费（包括工程科学研究试验费和工程勘测设计费）和其他组成。

问题3：

一至四部分建安工作量（不包括其他施工临时工程）

=建安工作量+机电设备及安装工程建安工作量+金属结构设备及安装工程建安工作量+施工临时工程建安工作量（不包括其他施工临时工程）

=11 307.93+117.56+68.32+14.08+258.00+20.00+222.33

=12 008.22（万元）

其他施工临时工程投资=一至四部分建安工作量×1.5%

=12 008.22×1.5%

=180.12（万元）

施工临时工程投资=导流工程投资+施工交通工程+施工场外供电工程投资+施工房屋建筑工程投资+其他施工临时工程投资

=14.08+258.00+20.00+222.33+180.12

=694.53（万元）

问题4：

一至四部分建安工作量=建筑工程建安工作量+机电设备及安装工程建安工作量+金属结构设备及安装工程建安工作量+施工临时工程建安工作量

=11 307.93+117.56+68.32+694.53

=12 188.34（万元）

一至四部分设备费=机电设备及安装工程设备费+金属结构设备及安装工程设备费

=156.72+418.20

=574.92（万元）

建设管理费=一至四部分建安工作量×该档费率+辅助参数

=12 188.34×2.5%+113.50

=418.21（万元）

工程科学研究试验费：12 188.34×0.3%=36.57（万元）

科研勘测设计费=工程科学研究试验费+工程勘测设计费

=36.57+945.81=982.38(万元)

独立费用=建设管理费+工程建设监理费+科研勘测设计费+其他

=418.21+196.49+982.38+64.14

=1 661.22(万元)

第四章　水利工程合同价款管理

第一节　合同价类型及适用条件

一、合同价类型

根据《建筑工程施工发包与承包计价管理办法》(住房和城乡建设部令第16号,2013)的规定,招标人与中标人应当根据中标价订立合同。不实行招标投标的工程由发承包方双方协商订立合同。合同价款的有关事项由发承包双方约定,一般包括合同价款约定方式,预付工程款、工程进度款、工程竣工价款的支付和结算方式,以及合同价款的调整情形等。

《水利工程造价管理规定》(水建设〔2023〕156号)第十九条:水利工程发包方和承包方应当在合同中明确约定合同价款及支付方式,并合理约定计价的风险内容及其范围。实行招标投标的水利工程,合同价款等主要条款应当与招标文件和中标人的投标文件的内容一致。第二十条:在工程建设实施中,发包方和承包方应当按照合同约定办理工程价款结算。合同未作约定或约定不明的,承包方和发包方应当依据相关法律法规、规章、技术标准、计价依据等协商确定结算原则。第二十一条:合同工程完工后,发包方和承包方应当根据合同约定的计价和调价方法、确认的工程量、变更及索赔事项处理结果等,进行完工结算。

根据《建设工程施工合同示范文本》签署的合同价款文件,由协议书、通用条款、专用条款三部分组成。具体合同价款文件由以下文件组成:①合同执行过程中共同签署的补充与修正文件;②协议书;③中标通知书;④投标书及其附件;⑤专用合同条款;⑥通用合同条款;⑦技术标准和要求(合同技术条款);⑧图纸;⑨工程量清单;⑩双方确认进入合同的其他文件。上述文件互相补充解释,如有不明确或不一致之处,按上述次序在先者为准。

二、适用条件

施工合同中,计价方式可分为三种:总价方式、单价方式和成本加酬金方式。相应的施工合同也称为总价合同、单价合同和成本加酬金合同。其中,成本加酬金的计价方式又可根据酬金的计取方式不同,分为百分比酬金、固定酬金、浮动酬金和目标成本加奖罚四种计价方式,如表4-1所示。

表 4-1　不同施工合同的适用条件

合同类型	总价合同	单价合同	成本加酬金合同			
			百分比酬金	固定酬金	浮动酬金	目标成本加奖罚
应用范围	广泛	广泛	有局限性			酌情
建设单位造价控制	易	较易	最难	难	不易	有可能
施工承包单位风险	大	小	基本没有		不大	有

施工合同有多种类型,合同类型不同,合同双方的义务和责任不同,各自承担的风险也不尽相同。建设单位应综合考虑以下因素来选择适合的合同类型:

1. 工程项目复杂程度。规模大且技术复杂的工程项目,承包风险较大,各项费用不易准确估算,因而不宜采用固定总价合同。最好是对有把握的部分采用固定总价合同,估算不准的部分采用单价合同或成本加酬金合同。有时,在同一施工合同中采用不同的计价方式是建设单位与施工承包单位合理分担施工风险的有效办法。

2. 工程项目设计深度。工程项目的设计深度是选择合同类型的重要因素。如果已完成工程项目的施工图设计,施工图纸和工程量清单详细而明确,则可选择总价合同;如果实际工程量与预计工程量可能有较大出入,应优先选择单价合同;如果只完成工程项目的初步设计,工程量清单不够明确,则可选择单价合同或成本加酬金合同。

3. 施工技术先进程度。如果在工程施工中有较大部分采用新技术、新工艺,建设单位和施工承包单位对此缺乏经验,又无国家标准,为了避免投标单位盲目地提高承包价款,或由于对施工难度估计不足而导致承包亏损,不宜采用固定总价合同,而应选用成本加酬金合同。

4. 施工工期紧迫程度。对于一些紧急工程(如灾后恢复工程等),要求尽快开工且工期较紧时,可能仅有实施方案,还没有施工图纸,施工承包单位不可能报出合理的价格,选择成本加酬金合同较为合适。

总之,对于一个工程项目而言,究竟采用何种合同类型不是固定不变的,在同一个工程项目中不同的工程部分或不同阶段,可以采用不同类型的合同。在进行招标策划时,必须依据实际情况,权衡各种利弊,然后再做出最佳决策。

第二节　计量与支付

一、工程计量

工程计量是发承包双方根据合同约定,对承包人完成合同工程数量进行的计量和确认。具体地说,就是双方根据设计图纸、技术规范以及施工合同约定的计量方式和计算方法,对承包人已经完成质量合格的工程实体数量进行测量与计算,并以招标工程量清单约定的物理计量单位或自然计量单位进行标识、确认的过程。

招标工程量清单中所列的数量是估计工程量,一般根据招标设计图纸计算。在工程施工过程中,因招标工程量清单项目特征描述与实际不符、工程变更、现场施工条件发生变化、现场签证、暂估价中的专业工程发包等导致承包人实际完成工程量与工程量清单中所列工程量不一致,在工程合同价款结算前,应对承包人履行合同义务所完成的实际工程进行准确的计量。

(一)工程计量的原则、范围与依据

1. 工程计量的原则

1)不符合合同文件要求的工程量不予计量。工程必须满足设计图纸、技术规范等合同文件对其在工程质量上的要求,有关的工程质量验收资料齐全、手续完备、满足合同文件对其在工程管理上的要求。

2)按合同文件所规定的方法、范围、内容和单位计量。

3)因承包人造成的超出合同工程范围施工或返工的工程量,发包人不予计量。

2. 工程计量的范围

工程计量的范围包括工程量清单及工程变更所修订的工程量清单的内容,合同文件中规定的各种费用支付项目,如费用索赔、预付款、价格调整、违约金等。

3. 工程计量的依据

工程计量的依据包括招标工程量清单及总说明、合同图纸、工程变更及其修订的工程量清单、合同条件、技术标准和要求(合同技术条款)、有关计量的补充协议、质量合格验证资料等。

(二)工程计量的方法

1. 计量单位

计量采用国家法定的计量单位,同时应符合"技术标准和要求(合同技术条款)"中与计量支付有关的规定。

2. 计量规则

工程量应按工程量清单中约定的规则进行计量。一般情况下,工程量应按照《水利工程工程量清单计价规范》(GB 50501—2007)规定的工程量计算规则计算,同时还应遵循"技术标准和要求(合同技术条款)"相应各章计量支付条款的有关规定。

3. 计量周期

除专用合同条款另有约定的外,单价子目已完成工程量按月计量,总价子目的计量周期按批准的支付分解报告确定。

4. 单价子目的计量

1)已标价工程量清单中的单价子目工程量为估算工程量。结算工程量是承包人实际完成的,并按合同约定的计量方法进行计量的工程量。

2)承包人对已完成的工程进行计量,向监理人提交进度付款申请单、已完成工程量报表和有关计量资料。

3)监理人对承包人提交的工程量报表进行复核,以确定实际完成的工程量。对数量有异议的,可要求承包人按合同约定进行共同复核和抽样复测。承包人应协助监理人进行复核并按监理人要求提供补充计量资料。承包人未按监理人要求参加复核,监理人复核或修正的工程量视为承包人实际完成的工程量。

4)监理人认为有必要时,可通知承包人共同进行联合测量、计量,承包人应遵照执行。

5)承包人完成工程量清单中每个子目的工程量后,监理人应要求承包人派员共同对每个子目的历次计量报表进行汇总,以核实最终结算工程量。监理人可要求承包人提供补充计量资料,以确定最后一次进度付款的准确工程量。承包人未按监理人要求派员参加的,监理人最终核实的工程量视为承包人完成该子目的准确工程量。

6)监理人应在收到承包人提交的工程量报表后的 7 d 内进行复核,监理人未在约定时间内复核的,承包人提交的工程量报表中的工程量视为承包人实际完成的工程量,并应据此计算工程价款。

5. 总价子目的计量

总价子目的分解和计量按照下述约定进行:

1)总价子目的计量和支付应以总价为基础,不因“物价波动引起的价格调整”条款中的因素而进行调整。承包人实际完成的工程量,是进行工程目标管理和控制进度支付的依据。

2)承包人应按工程量清单的要求对总价子目进行分解,并在签订协议书后的 28 d 内将各子目的总价支付分解表提交监理人审批。分解表应标明其所属子目和分阶段需支付的金额。承包人应按批准的各总价子目支付周期,对已完成的总价子目进行计量,确定分项的应付金额,列入进度付款申请单中。

3)监理人对承包人提交的上述资料进行复核,以确定分阶段实际完成的工程量和工程形象目标。对其有异议的,可要求承包人进行共同复核和抽样复测。

4)除按照约定的变更外,总价子目的工程量是承包人用于结算的最终工程量。

二、工程预付款

工程预付款由发包人按照合同约定,在正式开工前由发包人预先支付给承包人,用于承包人为合同工程施工购置材料、工程设备、施工设备、修建临时设施以及组织施工队伍进场等。预付款分为工程预付款和工程材料预付款。预付款必须专项用于合同工程。预付款的额度和预付办法在专用合同条款中约定。

(一)工程预付款保函

除专用合同条款另有约定外,承包人应在收到预付款的同时向发包人提交预付款保函,预付款保函的担保金额应与预付款金额相同。保函的担保金额可根据预付款扣回的金额相应递减。

承包人应在收到第一次工程预付款的同时向发包人提交工程预付款担保,担保金额应与第一次工程预付款金额相同,工程预付款担保在第一次工程预付款被发包人扣回前一直有效。工程材料预付款的担保在专用合同条款中约定。

(二)工程预付款的额度与分期比例

工程预付款额度,各地区、各部门的规定不完全相同,主要是保证施工所需材料和构件的正常储备。工程预付款额度一般是根据施工工期、建筑安装工程量、主要材料和构件费用占建筑安装工程费的比例以及材料储备周期等因素经测算确定。

1.百分比法

发包人根据工程的特点、工期长短、市场行情、供求规律等因素,招标时在合同条件中约定工程预付款的百分比。包工包料工程的预付款的支付比例不得低于签约合同价(扣除暂列金额)的10%,不宜高于签约合同价(扣除暂列金额)的30%。

2.公式计算法

公式计算法是根据主要材料(含结构件等)占年度承包工程总价的比例、材料储备定额天数和年度施工天数等因素,通过公式计算预付款额度的一种方法。

其计算公式为

$$工程预付款数额=\frac{年度工程总价\times材料比例(\%)}{年度施工天数}\times材料储备定额天数$$

式中,年度施工天数按365日历天计算;材料储备定额天数由当地材料供应的在途天数、加工天数、整理天数、供应间隔天数、保险天数等因素决定。

工程预付款分两次支付给承包人,第一次预付款的金额应不低于工程预付款的40%。工程预付款总金额的额度和分次付款比例在专用条款中规定。工程预付款专项用于本合同工程。

(三)工程预付款的支付

1.第一次预付款支付

第一次预付款应在协议书签订后21 d内,由承包人向发包人提交经发包人认可的预付款保函,并经监理工程师出具付款凭证书报送发包人批准后予以支付。工程预付款保函在预付款被发包人扣回前一直有效,保函金额为本次预付款金额,但可根据以后预付款扣回的金额相应递减。

2.第二次预付款支付

第二次预付款需待承包人主要设备进入工地后,其估算值已达到本次预付款金额时,由承包人提出申请,经监理工程师核实后出具付款证书给发包人。

(四)工程预付款的扣回

发包人支付给承包人的工程预付款属于预支性质,随着工程的逐步实施,原已支付的预付款应以充抵工程价款的方式陆续扣回,抵扣方式应由双方当事人在合同中明确约定。扣款的方法主要有以下两种。

1.按合同约定扣款

预付款的扣款方法由发包人和承包人通过洽商后在合同中予以确定,一般是在承包人完成金额累计达到合同总价的一定比例后,由承包人开始向发包人还款。发包人从每次应付给承包人的金额中扣回工程预付款,额度由双方在合同中约定。发包人至少在合同约定的完工期前将工程预付款的总金额逐次扣回。国际工程中的扣款方法一般为:当工程进度款累计金额超过合同价格的10%、20%时开始起扣,每月从进度款中按一定比例扣回。当然,合同中也可以约定其他的预付款方式。

工程预付款由发包人从月进度款中扣回。在合同累计完成金额达到专用合同条款规定的数额时开始扣款,直至合同累计完成金额达到专用合同条款规定的数额时全部扣清。在每次进度付款时,累计扣回的金额按下式计算:

$$R = \frac{A(C - F_1S)}{(F_2 - F_1)S}$$

式中,R 为每次进度付款中累计扣回的金额;A 为工程预付款总金额;S 为合同价格;C 为合同累计完成金额;F_1 为按专用合同条款规定开始扣款时合同累计完成金额达到合同价格的比例;F_2 为按专用合同条款规定全部扣清时合同累计完成金额达到合同价格的比例。

上述合同累计完成金额均指价格调整前且未扣保留金的金额。

2. 起扣点计算法

从未施工工程尚需的主要材料及构件的价值相当于工程预付款数额时起扣,此后每次结算工程价款时,按材料所占比例扣减工程价款,至工程竣工前全部扣清。起扣点的计算公式如下:

$$T = P - \frac{M}{N}$$

式中,T 为起扣点(工程预付款开始扣回时)的累计完成工程金额;P 为承包工程合同总额(签约合同价);M 为工程预付款总额;N 为主要材料及构件所占比例。

(五)预付款的还清

预付款在进度付款中扣回与还清办法在专用合同条款中约定。在颁发合同工程完工证书前,由于不可抗力或其他原因解除合同时,尚未扣清的预付款余额应作为承包人到期应付款。

三、工程材料预付款

专用合同条款规定的主要材料到达工地并满足以下条件后,承包人可向监理工程师提交材料预付款支付申请单,要求给予材料预付款。

(1)材料的质量和储存条件符合合同文件中《技术条款》的要求。

(2)材料已到达工地,且承包人和监理工程师已共同验点入库。

(3)承包人应按监理工程师的要求提交材料的订货单、收据或价格证明文件。

(4)到达工地的材料应由承包人保管,若发生损坏、遗失或变质,应由承包人负责。

预付款金额为监理工程师审核后的实际材料价格的90%,在月进度付款中支付。

预付款从付款月后的6个月内在月进度付款中每月按该预付款金额的1/6平均扣还。

四、工程进度款支付

(一)承包人支付申请

承包人应在每个付款周期末,按监理工程师批准的格式和专用合同条款约定的份数,

向监理工程师提交进度付款申请单,并附相应的支持性证明文件。除专用合同条款另有约定外,进度付款申请单应包括下列内容:

1. 截至本次付款周期末已实施工程的价款。
2. 根据合同约定应增加和扣减的变更金额。
3. 根据合同约定应增加和扣减的索赔金额。
4. 根据合同约定应支付的预付款和扣减的返还预付款。
5. 根据合同约定应扣减的质量保证金。
6. 根据合同约定应增加和扣减的其他金额。

(二)监理工程师审核

监理工程师在收到承包人进度付款申请单以及相应的支持性证明文件后14 d内完成核查,提出发包人到期应支付给承包人的金额以及相应的支持性材料。经发包人审查同意后由监理工程师向承包人出具经发包人签认的进度付款证书。监理工程师有权扣发承包人未能按照合同要求履行任何工作或义务的相应金额。监理工程师出具进度付款证书,不应视为监理工程师已同意、批准或接受了承包人完成的该部分工作。

(三)发包人支付

发包人应在监理工程师收到进度付款申请单后的28 d内,将进度应付款支付给承包人。发包人不按期支付的,按专用合同条款的约定支付逾期付款违约金。进度付款涉及政府投资资金的,按照国库集中支付等国家相关规定和专用合同条款的约定办理。

五、完工结算

水利工程竣工结算也称为完工结算。工程结算是指水利工程施工企业按照承包合同、已完工程量和规定程序向建设单位(项目法人)办理工程价清算的一项经济活动。

工程竣工结算是指工程项目完工并经竣工验收合格后,发承包双方按照施工合同的约定对所完成的工程项目进行的合同价款的计算、调整和确认。工程竣工结算分为单位工程竣工结算、单项工程竣工结算和建设项目竣工总结算,其中单位工程竣工结算和单项工程竣工结算也可看成是分阶段结算。

(一)工程竣工结算编制

单位工程竣工结算由承包人编制,发包人审查。实行总承包的工程,由具体承包人编制,在总包人审查的基础上,发包人审查。单项工程竣工结算或建设项目竣工总结算由总(承)包人编制,发包人可直接进行审查,也可以委托具有相应资质的工程造价咨询机构进行审查。政府投资项目,由同级财政部门审查。单项工程竣工结算或建设项目竣工总结算经发承包人签字盖章后有效。承包人应在合同约定期限内完成项目竣工结算编制工作,未在规定期限内完成并且提不出正当理由延期的,责任自负。

1. 竣工结算(完工结算)编制依据

工程竣工结算由承包人或受其委托具有相应资质的工程造价咨询人编制,由发包人或受其委托具有相应资质的工程造价咨询人核对。工程竣工结算编制的主要依据有以下几点:

1)工程合同。

2)发承包双方实施过程中已确认的工程量及其结算的合同价款。

3)发承包双方实施过程中已确认调整后追加(减)的合同价款。

4)投标文件。

5)工程设计文件及相关资料。

6)《水利工程工程量清单计价规范》(GB 50501—2007)。

7)其他依据。

2. 竣工结算(完工结算)的计价原则

在采用工程量清单计价的方式下,工程竣工结算的编制应当规定的计价原则如下:

1)分类分项工程和措施项目中的单价项目应依据双方确认的工程量与已标价工程量的综合单价计算;如发生调整的,以发承包双方确认调整的综合单价计算。

2)措施项目中的总价项目应依据合同约定的项目和金额计算;如发生调整的,以发承包双方确认调整的金额计算,其中安全文明施工费必须按照国家或省级、行业建设主管部门的规定计算。

3)其他项目应按下列规定计价:

(1)计日工应按发包人实际签证确认的事项计算。

(2)暂估价应按发承包双方依据《水利工程工程量清单计价规范》(GB 50501—2007)的相关规定计算。

(3)总承包服务费应依据合同约定金额计算,如发生调整的,以发承包双方确认调整的金额计算。

(4)施工索赔费应依据发承包双方确认的索赔事项和金额计算。

(5)现场签证费应依据发承包双方签证资料确认的金额计算。

(6)暂列金额应减去工程价款调整(包括索赔、现场签证)金额计算,如有余额归发包人。

4)税金应按照国家或省级、行业建设主管部门的规定计算。工程排污费应按工程所在地环境保护部门规定标准缴纳后按实际列入。

此外,发承包双方在合同工程实施过程中已经确认的工程计量结果和合同价款,在竣工结算办理中应直接进入结算。

采用总价合同的,在合同总价的基础上,对合同约定能调整的内容及超过合同约定范围的风险因素进行调整;采用单价合同的,合同约定风险范围内的综合单价应固定不变,并应按合同约定进行计量,且应按实际完成的工程量进行计量。

3. 质量争议工程的竣(完)工结算

发包人对工程质量有异议,拒绝办理工程完工结算的:

1)已经完工验收或已竣工未验收但实际投入使用的工程,其质量争议按该工程保修合同执行,完工结算按合同约定办理。

2)已竣工未验收且未实际投入使用的工程以及停工、停建工程的质量争议,双方应就有争议的部分委托有资质的检测鉴定机构进行检测,根据检测结果确定解决方案,或按工程质量监督机构的处理决定执行后办理完工结算,无争议部分的完工结算按合同约定办理。

(二)竣工结算(完工结算)书的编制

单位工程或工程项目竣工验收后,承包商应及时整理竣工技术资料,绘制主要工程竣工图,编制完工结算书。

1. 完工结算资料

完工结算资料包括以下几部分:

1)工程竣工报告及工程竣工验收单。

2)承包商与项目法人签订的工程合同或协议书。

3)施工图纸、设计变更通知书、现场变更签证及现场记录。

4)采用的预算定额、材料价格、基础单价及其他费用标准。

5)施工图预算。

6)其他有关资料。

2. 完工结算书的编制

1)以单位工程为基础,根据现场施工情况,对施工预算的主要内容逐项核对和计算,尤其应注意以下几方面:

(1)工程量清单的单价子目,按实际完成工程量调整施工预算工程量。其中包括设计修改和增漏项而需要增减的工程量,应根据设计修改通知单进行调整;现场工程的变更;施工方法发生某些更改等应根据现场记录按合同规定调整;施工预算发生的某些错误,应做调整。

(2)工程量清单的总价子目,除合同约定的变更外,清单工程量就是承包人用于结算的最终工程量。

(3)物价波动、法律变化引起的价格调整,根据合同约定进行调整。其中包括人工工资、材料价格发生较大变动产生的价差;因材料供应或其他原因发生材料短缺时,需以大代小、以优代劣,这部分代用材料产生的材料价差等。

(4)核对工程量清单项目单价、变更项目的单价,并计算总价。

(5)核对并计算索赔费用。

(6)核对并计算合同约定的其他费用。

2)将各单位工程结算汇总,编制全部合同工程的完工结算书,编写完工结算说明,其中包括编制依据、编制范围及其他情况。

工程完工结算书编制完成后,报送监理工程师等审批,并与项目法人办理完工结算。

(三)竣工结算款(完工结算)的支付

工程竣工结算文件经发承包双方签字确认的,应当作为工程结算的依据,未经对方同意,另一方不得就已生效的竣工结算文件委托工程造价咨询企业重复审核。发包人应当按竣工结算文件及时支付竣工结算款。

1. 承包人应在合同工程完工证书颁发后 28 d 内,按专用合同条款约定的份数向监理工程师提交完工付款申请单,并提供相关证明材料。完工付款申请单应包括完工结算合同总价、发包人已支付承包人的工程价款、应扣留的质量保证金、应支付的完工付款金额。

2. 监理工程师对完工付款申请单有异议的,有权要求承包人进行修正和提供补充资料。经监理工程师和承包人协商后,由承包人向监理工程师提交修正后的完工付款申请单。

3. 监理工程师在收到承包人提交的完工付款申请单后的 14 d 内完成核查,提出发包人到期应支付给承包人的价款送发包人审核并抄送承包人。发包人应在收到后 14 d 内审核完毕,由监理工程师向承包人出具经发包人签认的完工付款证书。监理工程师未在约定时间内核查又未提出具体意见的,视为承包人提交的完工付款申请单已经监理工程师核查同意。发包人未在约定时间内审核又未提出具体意见的,监理工程师提出发包人到期应支付给承包人的价款视为已经发包人同意。

4. 发包人应在监理工程师出具完工付款证书后的 14 d 内,将应付款支付给承包人。发包人不按期支付的,按合同约定将逾期付款违约金支付给承包人。

5. 承包人对发包人签认的完工付款证书有异议的,发包人可出具完工付款申请单中承包人已同意部分的临时付款证书。存在争议的部分,按合同约定的争议解决方式处理。

6. 完工付款涉及政府投资资金的,按照国库集中支付等国家相关规定和专用合同条款的约定办理。

(四)合同解除的价款结算与支付

发承包双方协商一致解除合同的,按照达成的协议办理结算和支付合同价款。

1. 不可抗力解除合同

由于不可抗力解除合同的,发包人除应向承包人支付合同解除之日前已完工程但尚未支付的合同价款,还应支付下列金额:

1)合同中约定应由发包人承担的费用。

2)已实施或部分实施的措施项目应付价款。

3)承包人为合同工程合理订购且已交付的材料和工程设备货款。发包人一经支付此项货款,该材料和工程设备即为发包人的财产。

4)承包人撤离现场所需的合理费用,包括员工遣送费和临时工程拆除、施工设备运离现场的费用。

5)承包人为完成合同工程而预期开支的任何合理费用,且该项费用未包括在本款其他各项支付之内。

发承包双方办理结算合同价款时,应扣除合同解除之日前发包人应向承包人收回的价款。当发包人应扣除的金额超过了应支付的金额,则承包人应在合同解除后的 56 d 内将其差额退还给发包人。

2. 违约解除合同

1)承包人违约。因承包人违约解除合同的,发包人应暂停向承包人支付任何价款。

发包人应在合同解除后规定时间内核实合同解除时承包人已完成的全部合同价款以及按施工进度计划已运至现场的材料和工程设备货款,按合同约定核算承包人应支付的违约金以及造成损失的索赔金额,并将结果通知承包人。发承包双方应在规定时间内予以确认或提出意见,并办理合同价款结算。如果发包人应扣除的金额超过了应支付的金额,则承包人应在合同解除后的规定时间内将其差额退还给发包人。发承包双方不能就解除合同后的结算达成一致的,按照合同约定的争议解决方式处理。

2)发包人违约。因发包人违约解除合同的,发包人除应按照有关不可抗力解除合同的规定向承包人支付各项价款外,还需按合同约定计算发包人应支付的违约金以及给承包人造成损失或损害的索赔金额费用。该笔费用由承包人提出,发包人核实后在与承包人协商确定的规定时间内向承包人签发支付证书。协商不能达成一致的,按照合同约定的争议解决方式处理。

3. 最终结清

所谓最终结清,是指合同约定的缺陷责任期终止后,承包人已按合同规定完成全部剩余工作且质量合格的,发包人与承包人结清全部剩余款项的活动。

1)最终结清申请单。缺陷责任期终止后,承包人已按合同规定完成全部剩余工作且质量合格的,发包人签发缺陷责任期终止证书,承包人可按合同约定的份数和期限向发包人提交最终结清申请单,并提供相关证明材料,详细说明承包人根据合同规定已经完成的全部工程价款金额以及承包人认为根据合同规定应进一步支付的其他款项。发包人对最终结清申请单内容有异议的,有权要求承包人进行修正并提供补充资料,由承包人向发包人提交修正后的最终结清申请单。

2)最终支付证书。发包人在收到承包人提交的最终结清申请单后的规定时间内予以核实,向承包人签发最终支付证书。发包人未在约定时间内核实,又未提出具体意见的,视为承包人提交的最终结清申请单已被发包人认可。

3)最终结清付款。发包人应在签发最终结清支付证书后的规定时间内,按照最终结清支付证书列明的金额向承包人支付最终结清款。承包人按合同约定接受了竣工结算支付证书后,应被认为已无权再提出在合同工程接收证书颁发前所发生的任何索赔。承包人在提交的最终结清申请中,只限于提出工程接收证书颁发后发生的索赔。提出索赔的期限自接受最终支付证书时终止。发包人未按期支付的,承包人可催告发包人在合理的期限内支付,并有权获得延迟支付的利息。

最终结清时,如果承包人被扣留的质量保证金不足以抵减工程缺陷修复费用的,承包人应承担不足部分的补偿责任。

最终结清付款涉及政府投资资金的,按照国库集中支付等国家相关规定和专用合同条款的约定办理。

承包人对发包人支付的最终结清款有异议的,按照合同约定的争议解决方式处理。

(五)竣工结算(完工结算)的审核

1. 国有资金投资建设工程的发包人,应当委托具有相应资质的工程造价咨询企业对竣工结算文件进行审核,并在收到竣工结算文件后的约定期限内向承包人提出由工程造价咨询企业出具的竣工结算文件审核意见;逾期未答复的,按照合同约定处理,合同没有约定的,竣工结算文件视为已被认可。

2. 非国有资金投资的建设工程发包人,应当在收到竣工结算文件后的约定期限内予以答复,逾期未答复的,按照合同约定处理,合同没有约定的,竣工结算文件视为已被认可。发包人对竣工结算文件有异议的,应当在答复期内向承包人提出,并可以在提出异议之日起的约定期限内与承包人协商;发包人在协商期内未与承包人协商或者经协商未能与承包人达成协议的,应当委托工程造价咨询企业进行竣工结算审核,并在协商期满后的约定期限内向承包人提出由工程造价咨询企业出具的竣工结算文件审核意见。

3. 发包人委托工程造价咨询机构核对竣工结算的,工程造价咨询机构应在规定期限内核对完毕,核对结论与承包人竣工结算文件不一致的,应提交给承包人复核,承包人应在规定期限内将同意核对结论或不同意见的说明提交工程造价咨询机构。工程造价咨询机构收到承包人提出的异议后,应再次复核,复核无异议的,发承包双方应在规定期限内在竣工结算文件上签字确认,竣工结算办理完毕;复核后仍有异议的,对于无异议部分办理不完全竣工结算;有异议部分由发承包双方协商解决,协商不成的,按照合同约定的争议解决方式处理。

承包人逾期未提出书面异议的,视为工程造价咨询机构核对的竣工结算文件已经被承包人认可。

4. 接受委托的工程造价咨询机构从事竣工结算审核工作通常应包括下列三个阶段:

(1)准备阶段。应包括收集、整理竣工结算,审核项目的依据资料,做好送审资料的交验、核实、签收工作,并应对资料的缺陷向委托方提出书面意见及要求。

(2)审核阶段。应包括现场踏勘核实,召开审核会议,澄清问题,提出补充依据性资料和必要的弥补性措施,形成会商纪要,进行计量、计价审核与确定工作,完成初步审核报告。

(3)审定阶段。应包括就竣工结算审核意见与承包人和发包人沟通,召开协调会议,处理分歧事项,形成竣工结算审核成果文件,签认竣工结算审定签署表,提交竣工结算审核报告等工作。

5. 竣工结算审核的成果文件应包括竣工结算审核书封面、签署页、竣工结算审核报告、竣工结算审定签署表、竣工结算审核汇总对比表、单项工程竣工结算审核汇总对比表、单位工程竣工结算审核汇总对比表。

6. 竣工结算审核应采用全面审核法,除委托咨询合同另有约定外,不得采用重点审核法、抽样审核法或类比审核法等其他方法。

六、质量保证金

(一)缺陷责任期的概念和期限

1. 缺陷责任期与保修期的概念区别

1)缺陷责任期。缺陷是指建设工程质量不符合工程建设强制标准、设计文件以及承包合同的约定。缺陷责任期是指承包人对已交付使用的合同工程承担合同约定的缺陷修复责任的期限。

2)保修期。建设工程保修期是指在正常使用条件下,建设工程的最低保修期限。合同当事人根据有关法律规定,在专用合同条款中约定工程质量保修范围、期限和责任。保修期自实际竣工日期起计算。在全部工程竣工验收前,已经发包人提前验收的单位工程,其保修期的起算日期相应提前。

根据《中华人民共和国标准施工招标文件》(2007年版),水利工程中缺陷责任期与保修期概念相同。

2. 缺陷责任期(工程质量保修期)的起算时间

水利工程除专用合同条款另有约定外,缺陷责任期(工程质量保修期)从工程通过合同工程完工验收后开始计算。在合同工程完工验收前,已经发包人提前验收的单位工程或部分工程,若未投入使用,其缺陷责任期(工程质量保修期)也从工程通过合同工程完工验收后开始计算。若已投入使用,其缺陷责任期(工程质量保修期)从通过单位工程或部分工程验收后投入使用开始计算。缺陷责任期(工程质量保修期)的期限在专用合同条款中约定。

由于承包人原因导致工程无法按规定期限进行竣工验收的,缺陷责任期从实际通过竣工验收之日起计。由于发包人原因导致工程无法按规定期限进行竣工验收的,在承包人提交竣工验收报告 90 d 后,工程自动进入缺陷责任期。

由于承包人原因造成某项缺陷或损坏使某项工程或工程设备不能按原定目标使用而需要再次检查、检验和修复的,发包人有权要求承包人相应延长缺陷责任期,但缺陷责任期最长不超过 2 年。

3. 缺陷责任与费用

1)承包人应在缺陷责任期内对已交付使用的工程承担缺陷责任。

2)缺陷责任期内,发包人对已接收使用的工程负责日常维护工作。发包人在使用过程中,发现已接收的工程存在新的缺陷或已修复的缺陷部位或部件又遭损坏的,承包人应负责修复,直至检验合格为止。

3)监理工程师和承包人应共同查清缺陷和(或)损坏的原因。经查明属承包人原因造成的,应由承包人承担修复和查验的费用。经查验属发包人原因造成的,应由发包人承担修复和查验的费用,并支付承包人合理利润。

4)承包人不能在合理时间内修复缺陷的,发包人可自行修复或委托其他人修复,所需费用和利润的承担,按第 3)项约定办理。

任何一项缺陷或损坏修复后,经检查证明其影响了工程或工程设备的使用性能,承包人应重新进行合同约定的试验和试运行,试验和试运行的全部费用应由责任方承担。

4. 缺陷责任期终止证书(工程质量保修责任终止证书)

合同工程完工验收或投入使用验收后,发包人与承包人应办理工程交接手续,承包人应向发包人递交工程质量保修书。

缺陷责任期(工程质量保修期)满后 30 个工作日内,发包人应向承包人颁发工程质量责任终止证书,并退还剩余的质量保证金,但保修责任范围内的质量缺陷未处理完成的应除外。

(二)质量保证金的使用及返还

1. 质量保证金的含义

质量保证金(或称保留金)指按《中华人民共和国标准施工招标文件》(2007 年版)约定用于保证在缺陷责任期内履行缺陷修复义务的金额。

根据《建设工程质量保证金管理办法》(建质〔2017〕138 号)的规定,建设工程质量保证金是指发包人与承包人在建设工程承包合同中约定,从应付的工程款中预留,用以保证承包人在缺陷责任期内对建设工程出现的缺陷进行维修的资金。

2. 质量保证金预留及管理

1)质量保证金的预留。监理工程师应从第一个工程进度付款周期开始,在发包人的进度付款中,按专用合同条款约定扣留质量保证金,直至扣留的质量保证金总额达到专用合同条款约定的金额或比例。质量保证金的计算额度不包括预付款的支付与扣回金额。发包人应按照合同约定方式预留质量保证金,质量保证金总预留比例不得高于工程价款结算总额的3%。合同约定由承包人以银行保函替代预留质量保证金的,保函金额不得高于工程价款结算总额的3%。在工程项目竣工前,已经缴纳履约保证金的,发包人不得同时预留工程质量保证金。采用工程质量保证担保、工程质量保险等其他方式的,发包人不得再预留质量保证金。

2)缺陷责任期内,实行国库集中支付的政府投资项目,质量保证金的管理应按照国库集中支付的有关规定执行。其他政府投资项目,质量保证金可以预留在财政部门或发包方。缺陷责任期内,如发包方被撤销,质量保证金随交付使用资产一并移交使用单位,由使用单位代行发包人职责。社会投资项目采用预留质量保证金方式的,发承包双方可以约定将保证金交由第三方金融机构托管。

3)质量保证金的使用。缺陷责任期内,由承包人原因造成的缺陷,承包人应负责维修,并承担鉴定及维修费用。如承包人不维修也不承担费用,发包人可按合同约定从质量保证金或银行保函中扣除,费用超出质量保证金额的,发包人可按合同约定向承包人进行索赔。承包人维修并承担相应费用后,不免除对工程损失的赔偿责任。由他人及不可抗力造成的缺陷,发包人负责组织维修,承包人不承担费用,且发包人不得从质量保证金中扣除费用。发承包双方就缺陷责任有争议时,可以请有资质的单位进行鉴定,责任方承担鉴定费用并承担维修费用。

3. 质量保证金返还

缺陷责任期内,承包人认真履行合同约定的责任,在合同工程完工证书颁发后14 d内,发包人将质量保证金总额的1/2支付给承包人。在约定的缺陷责任期(工程质量保修期)满时,发包人将在30个工作日内会同承包人按照合同约定的内容核实承包人是否完成保修责任。如无异议,发包人应当在核实后将剩余的质量保证金支付给承包人。

在约定的缺陷责任期满时,承包人没有完成缺陷责任的,发包人有权扣留与未履行责任剩余工作所需金额相应的质量保证金余额,并有权根据缺陷责任期延长的约定要求延长缺陷责任期,直至完成剩余工作。

对返还期限没有约定或者约定不明确的,发包人应当在核实后14 d内将保证金返还承包人,逾期未返还的,依法承担违约责任。发包人在接到承包人返还保证金申请后14 d内不予答复,经催告后14 d内仍不予答复,视同认可承包人的返还保证金申请。

七、索赔费用

(一)索赔的概念

在工程合同履行过程中,合同当事人一方因非己方的原因而遭受损失,按合同约定或法律法规规定应由对方承担责任,从而向对方提出补偿的要求。索赔是双向的,承包人可向发包人索赔,发包人也可向承包人索赔。索赔是一种补偿不是惩罚,可以是经济补偿,也可以是工期顺延要求。

索赔必须在合同约定时间内进行，并出具正当的索赔理由和有效证据。对索赔证据的要求是真实性、全面性、关联性、及时性，并具有法律证明效力。

（二）索赔的依据

1. 工程施工合同文件。工程施工合同是工程索赔中最关键和最主要的依据。

2. 国家相关法律法规、规章、标准、规范和定额。

3. 工程施工合同履行过程中与索赔事件有关的各种凭证。

（三）索赔成立的条件

1. 与合同对照，事件已造成非责任方的额外支出，或直接损失。

2. 造成费用增加或工期损失的原因，按合同约定不属于己方。

3. 非责任方按合同规定的程序向责任方提交索赔意向通知书和索赔报告。

（四）索赔费用的计算

索赔费用的计算应以赔偿实际损失为原则，包括直接损失和间接损失。索赔费用的计算方法通常有三种，即实际费用法、总费用法和修正的总费用法。

1. 实际费用法。是按照各索赔事件所引起损失的费用分别计算，然后将各个项目的索赔值汇总。这种方法以承包商实际支付的价款为依据，是施工索赔时最常用的一种方法。

2. 总费用法。当发生多次索赔事件后，重新计算工程的实际总费用，再减去原合同价，差额即为承包人费用。

3. 修正的总费用法。当发生多起索赔事件后，在总费用计算的原则上，去掉一些不合理的因素，使其更合理。修正内容主要包括修正索赔款的时段、修正索赔款时段内受影响的工作、修正受影响工作的单价。按修正后的总费用计算索赔金额的公式为

索赔金额=某项工作调整后的实际总费用−该项工作的报价费用

注：在施工过程中可能出现共同延误的情况，索赔时应先分析初始延误的责任方，再进行索赔。

（五）索赔的最终时限

发承包双方办理竣工结算后，承包人则不能再对已办理完的结算提出索赔。而承包人在提交的最终结清申请中，只针对竣工结算以后发生的事件进行索赔，索赔期限自发承包双方最终结清时终止。

1. 承包人对发包人的索赔费用计算

对于不同原因引起的索赔，承包人可索赔的具体费用内容是不完全一样的。索赔费用的要素与工程造价的构成相似，索赔费用一般可归结为分部分项工程费（包括人工费、设备费、材料费、管理费、利润）、措施项目费（单价措施、总价措施）、规费、税金、其他相关费用。

1）分部分项工程费、单价措施项目费

工程量清单漏项或非承包人原因的工程变更，造成增加新的工程量清单项目，其对应的综合单价的确定按照工程变更价款的确定原则进行。

（1）人工费。索赔费用中的人工费包括合同以外的增加的人工费、非承包人原因引

起的人工降效、法定工作时间以外的加班、法定人工费增长、非承包人原因导致的窝工和工资上涨等费用。增加工作内容的人工费应按照计日工费计算,停工损失费和工作效率降低的损失费按窝工费计算,窝工费的标准双方可在合同中约定。

(2)施工机械使用费。索赔中的机械费包括:合同以外的增加的机械费、非承包人原因引起的机械降效、由于业主(监理人员)原因导致机械停工的窝工费。因窝工引起的施工机械费索赔,当施工机械属于施工企业自有时,按照机械折旧费计算;当施工机械是施工企业从外部租赁时,按照租赁费计算。

(3)材料费。索赔中的材料费包括:索赔事件引起的材料用量增加、材料价格大幅上涨、非承包人原因造成的工期延误而引起的材料价格上涨和材料超期储存费用。

(4)管理费。包括现场管理费和总部(企业)管理费两部分。

(5)利润。因工程范围变更、设计文件缺陷、业主未能提供现场等引起的索赔,承包人可以索赔利润。但对于工程暂停的索赔,由于利润是包括每项施工工程内容的价格之内的,而延长工期并未影响消减某些项目的实施,也未导致利润减少,故该种情况下不再索赔利润。

2)总价措施项目费

总价措施项目费(安全文明施工费除外)由承包人根据措施项目变更情况,提出适当的措施费变更,经发包人确认后调整。

3)其他项目费、规费与税金

其他项目费相关费用按合同约定计算;规费与税金按原报价中的规费费率与税率计算。

4)其他相关费用

其他相关费用主要包括因非承包人原因造成工期延误而增加的相关费用,如迟延付款利息、保险费、分包费用等。

2. 发包人对承包人的索赔

在合同履行过程中,由于非发包人原因(材料不合格、未能按照监理人要求完成缺陷补救工作、由于承包人的原因修改进度计划导致发包人有额外投入、管理不善延误工期等)而遭受损失,发包人按照合同约定的时间向承包人索赔。可以选择下列一项或几项方式获得赔偿:

1)延长质量缺陷修复期限。

2)要求承包人支付实际发生的额外费用。

3)要求承包人按合同约定支付违约金。

承包人应付给发包人的索赔金额可以从拟支付给承包人的合同价款中扣回,或由承包人以其他方式支付给发包人,具体由发承包双方在合同中约定。

【案例一】 已知:(1)某工程于2020年7月初签订施工承包合同,合同价为9 600万元,按月进行支付,2021年4月完工。

(2)工程预付款为合同价的10%,合同签订后一次性支付给承包人,工程预付款采用规定的公式

$$R = \frac{A \times (C - F_1 S)}{(F_2 - F_1) \times S}$$

扣还，并规定开始扣预付款的时间为累计完成工程款金额达到合同价的20%时，当累计完成80%的合同价时扣完。工程不支付材料预付款。

(3)进度款按工程进度付款申请的85%进行支付，但办理月支付的最低限额为500万元。

(4)经完工结算，合同实施过程中各月完成的工程款见表4-2。

表4-2　合同实施过程中各月完成的工程款

月份	7月	8月	9月	10月	11月	12月	1月	2月	3月	4月
完成工程款/万元	460	750	1 330	1 450	1 750	1 080	880	550	620	730

(5)质量保证金总额为完工结算总价的2.5%，在完工结算时一次性扣留。

(6)合同实施过程中发生的变更、索赔、法规变更等事件引起的价格调整均已计入各月工程款，不考虑物价波动引起的价格调整。

问题：

问题1：计算本工程的预付款总额。

问题2：计算2020年11月和2021年2月承包人应得到的进度款。

问题3：计算本工程应扣留的质量保证金总额。

解：

问题1：计算预付款总额

本工程预付款为合同价的10%，所以工程预付款总额为：9 600×10%=960(万元)。

问题2：计算工程款

(1)2020年11月承包人应得到的工程款：本月完成的工程量清单中的工程款1 750万元。

2020年10月前累计完成合同金额：　　460+750+1 330+1 450=3 990(万元)

2020年11月前累计完成合同金额：　460+750+1 330+1 450+1 750=5 740(万元)

截至2020年10月累计应扣工程预付款：

{960/[(80%-20%)×9 600]}×(3 990-20%×9 600)= 345(万元)

截至2020年11月累计应扣工程预付款：

{960/[(80%-20%)×9 600]}×(5 740-20%×9 600)= 636.66(万元)

本月应扣工程预付款：　　636.66-345=291.66(万元)

本月应付工程款：　　(1 750-291.66)×85%=1 239.59(万元)

(2)2021年2月承包人应得到的工程款：本月完成的工程量清单中的工程款550万元。

2021年1月前累计完成合同金额：

460+750+1 330+1 450+1 750+1 080+880=7 700(万元)

截至2021年1月累计应扣工程预付款：

$\{960/[(80\%-20\%)\times 9\ 600]\}\times(7\ 700-20\%\times 9\ 600)=963.33$(万元)

963.33 万元>960 万元,工程预付款于 2021 年 1 月已扣足,2021 年 2 月不再扣留。

2021 年 2 月应付工程款:550×85% = 467.50(万元)<500 万元,故 2021 年 2 月不支付,结转到下月一并支付。

问题 3:计算应扣留的质量保证金总额

本工程应扣留的质量保证金为完工结算总价的 2.5%,所以质量保证金总额为:

$(460+750+1\ 330+1\ 450+1\ 750+1\ 080+880+550+620+730)\times 2.5\%=240$(万元)

八、特殊情况下的工程价款结算

特殊情况下的工程价款结算主要是指合同解除的价款结算,分以下两种情况。

(一)不可抗力解除合同的工程价款结算

发生不可抗力(不可抗力是指承包人和发包人在订立合同时不可预见,在工程施工过程中不可避免地发生并不能克服的自然灾害和社会性突发事件,如地震、海啸、瘟疫、水灾、骚乱、暴动、战争)导致合同无法履行,双方协商一致解除合同,按照协议办理结算和支付合同价款。

发包人应向承包人支付合同解除之日前已完成工程尚未支付的合同价款,此外还应支付下列金额:

1. 合同约定应由发包人承担的费用。

2. 已实施或部分实施的措施项目应付价款。

3. 承包人为合同工程合理订购且已支付的材料和工程设备货款。发包人已经支付此项货款,该材料和工程设备即成为发包人的财产。

4. 承包人撤离现场所需的合理费用,包括员工遣送费和临时工程拆除、施工设备运离现场的费用。

5. 承包人为完成合同工程而预期开支的任何合理费用,且该项费用未包括在本款其他各项支付之内。

发承包双方办理结算合同价款时,应扣除合同解除之日前发包人应向承包人收回的价款。当发包人应扣除的金额超过应支付的金额,承包人应在合同解除后的 56 d 内将其差额退还给发包人。

(二)违约解除合同

1. 承包人违约

因承包人违约解除合同的,发包人应暂停向承包人支付任何价款。发包人应在合同解除后 28 d 内核实合同解除时承包人完成的全部合同价款以及按施工进度计划已运至现场的材料和工程设备货款,按合同约定核算承包人应支付的违约金以及造成损失的索赔金额,并将结果通知承包人。发承包双方应在 28 d 内予以确认或提出意见,并应办理结算合同价款。如果发包人应扣除的金额超过了应支付的金额,承包人应在合同解除后的 56 d 内将其差额退还发包人。发承包双方不能就解除合同后的结算达成一致的,按照合同约定的争议解决方式处理。

2. 发包人违约

因发包人违约解除合同的，发包人除应按照有关不可抗力解除合同的规定向承包人支付各项价款外，还应按合同约定核算发包人应支付的违约金以及给承包人造成损失或损害的索赔金额费用。该笔费用由承包人提出，发包人核实后与承包人协商确定后的7 d内向承包人签发支付证书。协商不能达成一致的，按照合同约定的争议解决方式处理。

第三节　合同价格调整

在国家发展和改革委员会等九部委联合编制的《中华人民共和国标准施工招标资格预审文件》的基础上，水利部以水建管〔2009〕629号文发布了《水利水电工程标准施工招标资格预审文件》《水利水电工程标准施工招标文件》（2009年版）和《水利水电工程标准施工招标文件补充文本》（2015年版），凡列入国家或地方投资计划的大中型水利水电工程使用该标准，小型水利水电工程可参照使用。

发承包双方应当在合同中约定，发生下列情形时合同价款的调整方法：①法律法规、规章或者国家有关政策变化影响合同价款的；②工程造价管理机构发布价格调整信息的；③经批准变更设计的；④发包方更改经审定批准的施工组织设计造成费用增加的；⑤双方约定的其他因素。

出现合同价款调增事项（不含工程量偏差、计日工、现场签证、索赔）后，在合同约定时间内承包人应向发包人提交合同价款调增报告并附上相关资料；承包人在合同约定时间内未提交合同价款调增报告的，应视为承包人对该事项不存在调整价款请求。

出现合同价款调减事项（不含工程量偏差、索赔）后，在合同约定时间内发包人应向承包人提交合同价款调减报告并附相关资料；发包人在合同约定时间内未提交合同价款调减报告的，应视为发包人对该事项不存在调整价款请求。

发（承）包人应在收到承（发）包人合同价款调增（减）报告及相关资料之日起在合同约定时间内对其核实，予以确认的应书面通知承（发）包人。当有疑问时，应向承（发）包人提出协商意见。发（承）包人在收到合同价款调增（减）报告之日起，合同约定时间内未确认也未提出协商意见的，应视为承（发）包人提交的合同价款调增（减）报告已被发（承）包人认可。发（承）包人提出协商意见的，承（发）包人应在收到协商意见后的合同约定时间内对其核实，予以确认的应书面通知发（承）包人。承（发）包人在收到发（承）包人的协商意见后，合同约定时间内既不确认也未提出不同意见的，应视为发（承）包人提出的意见已被承（发）包人认可。

发包人与承包人对合同价款调整的不同意见不能达成一致的，只要对发承包双方履约不产生实质性影响，双方应继续履行合同义务，直到其按照合同约定的争议解决方式得到处理。

经发承包双方确认调整的合同价款，作为追加（减）合同价款，应与工程进度款或结算款同期支付。

一、法律法规变化合同价款调整

在基准日后,因国家的法律法规、规章和政策发生变化导致承包人在合同履行中所需的工程费用发生除物价波动引起的价格调整外的增减时,监理工程师应根据法律、国家或省、自治区、直辖市有关部门的规定,按商定方式确定需调整的合同价款。

(一)期限的确定

为了合理划分发承包双方的合同风险,施工合同中应该约定一个基准日,一般情况下,招标工程以投标截止日前28 d、非招标工程以合同签订前28 d为基准日,当法律或法规变化引起工程价款调整时,首先确定基准日,再根据基准日和相关规定发布的时间判断是否调整合同价款。其后因国家的法律法规、规章和政策发生变化,导致承包人在合同履行中所需要的工程费用发生除合同约定的物价波动引起的价格调整以外的增减时,发承包双方应按照合同约定和水利行政主管部门或其授权的工程造价管理机构据此发布的规定,商定或确定需调整的合同价款。

(二)工程延误期间的特殊处理

因承包人原因导致工期延误的,按照规定的调整时间,在合同工程原定竣工时间之后,合同价款调增的不予调整,合同价款调减的予以调整。

二、工程变更合同价款调整

(一)工程变更

工程变更是指在合同工程的实施过程中,由发包人或承包人提出,经发包人批准的合同工程中任何一项工作的增减、取消或施工工艺、顺序、时间的改变,设计图纸的修改,施工条件的改变,招标工程量清单的错、漏,从而引起合同条件的改变或工程量的增减。

(二)变更的范围和内容

如合同无约定,在履行合同中发生以下情形之一,应进行工程变更。

1. 取消合同中任何一项工作,但被取消工作不能转由发包人或其他人实施。
2. 改变或补充合同中任何一项工作的技术标准和要求(合同技术条款)。
3. 改变合同工程的基线、标高、位置和尺寸。
4. 改变合同中任何一项工作的施工时间或改变已批准的施工工艺或实施顺序。
5. 为完成工程需要追加的额外工作。
6. 增加或减少合同约定的关键项目工程量超过合同约定的幅度。

上述变更内容引起工程施工组织和进度计划发生实质性变动和影响其原定价格时才予调整该项目的单价。

(三)工程量调整的规定

因工程变更引起已标价工程量清单项目发生变化时,应按照下列规定调整:

1. 已标价工程量清单中有适用于变更工程项目的,应采用该项目的单价;但当工程变更导致该清单项目的工程数量发生变化,且工程量偏差超过合同约定的幅度时,该项目单价应按照合同约定予以调整。

2. 已标价工程量清单中没有适用但有类似于变更工程项目的,可在合理范围参照类似项目单价。

3. 已标价工程量清单中没有适用也没有类似于变更工程项目的，可按照成本加利润的原则，由承包人根据变更工程资料、计量规则、计价办法和通过市场调查等取得有合法依据的市场价格提出变更工程项目的单价，报发包人确认后调整。

(四)工程项目费调整的规定

工程变更引起施工方案改变并使一般项目和(或)其他项目发生变化时，承包人提出调整一般项目费和(或)其他项目费的，应事先将拟实施的方案提交发包人确认，并应详细说明与原方案相比的变化情况。拟实施的方案经发承包双方确认后执行，并应按照下列规定调整费用：

1. 采用单价计算的一般项目费和(或)其他项目费，应根据发承包双方确认的方案，按如下方式确定单价：

1)已标价工程量清单中有适用于变更工程项目的，应采用该项目的单价；但当工程变更导致该清单项目的工程数量发生变化，且工程量偏差超过合同约定的幅度时，该项目单价应按照合同约定予以调整。

2)已标价工程量清单中没有适用但有类似于变更工程项目的，可在合理范围内参照类似项目单价。

3)已标价工程量清单中没有适用也没有类似于变更工程项目的，可按照成本加利润的原则，由承包人根据变更工程资料、计量规则、计价办法和通过市场调查等取得有合法依据的市场价格提出变更工程项目的单价，报发包人确认后调整。

2. 按总价(或系数)计算的一般项目费和(或)其他项目费，按照发承包双方确认的方案调整。

3. 如果承包人未事先将拟实施的方案提交给发包人确认，则应视为工程变更不引起一般项目费和(或)其他项目费的调整或承包人放弃调整的权利。如果工程变更引起一般项目费和(或)其他项目费减少，发承包双方应按照合同约定或友好协商确定一般项目费和(或)其他项目费。

(五)工程变更引起删减工程或工作的补偿

当发包人提出的工程变更因非承包人原因取消了合同中的某项工作或工程，致使承包人发生的费用和(或)得到的收益不能被包括在其他已支付或应支付的项目中，也未被包含在任何替代的工作或工程中时，承包人有权提出并应得到合理的费用及利润补偿。

三、项目主要特征不符引起价款调整

1. 项目特征描述的要求。发包人在招标文件中对项目主要特征的描述，应是准确和全面的，并且与实际施工条件和要求相符合。承包人应按照发包人提供的招标文件，根据项目主要特征描述的内容和有关要求实施合同工程，直至项目被改变。

2. 特征描述错误或有变更，结算时综合单价应按需调整。承包人应按照发包人提供的设计文件实施合同工程，若在合同履行期间出现设计文件(包括设计变更)与招标文件中项目主要特征的描述不符，且该变化引起该项目工程造价增减变化的，应按照实际施工的项目主要特征，按工程变更相关规定重新确定相应工程量清单的综合单价，并调整合同价款。

四、工程量清单缺项引起合同价款调整

1. 工程量清单缺项的原因。合同履行期间,由于招标工程量清单中缺项,新增分部分项工程清单项目的,应按照工程变更引起已标价工程量清单项目发生变化时的规定调整单价,并调整合同价款。

2. 清单缺项引起的价款调整。新增分部分项工程清单项目后,引起一般项目和(或)其他项目发生变化的,发承包双方应按照合同约定或友好协商确定。

由于招标工程量清单中一般项目和(或)其他项目缺项,承包人应将新增一般项目和(或)其他项目实施方案提交发包人批准后,按照上述相关说明调整合同价款。

五、工程量偏差引起合同价款调整

合同履行期间,当应予以计算的实际工程量与招标工程量清单出现偏差,单价项目的工程量增加超过合同约定幅度时,增加部分工程量的综合单价宜予调低;工程量减少超过合同约定幅度时,减少后剩余部分工程量的综合单价宜予调高,发承包双方应调整合同价款。若上述变化引起相关一般项目和(或)其他项目相应发生变化,且一般项目费和(或)其他项目费有变化的,按合同计价原则调整一般项目费和(或)其他项目费时,发承包双方应调整合同价款。

六、计日工引起合同价款调整

(一)计日工的含义

计日工是指在施工过程中,承包人完成发包人提出的工程合同范围以外的零星项目或工作,按合同中约定的单价计价的一种方式。

(二)计日工调整的方法

发包人通知承包人以计日工方式实施的零星工作,承包人应予执行。结算时,工程数量按照现场签证报告核实的数量计算,单价按承包人已标价工程量清单中的计日工单价计算,若已标价工程量中没有该类计日工单价的,由发承包双方按照“工程变更”价款调整规定商定计日工单价计算。

(三)计日工调整顺序

采用计日工计价的任何一项工作,承包人应在该项的实施过程中,按合同约定提交以下报表和有关凭证送发包人复核。

1. 承包人提交报表及现场签证

1)在实施过程中,承包人应按合同约定提交报表和有关凭证送发包人复核,内容应该包括工作名称、内容和数量。

2)投入该工作所有人员的姓名、工种、级别和耗用工时。

3)投入该工作的材料名称、类别和数量。

4)投入该工作的施工设备型号、台数和耗用台时(班)。

5)发包人要求提交的其他资料和凭证。

计日工事件实施结束,承包人应在结束后 24 h 内向发包人提交计日工记录汇总的现

场签证报告(一式三份)。

2. 发包人复核

发包人在收到现场签证报告后的 2 d 内予以确认,发包人逾期未确认也未提出意见的,应视为认可。

3. 计日工价款支付

每个支付期末,承包人应按照施工合同相关约定向发包人提交本期间所有计日工记录签证汇总表,以及本期发生的计日工金额,在进度款中一并申请支付。

七、物价波动引起的调整

建筑工程具有施工时间长的特点,在施工合同履行过程中常出现人工、材料、工程设备和机械台班等市场价格变动引起价格波动的现象,该种变化一般会造成承包人施工成本的增加或减少,进而影响到合同价款调整,最终影响到合同当事人的权益。

为解决由于市场价格波动引起的合同履行的风险问题,《建设工程工程量清单计价规范》(GB 50500—2013)、《建设工程施工合同(示范文本)》(GF—2013—0201)中都明确了合理调价的制度,其法律基础是合同风险的公平合理分担原则。承包人采购材料和工程设备的,应在合同中约定主要材料、工程设备价格变化的范围幅度;当没有约定,且材料、工程设备单价变化超过5%时,超过部分的价格应按照价格指数调整法或造价信息差额调整法计算调整材料、工程设备费。甲方供应材料和工程设备的,由发包人按照实际变化调整,列入合同工程的工程造价内。

(一)采用价格指数调整价格差额

1. 价格调整计算

因人工、材料和设备等价格波动影响合同价格时,根据投标函附录中的价格指数和权重表约定的数据,按以下公式计算差额并调整合同价格:

$$\Delta P = P_0\left[A + \left(B_1 \times \frac{F_{t1}}{F_{01}} + B_2 \times \frac{F_{t2}}{F_{02}} + B_3 \times \frac{F_{t3}}{F_{03}} + \cdots + B_n \times \frac{F_{tn}}{F_{0n}}\right) - 1\right]$$

式中,ΔP 为需调整的价格差额;P_0 为约定的付款证书中承包人应得到的已完成工程量的金额,此项金额不应包括价格调整,不计质量保证金的扣留和支付、预付款的支付和扣回,约定的变更及其他金额已按现行价格计价的,也不计在内;A 为定值权重(不调部分的权重);$B_1, B_2, B_3, \cdots, B_n$ 为各可调因子的变值权重(可调部分的权重),为各可调因子在投标函投标总报价中所占的比例;$F_{t1}, F_{t2}, F_{t3}, \cdots, F_{tn}$ 为各可调因子的现行价格指数,指合同约定的付款证书相关周期最后 1 d 的前 42 d 的各可调因子的价格指数;$F_{01}, F_{02}, F_{03}, \cdots, F_{0n}$ 为各可调因子的基本价格指数,指基准日期的各可调因子的价格指数。

以上价格调整公式中的各可调因子、定值和变值权重,以及基本价格指数及其来源在投标函附录价格指数和权重表中约定。价格指数应首先采用有关部门提供的价格指数,缺乏上述价格指数时,可采用有关部门提供的价格代替。

2. 暂时确定调整差额

在计算调整差额时得不到现行价格指数的,可暂用上一次价格指数计算,并在以后的付款中再按实际价格指数进行调整。

3. 权重的调整

按合同约定的变更导致原定合同中的权重不合理时,由监理工程师与承包人和发包人协商后进行调整。

4. 承包人工期延误后的价格调整

由于承包人原因未在约定的工期内竣工的,则对原约定竣工日期后继续施工的工程,在使用合同价格调整公式时,应采用原约定竣工日期与实际竣工日期的两个价格指数中较低的一个作为现行价格指数。

(二)采用造价信息调整价格差额

施工期内,因人工、材料、工程设备和机械台班价格波动影响合同价格时,人工、机械按照国家或省、自治区、直辖市建设行政管理部门、行业建设管理部门或其授权的工程造价管理机构发布的人工成本信息、机械台班单价或机械使用费系数进行调整;材料的数量和价格由发包人复核,发包人确认需调整的材料单价及数量作为调整合同价款差额的依据。

1. 人工单价的调整

人工单价发生变化且符合计价规范中计价风险相关规定时,发承包双方应按省级或行业建设主管部门或其授权的工程造价管理机构发布的人工成本文件调整合同价款。

2. 材料、工程设备的价格调整方法

材料、工程设备价格变化的价款调整按照发包人提供的主要材料和工程设备一览表,由发承包双方约定的风险范围按以下规定调整合同价款:

1)承包人投标报价材料单价低于基准单价的。工程实施阶段,当材料单价上涨时,以投标的材料价与基准价中较高的基准单价为基础,超过合同约定的风险幅度值的,其超过部分按实调整;材料单价下跌时,以投标报价为基础,超过合同约定的风险幅度值的,其超过部分按实调整。

2)承包人投标报价中材料单价高于基准单价的。工程实施阶段,材料单价上涨时,以投标报价为基础,超过合同约定的风险幅度值的,其超过部分按实调整;材料单价下跌时,以基准价为基础,超过合同约定的风险幅度值的,其超过部分按实调整。

3)承包人投标报价中材料单价等于基准价格的。施工期间材料单价涨、跌幅以基准单价为基础,超过合同约定的风险幅度的,其超过部分按实调整。

4)承包人在采购材料前应将数量和单价报发包人核对。若承包人未报经发包人核对自行采购材料,发包人可不同意调整价款。

3. 施工机械台班单价的调整

施工机械使用费发生变化的,超过省级或行业建设主管部门或其授权的工程造价管理机构规定的范围时,按照其规定调整合同价款。

八、暂估价引起的合同价款调整

暂估价是指招标人在工程量清单中提供的用于支付必然发生,但暂时不能确定价格的材料、工程设备的单价以及专业工程的金额。暂估价在招标时暂估,在实施期间才能得以确定。

(一)暂估材料、工程设备结算方法

1.依法必须招标的。发包人在招标工程量清单中给定暂估价的材料、工程设备,属于依法必须招标的,应由发承包双方以招标的方式选择供应商,确定价格。

2.不属于依法必须招标的。发包人在招标工程量清单中给定暂估价的材料、工程设备,不属于依法必须招标的,应由承包人按照合同约定采购,经发包人确认单价后调整合同价款。

(二)专业工程暂估价的确定方法

1.依法必须招标的

发包人在招标工程清单中给定暂估价的材料、工程设备,属于依法必须招标的,应由发承包双方依法组织招标,选择专业分包人,接受有管辖权的建设工程招标投标管理机构监督。

1)除合同另有约定的外,专业工程分包招标时,承包人不参加投标的应由承包人作为招标人,但拟定的招标文件、评标工作、评标结果应报送发包人批准。与组织招标工作有关的费用应当被认为已经包括在承包人的签约合同价(投标总报价)中。

2)承包人参加投标的专业工程发包招标,应由发包人作为招标人,与组织招标工作有关的费用由发包人承担。同等条件下,应优先选择承包人中标。

3)专业工程招标后,应以专业工程的中标价为依据调整合同价款。

2.不属于依法必须招标的

发包人在招标工程清单中给定暂估价的专业工程不属于依法必须招标的,应按工程变更相关规定确定专业工程价款,并应以此为依据取代专业工程暂估价,调整合同价款。

总承包招标时,专业工程设计深度往往是不够的,出于提高可建造性考虑,国际上一般由专业承包人负责设计,以充分发挥专业技能和专业施工经验。这种方式在我国工程建设领域也比较普遍。公开透明、合理地确定这类暂估价的实际开支金额的最佳途径,就是通过总承包人与招标人共同组织的招标。

九、不可抗力引起的合同价款调整

(一)不可抗力的含义

不可抗力是指发承包双方在工程合同签订时不能预见的,对其发生的后果不能避免,并且不能克服的自然灾害和社会性突发事件,如地震、暴动、军事政变等。双方当事人应在合同专用条款中明确约定不可抗力的范围以及具体的判断标准。

(二)损失承担以及价款调整的要求

因不可抗力事件导致的人员伤亡、财产损失及费用增加,发承包双方应按下列原则分别承担并调整合同价款和工期:

1.合同本身的损害、因工程损耗导致第三方人员伤亡和财产损失,以及运至施工场地用于施工的材料和待安装的设备的损害,应由发包人承担。

2.发包人、承包人人员伤亡应由其所在单位负责,并应承担相应费用。

3.承包人的施工机械设备损坏及停工损失,应由承包人承担。

4.停工期间,承包人应发包人要求留在施工场地的必需的管理人员及保卫人员,其费用应由发包人承担。

5. 工程所需清理、修复费用,应由发包人承担。

(三)不可抗力解除后复工的工期及费用承担

不可抗力解除复工的,如不能按期竣工,应合理延长工期。发包人要求赶工的,赶工费应由发包人承担。

(四)不可抗力解除后解除合同的

若因不可抗力事件发生解除合同的,按本章第二节"八、特殊情况下的工程价款结算"介绍的相关规定结算工程价款。

十、提前竣工与误期赔偿引起的合同价款调整

(一)提前竣工(赶工补偿)

1. 提前竣工费的含义

提前竣工费是指承包人应发包人的要求而采取的加快工程进度措施,使合同工程工期缩短,由此产生的应由发包人支付的费用。招标人应依据相关工程的工期定额合理计算工期,压缩的工期天数不得超过定额工期的20%,超过者,应在招标文件中明示增加赶工费用。发包人要求合同工程提前竣工的,应征得承包人同意后与承包人商定采取加快工程进度的措施,并应修订合同工程进度计划,发包人应承担承包人由此增加的提前竣工费。

提前竣工费主要包括:

1)人工费的增加,例如新增加人工的报酬、不经济使用的补贴等。

2)材料费的增加,例如可能造成不经济使用材料而损耗过大、材料提前交货可能增加的费用、材料运输费的增加等。

3)机械费的增加,例如可能增加机械设备投入、不经济地使用机械等。

2. 提前竣工奖励

发承包双方应在合同中约定提前竣工每日历天应补偿的额度,此项费用应作为增加合同价款列入竣工结算文件中,应与结算款一并支付。提前竣工奖是发包人对承包人的一种奖励措施。

(二)误期赔偿

1. 误期赔偿的含义

承包人未按照合同工程的计划进度施工,导致实际工期超过合同工期(包括经发包人批准的延长工期),承包人应向发包人赔偿损失的费用。由于承包人原因导致合同工程发生工期延误的,承包人应赔偿发包人由此造成的损失并支付误期赔偿费;同时,即使承包人支付误期赔偿费,也不能免除承包人按照合同约定应承担的任何责任和应履行的任何义务。

2. 误期赔偿价款确认

发承包双方应在合同中约定误期赔偿费,并应明确日历天应赔额度。误期赔偿费应列入竣工结算文件中,并应在结算款中扣除。

工程竣工之前,合同工程内的单项(位)工程已通过竣工验收,且该单项(位)工程

接收证书中标明的竣工日期并未延误，而是合同工程的其他部分产生工期延误时，延误赔偿费应按照已颁发工程接收证书的单项(位)工程造价占合同价款的比例幅度予以扣减。

十一、索赔引起的合同价款调整

(一)索赔的概念

索赔是指在工程合同履行过程中，合同当事人一方因非己方的原因而遭受损失，按合同约定或法律法规规定应由对方承担责任，从而向对方提出补偿的要求。索赔是双向的，承包人可向发包人索赔，发包人也可向承包人索赔。索赔是一种补偿，而不是惩罚，可以是经济补偿，也可以是工期顺延要求。

索赔必须在合同约定时间内进行，并出具正当的索赔理由和有效证据；对索赔证据的要求是真实性、全面性、关联性、及时性，并具有法律证明效力。

(二)索赔的依据

1. 工程施工合同文件。工程施工合同是工程索赔中最关键和最主要的依据。

2. 国家相关法律法规、规章、标准、规范和定额。

3. 工程施工合同履行过程中与索赔事件有关的各种凭证。

(三)索赔成立的条件

1. 与合同对照，事件已造成非责任方的额外支出，或直接损失。

2. 造成费用增加或工期损失的原因，按合同约定不属于己方。

3. 非责任方按合同规定的程序向责任方提交索赔意向通知书和索赔报告。

(四)承包人对发包人的索赔费用计算

1. 索赔费用组成

对于不同原因引起的索赔，承包人可索赔的具体费用内容是不完全一样的。索赔费用的要素与工程造价的构成相似，索赔费用一般可归结为分部分项工程费(包括人工费、设备费、材料费、管理费、利润)、措施项目费(单价措施、总价措施)、规费、税金、其他相关费用。

1)分部分项工程费、单价措施项目费。工程量清单漏项或非承包人原因的工程变更，造成增加新的工程量清单项目，其对应的综合单价的确定按照工程变更价款的确定原则进行。

(1)人工费。索赔费用中的人工费包括合同以外的增加的人工费、非承包人原因引起的人工降效、法定工作时间以外的加班、法定人工费增长、非承包人原因导致的窝工和工资上涨等费用。增加工作内容的人工费应按照计日工费计算，停工损失费和工作效率降低的损失费按窝工费计算，窝工费的标准双方可在合同中约定。

(2)施工机械使用费。索赔中的机械费包括：合同以外的增加的机械费、非承包人原因引起的机械降效、由于业主(监理人员)原因导致机械停工的窝工费。因窝工引起的施工机械费索赔，当施工机械属于施工企业自有时，按照机械折旧费计算；当施工机械是施工企业从外部租赁时，按照租赁费计算。

(3)材料费。索赔中的材料费包括：索赔事件引起的材料用量增加、材料价格大幅上涨、非承包人原因造成的工期延误而引起的材料价格上涨和材料超期储存费用。

(4)管理费。包括现场管理费和总部(企业)管理费两部分。

(5)利润。因工程范围变更、设计文件缺陷、业主未能提供现场等引起的索赔,承包人可以索赔利润。但对于工程暂停的索赔,由于利润是包括在每项施工工程内容的价格之内的,而延长工期并未影响消减某些项目的实施,也未导致利润减少,故该种情况下不再索赔利润。

2)总价措施项目费。总价措施项目费(安全文明施工费除外)由承包人根据措施项目变更情况,提出适当的措施费变更,经发包人确认后调整。

3)其他项目费、规费与税金。其他项目费相关费用按合同约定计算;规费与税金按原报价中的规费费率与税率计算。

4)其他相关费用。主要包括因非承包人原因造成工期延误而增加的相关费用,如迟延付款利息、保险费、分包费用等。

2. 索赔费用的计算

索赔费用的计算以赔偿实际损失为原则,包括实际费用法、总费用法、修正的总费用法三种方法。

1)实际费用法。是按照各索赔事件所引起损失的费用分别计算,然后将各个项目的索赔值汇总。这种方法以承包商实际支付的价款为依据,是施工索赔时最常用的一种方法。

2)总费用法。当发生多起索赔事件后,重新计算该工程的实际总费用,再减去原合同价,差额即为承包人的费用。

3)修正的总费用法。当发生多起索赔事件后,在总费用计算的原则上,去掉一些不合理的因素,使其更合理。修正内容主要包括修正索赔款的时段、修正索赔款时段内受影响的工作、修正受影响工作的单价。按修正后的总费用计算索赔金额的公式为

索赔金额=某项工作调整后的实际总费用-该项工作的报价费用

注:在施工过程中可能出现共同延误的情况,索赔时应先分析初始延误的责任方,再进行索赔。

3. 索赔的最终时限

发承包双方办理竣工结算后,承包人则不能再对已办理完的结算提出索赔。而承包人在提交的最终结清申请中,只针对竣工结算以后发生的事件进行索赔,索赔期限自发承包双方最终结清时终止。

(五)发包人对承包人的索赔

在合同履行过程中,由于非发包人原因(材料不合格、未能按照监理人要求完成缺陷补救工作、由于承包人的原因修改进度计划导致发包人有额外投入、管理不善延误工期等)而遭受损失,发包人按照合同约定的时间向承包人索赔,可以选择下列一项或几项方式获得赔偿:

1. 延长质量缺陷修复期限。
2. 要求承包人支付实际发生的额外费用。
3. 要求承包人按合同约定支付违约金。

承包人应付给发包人的索赔金额可以从拟支付给承包人的合同价款中扣回，或由承包人以其他方式支付给发包人，具体由发承包双方在合同中约定。

十二、现场签证引起的合同价款调整

（一）现场签证的范围

现场签证是发包人现场代表（或其授权的监理人、工程造价咨询人）与承包人现场代表就施工过程中涉及的责任事件所做的签认证明。

现场签证的范围一般包括：

1. 适用于施工合同范围以外零星工程的确认。
2. 在工程施工过程中发生变更后需要现场确认的工程量。
3. 符合施工合同规定的非承包人原因引起的工程量或费用增减。
4. 非承包人原因导致的人工、设备窝工及有关损失。
5. 确认修改施工方案引起的工程量或费用增减。
6. 工程变更导致的工程施工措施费增减等。

（二）现场签证的要求

1. 形式规范

承包人应发包人要求完成合同以外的零星项目、非承包人责任事件等工作的，发包人应及时以书面形式向承包人发出指令，并提供所需的相关资料。工程实践中有些突发紧急事件需要处理，监理下达口头指令，施工单位予以实施，施工单位应在实施后及时要求监理单位完善书面指令，或者施工单位通过现场签证方式得到建设单位和监理单位对口头指令的确认。若未经发包人签证确认，承包人擅自施工的，除非征得发包人书面同意，否则发生的费用应由承包人承担。

2. 内容完整

一份完整的现场签证应包括时间、地点、原由、事件后果、如何处理等内容，并由发承包双方授权的现场管理人员签章。

3. 及时进行

承包人应在收到发包人指令后，在合同约定的时间（合同未约定按规范明确的时间）内办理现场签证。

（三）现场签证费用的计算

1. 按计日工单价计算

现场签证的工作如在已标价工程量清单中有计日工单价，现场签证按照计日工单价计算，签证报告中只需列明完成该类项目所需的人工、材料数量、工程设备和施工机械台班的数量。

2. 根据合同约定按工程变更相关规定计算

签证事项没有相应的计日工单价，则应根据合同约定确定单价，在签证报告中列明完成该类项目所需的人工、材料数量、工程设备和施工机械台班的数量及单价。

（四）现场签证的支付

现场签证工作完成后的 7 d 内，承包人应按照现场签证内容计算价款，报送发包人确认后,作为增加合同价款,与进度款同期支付。

由于现场签证种类繁多,发承包双方在施工过程中的往来信函就责任事件的证明均可称为现场签证,有的应该归属于计日工,有的应该归属于签证或索赔等。如何处理,不同的经办人员可能会有不同的处理方式,一般而言有计日工单价的,可归于计日工;无计日工单价的,归于现场签证;或是将现场签证全部汇总于计日工,或全部归于签证或索赔。

十三、造价管理责任

《水利工程造价管理规定》(水建设〔2023〕156号)第二十七条:项目法人对水利工程造价管理履行以下职责:

(一)贯彻执行水利工程造价管理的法律法规、规章、规范性文件、技术标准及计价依据;

(二)建立造价管理制度,明确水利工程造价人员,加强造价管理,实现投资控制目标;

(三)按照规定组织编制、报审、审批或报备有关造价文件;

(四)按照水行政主管部门要求报送有关造价数据;

(五)依据本规定应当履行的其他职责。

第二十八条:勘察设计单位应当做好设计方案的技术经济比选,依据项目建议书、可行性研究报告、初步设计等阶段编制规程、设计变更相关规定、计价依据等编制造价文件,并对其编制的造价文件负责。

第二十九条:施工单位应当按照合同约定,根据工程建设进度,编制工程计量与支付、变更费用、价格调整、完工结算等造价文件,并对其编制的造价文件负责。

第三十条:监理单位应当按照合同约定,审核工程计量与支付、变更费用、价格调整、完工结算等造价文件,并对其签认的造价文件负责。

第三十一条:采用工程总承包等工程建设组织模式的水利工程,相关单位应当按照合同约定承担相应造价管理责任。

第三十二条:造价咨询单位及其他从事水利工程造价咨询业务的专业机构应当依据相关法律法规、技术标准、计价依据、合同文件等开展造价文件的编制、审核等咨询业务,并对其咨询成果负责。

第三十三条:水利工程造价从业人员应当具备相应的专业技术技能,遵纪守法、诚信执业,并对其承担的造价业务负责。水利造价工程师应当按照相关规定注册、执业并接受继续教育。水利工程造价文件应当由水利造价工程师按照规定签字并加盖执业印章。

十四、案例

(一)案例一

1. 已知

某引水渠工程采用单价承包合同,合同价为4 200万元,已标价工程量清单中几个主要项目工程量及单价见表4-3。

表 4-3　主要项目工程量及单价

序号	项目名称	工程量/m^3	单价/元	合价/元
1	土方开挖	200 000	20	4 000 000
2	浆砌块石挡墙	2 000	380	760 000
3	C25 混凝土护坡	6 000	620	3 720 000

合同约定:凡合价金额占签约合同总价 2%及以上的分类分项清单项目其工程量增加超过本项目工程数量 15%及以上,或合价金额占签约合同总价不足 2%的分类分项清单项目但其工程量增加超过本项目工程数量 25%及以上的,超过上述风险幅度外增加部分工程量的相应单价需由承包人按变更估价的原则提出合适的变更单价,并经监理人审核。变更单价与合同单价相比,上下浮动超过 15%时按变更单价调整合同单价,不超过时仍按合同单价执行。按变更单价调整合同单价,发包人同意后进入工程结算。

在工程实施过程中,由于引水渠需要绕开一处风景区,引起土方开挖增加了 32 000 m^3,浆砌块石挡墙增加了 800 m^3,C25 混凝土护坡增加了 1 500 m^3,其变更单价分别为 24 元/m^3、440 元/m^3、688 元/m^3。

2. 问题

该三项工作最终的结算合价分别是多少万元?(计算结果保留 2 位小数)

3. 解析

(1)土方开挖。

清单合价占签约合同总价的百分比:　　400÷4 200=9.52%>2%

增加的工程量占本项目工程数量的百分比:　　32 000÷200 000=16%>15%

属于"合价金额占签约合同总价 2%及以上的分类分项清单项目其工程量增加超过本项目工程数量 15%及以上"的情形。

变更单价与合同单价相比:　　(24-20)÷20=20%>15%

因此,土方开挖超过风险幅度外增加部分工程量按变更单价调整合同单价,该项工作的最终结算合价应为

$$200\ 000\times(1+15\%)\times20+(32\ 000-200\ 000\times15\%)\times24=464.8(\text{万元})$$

(2)浆砌块石挡墙。

清单合价占签约合同总价的百分比:　　76÷4 200=1.81%<2%

增加的工程量占本项目工程数量的百分比:　　800÷2 000=40%>25%

属于"合价金额占签约合同总价不足 2%的分类分项清单项目但其工程量增加超过本项目工程数量 25%及以上"的情形。

变更单价与合同单价相比:　　(440-380)÷380=15.79%>15%

因此,浆砌块石挡墙超过风险幅度外增加部分工程量按变更单价调整合同单价,该项工作的最终结算合价应为

$$2\ 000\times(1+25\%)\times380+(800-2\ 000\times25\%)\times440=108.2(\text{万元})$$

(3)C25 混凝土护坡。

清单合价占签约合同总价的百分比:　　372÷4 200=8.86%>2%

增加的工程量占本项目工程数量的百分比：　1 500÷6 000＝25%>15%

属于“合价金额占签约合同总价 2%及以上的分类分项清单项目其工程量增加超过本项目工程数量 15%及以上”的情形。

变更单价与合同单价相比：　(688−620)÷620＝10.97%<15%

因此，C25 混凝土护坡超过风险幅度外增加部分工程量仍按合同单价结算，该项工作的最终结算合价应为

$$(6\ 000+1\ 500)\times 620=465(\text{万元})$$

(二)案例二

1. 已知

某工程施工合同规定于 2022 年 3 月完工，物价波动引起的价格调整方式采用造价信息调整价格差额，且仅对合同内单价承包部分的工程进行价格调差。

(1)在合同执行期间，人工预算单价调整按宁夏回族自治区水利厅关于人工预算单价调整的相关文件执行。

(2)在合同执行期间，主要材料钢筋、水泥、块石价格上下浮动超过 5%时应进行价格调整。价格调整按工程进度款结算周期进行，以投标期基准价与施工期项目所在地造价管理部门发布的信息价对比计算，对其价格超过±5%的部分进行调整(只计材料信息价差价及其税金)。

(3)次要材料的价格在合同执行期内不做调整，价格风险由承包人承担。

工程实施期间，2022 年各月材料信息价见表 4-4。

表 4-4　2022 年各月材料信息价

主要材料	单位	投标期基准价	1 月	2 月	3 月
水泥 42.5	元/t	450	450	486	460
钢筋	元/t	3 800	4 000	3 490	3 800
块石	元/m^3	150	150	156	152

2022 年各月完成工作量的材料数量见表 4-5。

表 4-5　2022 年各月完成工作量的材料数量

主要材料	单位	1 月	2 月	3 月
水泥 42.5	t	1300	5 000	900
钢筋	t	600	500	400
块石	m^3	3 500	3 000	2 500

2. 问题

试计算 2022 年 2 月三项主要材料可计入合同价格调整的价差(税金取 9%)。

3. 解析

2022 年 2 月水泥、钢筋的价格波动幅度均超过了 5%，应进行价格调整；而块石的价格波动未超过 5%，不应进行价格调整。

(1)水泥:(486−450×1.05)×5 000×(1+9%)= 73 575.00(元)

(2)钢筋:(3 490−3 800×0.95)×500×(1+9%)= −65 400.00(元)

(3)块石:150×1.05=157.50(元)>156.00 元

块石不调整价差,故本月计入合同价格调整的价差为

73 575−65 400=8 175.00(元)

(三)案例三

1.已知

某工程依据《水利工程工程量清单计价规范》(GB 50501—2007)通过公开招标确定了承包人。施工进度计划已经达成一致意见。合同规定由于发包人责任造成施工窝工时,窝工费用按原人工费的80%计算、机械台班费按原台班费的60%计算。在专用条款中明确7级以上大风、大雨(80 mm/d)、大雪等自然灾害按异常恶劣的气候条件处理。

在施工过程中出现下列事件:

事件1:①因发包人不能及时提供图纸,使工期延误30 d,10人及1台机械设备窝工。②因1台施工机械故障,使工期延误10 d,5人窝工;因发包人供电故障,使工期延误2 d,15人及1台机械设备窝工。③因下大雨(85 mm/d),工期延误3 d,20人及1台机械设备窝工。④根据双方商定,人工费定额为120元/工日,机械台班费为1 800元/台班。

事件2:该工程工程量清单中的“钢筋制安”工作项目为一项450 t的钢筋制安工作。承包人在其投标报价书中指明,计划用工300工日,每工日工资250元。合同规定钢筋由发包人供应,但在施工过程中,由于发包人供应钢筋不及时,影响了承包人钢筋制安工作效率,完成450 t的钢筋制安工作实际用工350工日,加班工资实际按照180元/工日支出,没有造成工期拖延。

2.问题

问题1:事件1中,承包人能得到的工期补偿和费用补偿是多少?

问题2:事件2中,承包商向发包人提出的施工索赔报告应包括哪些赔偿内容?试通过对该承包施工项目的计划成本、实际成本的分析计算,确定承包人应该得到多少赔偿款额?

3.解析

问题1:事件1中,不能及时提供图纸、供电故障是发包人原因导致的,应由发包人承担延误责任,承包人可申请工期索赔和费用索赔;施工机械故障是承包人责任,承包人不得申请工期索赔和费用索赔;大雨属于不可抗力事件,故承包人可申请工期索赔,不可申请费用索赔。

因此,承包人能得到的工期补偿为:　30+2+3=35(d)

承包人能得到的费用补偿为:

120×80%×(10×30+2×15)+1 800×60%×(30+2)= 66 240(元)

加计税金9%后为:　66 240×(1+9%)= 72 201.6(元)

问题2:事件2中,由于发包人供应钢筋的延误影响了承包人钢筋制安工作效率,故承包人应当得到赔偿。赔偿款项仅为加班工日费用支出。

钢筋制安工程的计划成本:　300×250=75 000(元)

实际成本:　350×250+(350−300)×180=96 500(元)

则承包商应该得到的赔偿款额:　96 500−75 000=21 500(元)

参考文献

[1] 水利部建设管理司,中国水利工程协会. 材料员[M]. 北京:中国水利水电出版社,2009.

[2] 王永强,苗兴皓. 建设工程计量与计价实物[M]. 北京:中国建材工业出版社,2020.

[3] 广东水利工程协会. 建设工程计量与计价实物[M]. 武汉:华中科技大学出版社,2022.

[4] 续理. 非开挖管道定向穿越施工指南[M]. 北京:石油工业出版社,2009.

[5] 宁夏回族自治区水利厅,宁夏水利科学研究院. 宁夏水利工程格宾与塑料土工格栅应用技术导则[M]. 银川:黄河出版传媒集团,宁夏人民出版社,2018.

[6] 中华人民共和国水利部. 水利水电工程等级划分及洪水标准:SL 252—2017[S]. 北京:中国水利水电出版社,2017.

[7] 中华人民共和国工业化信息化部. 工程用机编钢丝网及组合体:YB/T 4190—2018[S]. 北京:冶金工业出版社,2017.

[8] 方坤河,何真. 建筑材料[M]. 7 版. 北京:中国水利水电出版社,2015.

[9] 袁光裕,胡志根. 水利工程施工[M]. 6 版. 北京:中国水利水电出版社,2016.

[10] 林继镛,张社荣. 水工建筑物[M]. 北京:中国水利水电出版社,2018.

[11] 宁夏回族自治区水利厅. 宁夏水利建筑工程预算定额(试行)[R]. 2009.

[12] 宁夏回族自治区水利厅. 宁夏水利工程设计概(估)算编制规定[R]. 2016.

[13] 谢文鹏,苗兴皓,姜旭民,等. 水利工程施工新技术[M]. 北京:中国建材工业出版社,2020.

[14] 中华人民共和国水利部. 预应力钢筒混凝土管道技术规范:SL 702—2015[M]. 北京:中国水利水电出版社,2015.

[15] 中华人民共和国建设部,中华人民共和国质量监督检验检疫总局. 水利工程工程量清单计价规范:GB 50501—2007[M]. 北京:中国计划出版社,2007.

[16] 王朋基,尚友明,等. 建设工程技术与计量(水利工程)[M]. 郑州:黄河水利出版社,2022.

[17] 胡晓娟,侯兰,陈建立,等. 工程结算[M]. 重庆:重庆大学出版社,2019 .